場の力、人の力、農の力。

Powers of Agri-Field and Persons

たまごの会から暮らしの実験室へ

茨木泰貴＋井野博満＋湯浅欽史――編

まえがき
―これはどういう本で、どう読んで欲しいか―

自分たちの暮らしがあまりにも、自分たちの手から離れすぎてしまった。そんな感覚に襲われた経験のある方。この本は少しマニアックかもしれないが、その感覚の「答えのようなもの」が書かれている。

本書は、70年代初めに誕生し今に続く「やさと農場」のものがたりである。その農場作り・運営という市民運動に関わってきた人たちの記念文集だ。今でこそスーパーで有機野菜を気軽に買う事ができるが、例えば90年代。物質的豊かさを謳歌していたバブル時代でさえ、スーパーで有機野菜を購入することはほぼ不可能だった。そんな時代をさらに20年近くも遡って、ただの一般市民が集まって、自分たちで農場を作り、野菜を育て、運営までしていたのだから。

「ん？自分たちで農場を作る!?」と思った方

自給自足とかDIY（Do It Yourself＝ひと任せにせず、自身でやろう）を突き詰めていくと、「農場建設」に辿り着いてしまう。農場という場所は、住処としての家に加え、生きるために必要な「たべもの」をつくる場。それは、ただ食料を生産する「生産工場」ということではなく、植物や動物と人との営み＝「暮らし」がおのずと表現される場所

だからである。自分の暮らしを自分自身の手で組み直してみる。その大きな舞台を農場といいいたい。

この本を手に取る多くの人は街場の暮らしをしているかもしれない。しかし、都市で暮らしていようとも、その暮らしは「植物や動物と人との営み」の上にある。そして、自分の暮らしの足元をよくよく眺めてみると、その歪みに「ウエッ！」と目を背けたくなることも多い。目を背けるばかりでいられない人たちは、何かしら、せざるを得ない。そのひとつが農場建設だった。

「ん？農場の自主運営⁉」と思った方

今改めて〝民主主義〟が話題になることが多い。多数決ではなく、議論を尽くす熟議が大事だといわれる。農場はそんな民主主義的な運営を40年も前から実践してきたと見ることもできる。個々人の夢と夢とが響き合い、大きな価値を生み出すこともあれば、夢と夢とがぶつかり合い、物別れになったこともある。「民主主義は時間も精神負担もかかる面倒なシステム」と言われるが、まさにその言葉の通りに実践してきた。

資本主義とは端的に言えば「お金で解決できるシステム」だろう。個人が中身に関わらなくてもお金さえ払えばそのサービスを得られる。今や「有機農産物」も「安全な食」もパッケージ化され、そんな面倒を引き受けなくても良くなった。それも社会の一つのありようだが、このやさと農場での実践で分かることは、夢はお金の価値を越える、と

いうことだ。お金で解決できない価値がある。その事実は資本主義とは別の社会のあり方のヒントとなりうるだろう。それを維持している農場という場はなんなのか。そこを読み取っていただければと思う。

そして、もう一つ重要なことは、そのような市民運動が一つの世代で終わることなく、形を変えながらも続いているということだ。さまざまな市民運動において、後継者がうまく育ち、活動が持続できるかどうかが大きな課題になっている。代謝システムを備えた企業でさえ「寿命は30年」と言われ、時代の移り変わりとともに、消滅あるいは吸収・合併され、果たしてきた役目を終えることもある。任意の市民団体が40年以上も続いているのは凄いことではないかと思う。「このデザインは50年前のものだが今なお通用する」と言ったりするように、本質的なもの、普遍的な価値を持つものは色褪せず長く人に受け入れられる。農場という「場」も同じような性質を持っている。そしていつの時代になってもたくさんの人の夢よって支えられ、これから先も続いていくだろう。多くの示唆に富んだ「場」として。

時代背景が違えば、物の見方も大きく違うが、本書の書き手は20代の若者から後期高齢者まで総勢50余名。それぞれの立場と関わりにおいて、描き出すそれぞれの農場はおもしろい。実は当初、会内向けの記念誌として発行予定していたので、より一層、それぞれの生々しい「暮らし」が描き出されている。原稿が集まるにつれ、本書が40年の記録にとどまらずこれからの手引きになるのではないか、会外の多くの人たちに読んでも

らいたいという欲が出て、市販へ舵をきった。ところどころに個人名や私的なおしゃべりが出てくるが、関心ない部分はさらっと流していただいて結構。章立てはしてあるが、どうぞ、お好きなところからお読みください。

読みやすくするために、冒頭でやさと農場の概略を紹介し、章立てに関しては、Ⅰ章に全体を見渡せる文を集めた。Ⅱ章からⅥ章は、テーマに沿ってグループ分けした。Ⅶ章は、最近の「農場週報」からの抜粋であり、現スタッフの若者たちの息吹を感じていただければうれしい。また、長老の鈴木文樹さんによる「私の農場論」にも注目してほしい。Ⅷ章には、会が選択を迫られた際に書かれた歴史的文書を収録し、簡単な解説と略年表を付した。

たまごの会から暮らしの実験室へ、関わった人の数だけ歴史がある。関わった期間も濃さも人それぞれ。その細い糸の一本一本を寄り合わせたものが束になって全体になる。ところによっては撚りがゆるかったり、ほつれたり絡まったり、それも人が関わった大事な印として残しておきたいと思っている。

この本を手に取ってくださった方々の日々の暮らしが、植物や動物との関わりにおいても心地よいものでありますように。そして、気軽にやさと農場へもいらしてください。

2015年9月
編者を代表して
茨木 泰貴

http://kurashilabo.net

1974年

やさと農場建設初期

やさと農場建設をスタートさせた時期のスケッチ。まだ、建物の影・形はなく、松林が切り拓かれつつある。この年の5月23日に農場開き。

（九品仏地区会員 松川八洲雄 絵）

筑波山
内田工学博士は
頭脳使わずもっぱら
松の根堀り
ブルのケズリ残した
土を整理
力仕事
松根多し
石の置き場悪く、
矢印へ移動、シジフォス
アルバイト
スコップ二本
なのでカワリバンコ
ブロック
東野カメラ
板をオサエルだけ
クイに水平の
⊕サインを入れる
一見本職風
横板を⊕マークに
あわせて打ちつける。
パブリカ湯浅号
人間住居このあたりになるについて
日当りその他で人間よりニワトリが
大事か否かで討論する
三浦、湯浅、内田、古山サン

1976 年

やさと農場 原型完成

2年にして農場の原型が姿を現す。鶏舎二棟、作業場、納屋、居住区（三間四軒、食堂、ペンシルハウス）など。（農場スタッフ 永田まさゆき 絵）

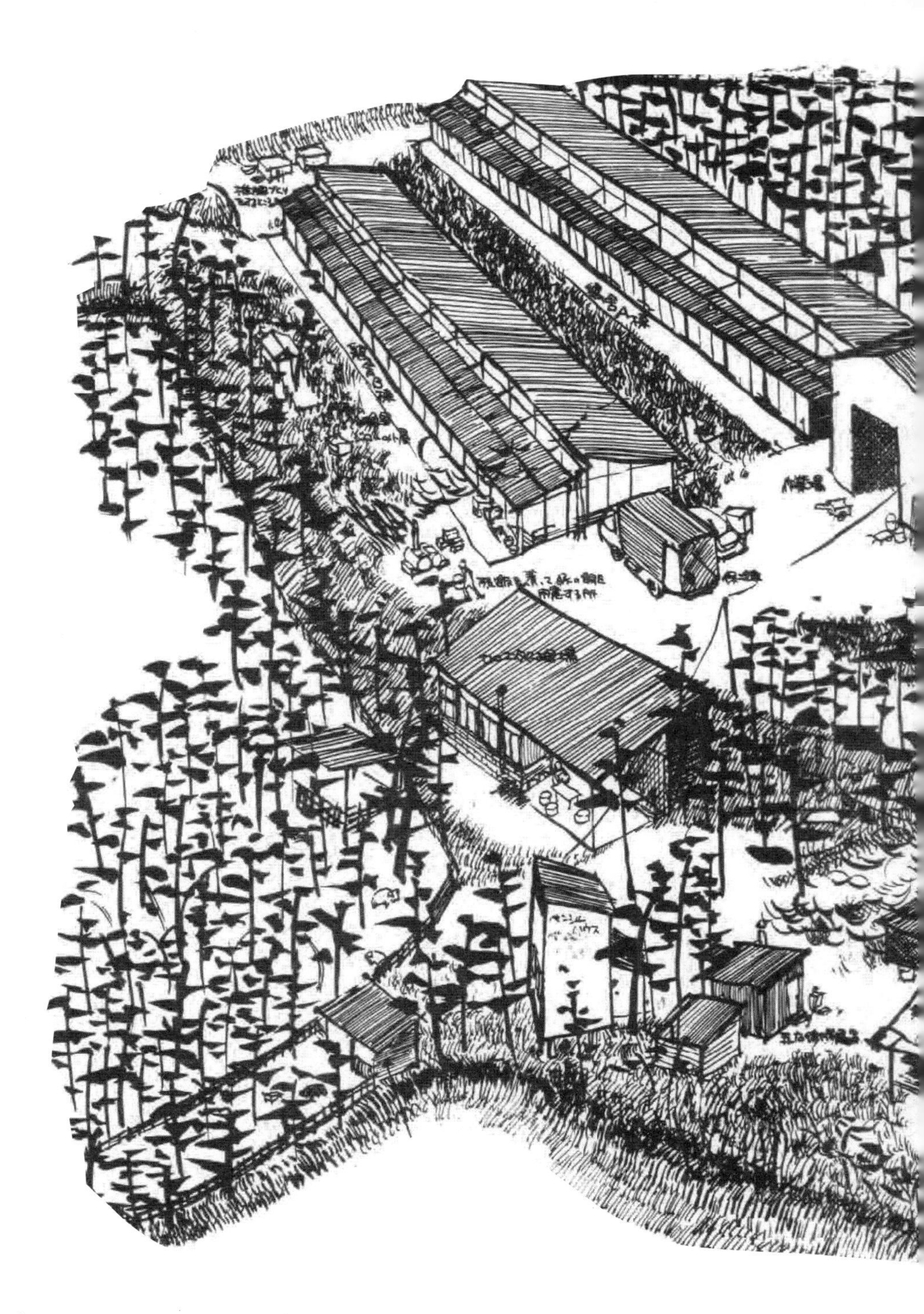

2010 年
現在のやさと農場

現在のやさと農場。豚舎やゲストハウス（会員棟）のほかに、イベント広場、ツリーハウス、花畑、ビオトープ、大豆畑などが加わり、会員の活動の反映がみられる。

（元農場スタッフ　田村奈々絵／原画はカラー）

豚舎
ぶぅぶぅ
ぷひー
ツリーハウス
やかましツリー
堆肥舎
展望台
豚、父と母たち
やかまし舞台
ゆずの木
びわの木
木のブランコ
木登りのけやき
チャボの部屋
イベント広場
パン焼石窯
五右衛門風呂
きのこの木
ゲストハウス
ベーコンくん煙箱
中庭
White家族
母屋
(土間キッチン)
アヒル
栗林
自給菜園
ブルーベリー
育苗ハウス

目次

III

やさとに根づいて

IV

会から生まれた活動

V

それぞれのたまごの会／暮らしの実験室

Ⅵ

ある断面／エピソード

Ⅶ

最近の『農場週報』から

Ⅷ 資料編

I

たまごの会から暮らしの実験室へ

―やさと農場四〇年―

たまごの会発足から農場建設、そして暮らしの実験室への改組、その歴史を紐解く論考を掲載。〝有機の郷やさと〟の原点ともなったやさと農場の活動の真髄に迫る！

動いた人たちと私の地球大学

――和沢　秀子（1972～現在）

因・縁

たまごの会から暮らしの実験室へと、全く知らなかった人達と親類の様になり、親友の様になり、このはかり知れない縁の不思議を、40年過去にもどって辿ってみたいと思います。私にとってその始まりは、日本消費者連盟の存在を、夫が教えてくれた事からでした。食品・化粧品・洗剤などに添加されている化学薬品の害から、消費者を守るための社会運動を鋭く展開していました。『消費者リポート』100号記念集会で、練馬区石神井の山下瑞穂さん（食品添加物を考える会）に出会い、栃木県の河内養鶏場を知ることになりました。見学に行くという石神井、八王子の人達に連れだって、私は栃木県へ出かけました。そしていきなりガーンと頭をなぐられた様な気持ちで帰宅したのです。

養鶏場経営者の木村弘さんから、「消費者の組織はどうなっているのか、お金はどれ位準備できたのか？岡田さんからは消費者が150万円を2回出すと聞いているが、消費者の顔も見えず、皆さんとは今日初めて会った訳で、そこら辺の事を聞かせて欲しい」といわれたのです。岡田米雄さんは様々な農村運動を行っていた人で、私たちは岡田さんを通して河内養鶏場から卵を購入していました。また、河内養鶏場には、岡田さんの著書『農民志願』に共鳴し、北海道大学農学部大学院を抜けだして実習をしている3人の青年たちがいました。それが後に農場スタッフになる明峯哲夫・惇子・三浦和彦さんでした。木村さんは、岡田さんから出ている鶏舎と消費者向けのヒヨコの資金は、消費者が肩がわりすることになっているというのでした。

見学に行った私たちはその事態をのみ込めず、ただ岡田さんという人をウサンクサイと思う気持ちがうずまきました。首都圏の私たちがそれぞれに岡田さんから購入していたのは、外資系企業が開発したブロイラーを作る為の、タネ卵の規格外れのものだったのです。タネ卵とは有精卵のことで、一羽一羽をケージにとじ込めずに、鶏たちは雄どりと一緒に、地面の上で群になって飼われている平飼いで、孵化率80％を下らないのが、河内養鶏場の実力だったとおぼえています。企業からの命令で餌には抗生物質を混ぜており、鶏舎は週一回の消毒を義務付けられている由、うらはらに餌の魚粉からは、ＰＣＢが検出されました。

良い卵として食べていた卵の実態を、食添の会の石神井の白川絢子さんが、岡田氏発行の通信へ投稿したことで、岡田さんとの関係があやしくなってきました。そんな折りにも岡田さんは本気でした。「今、消費者が立ち上がらなければ、本物の食べ物は無くなってしまう。自分は北海道から本当の牛乳を内地へ運びたい。それはもう根釧（根室・釧路）でしか作ることが出来ない。卵で消費者の核を作って、そこへ牛乳を運びたい。」ある日私の家までご自分の考えを伝えに来られた岡田さんは、その様にいわれました。そして北海道視察への同行を促されたのです。同行したのは二子玉川の飯島春子さんと私と、二人だけでした。経済優先で大量生産が当然のようになってしまったこの時代、岡田さんの理論には確かに真実があると私は思いました。

根室の広大な牧場に乳牛たちはのんびりと放牧されており、夕方近くに牛は自分たちで一列になって牛舎へ帰って来るのを見ました。牛舎は人間の住居よりも立派な建物に見えました。牛にとって心地よさそうな飼い方をしている農家は、経済的には決して楽ではない様に感じました。東京へ帰ってそれらの報告をするつもりで飯島さんと手分けをして、通信から電話番号を拾い、まだ見知らぬ人達へ連絡をして、都心で集まることになりました。ところがどの人たちも牛乳には関心がなく、河内養鶏場の卵の話が中心になりました。その中に大学の先生が二人いて、女性たちもそうそうたるメンバーの様に見受けました。岡田さんが卵の配送をストップされたので、自家用車で自主配送を「やる！」と云いだした人が居て、栃木県の河内まで、規格はずれの卵を取りに行って、配りあうことになりました。これが「自ら運び」の出発点になったのでした。

道を決す

竹内直一さんが農林省を途中退職されてまで、企業などの不正に立ち向かう為の日本消費者連盟を結成されたときでしたから、たかが卵の共同購入に大学の先生が関わっている事に驚きはしたものの、何か世の中を変えようとする力が芽生えてくる様な気配を感じていました。何の学識もない私でしたが、「よし、この人達について行こう」と喜びに似た意識が自分の行く先を決めたのでした。

規格外れの卵を買っている私達が、どんなに抗生物質はいやだといっても、鶏舎の消毒は止めて欲しいと思っていても、何の力もありません。その事がヨーク解った時、岡田さんがすでに準備されていたヒヨコ、ホシノクロス500羽を、私達で買い取って、そのまま河内養鶏場へ預けました。生産担当で農場長の植松義市さんは、山岸式養鶏法で、薬など使わなくても鶏を丈夫に育てて見せるという信念を持った人でしたので、そういう人柄を信頼して準備していた岡田さんにも、一目おくべきだと私は生意気にも思いました。この時期に石神井の橋本明子さんが、娘さんを連れて河内養鶏場へ実習に入ったのです。まさに「自ら作り」を実践しようとしていたのです。

ところが73年の春、河内養鶏場と有精卵の契約をしているブロイラー孵化場が、「薬を使わない鶏がそばにいたら、病気が蔓延すると困るので、すぐに立ち退くように」といって来たのです。立ち退かなければ契約を切るとまでいわれ、植松さんは、企業を取るか消費者をとるか、迷いに迷われて、元の山岸会をえらばれたのでした。私たちはあずけてあるヒヨコを諦め切れず、新しい養鶏場をさがすか、自分たちで鶏を飼うか、途方に暮れて悩んでいたとき、「ボクたちが居るではないですか！」といってくれた三浦さんの一言が、私たちの前途に勇気と、大きな喜びを与えてくれたのでした。土地をさがして歩きまわっていた私たちは、茨城県の柿岡に住んでおられる地主さん高橋義一さんと出会ったのです。それは八王子地区の会員でした弟さん高橋宗三さんのおかげなのです。この縁の不思議を私は考えてしまいました。茨城は高橋義一さん、河内は植松義市さん。河内のバス停は柿ノ木、茨城のバス停は柿岡だったのです。

何という幸運が続いた事でしょう。東洋大学の建築の内田雄造さん（上目黒地区会員）が、教え子たちを柿岡へ放り込んで、卒業論文として前代未聞の、消費者自給農場建設の実習が始まったのでした。この永田勝之、古山恵一郎、南雲一郎さんトリオは、違った感性を持っていて、それぞれに魅力的でした。三人とも一級建築士になりました。出来上がった建物は共同生活を強く念頭においた設計で、ツウーバイフォー＋日本家屋の独特の形になりました。初期に荒井正敏さんが一人で、高橋家の土蔵へ住み込んで、周辺の整備や設計などを考えていた様でしたが、お父上の病気で不参加になったのでした。

九品仏地区には、記録映画監督の松川八洲雄さんが在り、松の切り倒しからカメラがまわり始めました。カメラマン・瀬川順一、音楽・間宮芳生、監督・松川八洲雄さんたち、一流のプロばかりの映画班へギャラも無く、「誰からの制限も受けず、思う存分に作りたい」映画班の人たちは、唯それだけをやりがいにして、映画『不安な質問』を仕上げたのでした。

柿岡地方はヘリコプターで、田んぼへの農薬散布をやっていました。その情景を撮った場面は圧巻だと思います。最後のシーンは鶏の産卵の瞬間を写してあります。瀬川順一さんが、農場へ十日間泊まり込んで撮影されたと聞いています。

同時期に本も出ました。三一書房に居た三角忠さんは、吉祥寺地区の会員だった福与篤さんが描きました。鶏の顔になったジャンヌ・ダルクが「たまごの会」の旗を掲げて、もう一方の手には銃を下げて、野菜や何者かの死体を踏みつけて進んで行く強烈な光景です。思わず「あーっ」と声が出そうになる絵ですが、世の中は金、金、金で、命は二の次三の次の資本主義への怒りを、ブラックユーモアで表現されたか、或は都市住民の心意気を勇ましく描かれたか。その名も『たまご革命』、いずれにしてもインパクトのある表紙なのです。かたや、会員手作りの『たまごの会の本』があります。これは手にとって、一頁一頁を眺めるだけでも、たまらなく楽しい本になっているのです。

生産現場も、力が充実して呼吸が合っている様に見えていました。河内からホシノクロス500羽をひきつれて農場入りした明峯夫妻、三浦夫妻に加えて、東京農大卒業と同時に魚住道郎さんが畑を担当しました。彼は有機農業への並々ならぬ情熱を持った人だと感じました。そんな魚住さんに惚れ込んで農場入りした萱森美智子さんも、健気で素敵でした。後々に思ったのですが、このきびしい世の中で有機農業を貫くには、伴侶となる女性の力がどんなに大きいか——。

知性と知性がぶつかって？

会員300世帯の消費者集団の中に、これだけ豊かで分厚い人間関係がひそんでいたとは、私にとって驚異でした。なのに、何故かある時ふと「もしかして意外に脆いのでは?」という不安が私の頭をよぎった事がありました。やがて来る、会員を二分する82年3月の、大分裂騒動の予感だったかも知れないと、のちに痛く思いました。

会則も会長も無い形で動いていた世話人会は、直接民主主義といいながら、先へ先へと知的考えを推し進める傾向が強く、頭で描いた構想を性急に移したがる感じがありました。農場スタッフへの批判まで飛び出し、数々の意見が印刷されて矢継ぎ早に会員の手に届きました。分裂に反対していた私たちは農場に残り、今日に至っています。

分裂は農家へも大きな衝撃を与えたと思います。特にご三家と呼ばれていた、地主の高橋義一さんと、ご近所の桜井文雄、宮川定義さんたちをも引き裂く事になり、いうにいわれぬ心労を負わせてしまったと思います。農場建設からたった八年足らずでの出来事でした。こんな悲しみの最中でも、たまごの会は家族ぐるみの関わりでしたので、男性たちの活躍ぶりは女性陣をはげまし、先への希望をあらたに持たせてくれました。

東綾瀬地区では、鈴木秀信、下田應文、中村不二夫、平山多介さんたちが、配送車の運転手を引きうけていました。わが家では食事当番、私は助手席に乗っていました。初期に鶏舎を建てるための松の皮むきに、ひたすら働いた清水瑛子さんは、地区の会計係りをやっていました。中村安子さんは会員通信の編集を引き受けて、独特の絵をかいていました。集団感情の空気を敏感に読みとっては、そく、絵の表情が七転八倒するのがユカイでした。

縁は続く

たまごの会の分裂と時を同じくして、山形県高畠町の有機農業研究会でも、似た様な問題が起きていました。消費者側のあるグループから、「生産者を個々に選んで責任を持てるつき合い方をしたい」とかいう様な事だったように覚えています。分裂で会員数が半分になった私達は、この先どうするかを話し合った時、高畠との提携は「必ず星寛治さんを選ぶように!!」と佐藤徹郎さんがいわれました。言葉が少ないながらも、心の叫びの様に聞こえました。佐藤宏子さんから高畠係りを受け継いだ私は、つみびとの様な気持ちで交渉に当たりました。温かいふところに包む様にして受け入れてくださった、高畠の人達の人情を忘れる事が出来ません。

思えば、むしょうに懐かしい平塚幼稚園。分裂後、祐天寺会員の平塚通彦さんから、何十回その教室を借りて運営会議（世話人会）を開かせていただいたことでしょう。東北の古い小学校を移築されてその教室も借りました。大正時代にもどった様にわくわくしたのを覚えています。兎と鶏が同居しているのを眺めたり、楠の木の大木に心を打たれたり。小さな椅子にも郷愁に似たものを感じるのはなぜでしょう。今40周年を迎えて感慨無量です。

農場スタッフの存在がなければ、成り立たないのはいうまでもなく、宇治田一俊・大原由美子夫妻が二十数年間、農場の生産を担ったのは大きかったと思います。その宇治田家が独立して、農場が空っぽになりかけた時、元スタッフだった鈴木文樹さんを口説いたのは、東京会員の早川香子さんでした。彼女は農場の野菜と、山梨で野菜作りをやっていた、鈴木さんの野菜を食べていたのです。こんな奇特な人が居なかったら、誰が鈴木さんを口説けたでしょう。心配した会員たちは自分の次世代を農場へ送りました。北海道から永田塁君が、東京から中村明君が農場入りしました。そのうち研修希望の人達が次々来ては、汗を流して去って行きました。

ちょうど私が農場に居た時期、茨木泰貴さんが訪れました。兵庫県の明石から来たというのです。エッ、源氏物語に出てくる「明石の君」のあの明石！と私は目を見はりました。宇治田さんは淡路島でしたから、その近くからなのも奇遇でした。そして埼玉県の金子美登さんの所で研修を受けるつもりが、人数オーバーで、スワラジ学園から来ていた人に、たまごの会を教えてもらったと。

明石から来た人が、東京に友人が居て、その友人に又沢山の友人が居て、その人達が農場大好きで、それで「暮らしの実験室」へと世代交代が出来たのです。姜咲知子さんが来て、舟田靖章さんが来て、感受性豊かな研修生が居て。農場空白のピンチを救った鈴木さんが今も居て、昔と今をつないでいる血管の様です。さらに今も変わらず養豚が続いていることに感動を覚えます。色々な意味で我々の養豚は心の宝ともいえるのではないでしょうか。

「地球大学」そのわけ

農場作りに夢をかけた人たちは、地区の世話人や農場のスタッフ達どちらを見ても、男女ともに大学出の人たちばかりでした。その中に一人、学歴の無い私がまざっていたのです。世話人会で議論をしても、こわさ知らずに物を言っていたのでしょうに、誰からも差別を受けたおぼえはなく、私の目からは、どの人もまぶしく見えていました。一本の木が全ての葉っぱを太陽に向けて、全身で光を求めている様に、一人一人の人たちから、学びをもらっていたのです。そして農場での体験からも、家畜と人間、自然界の諸々の命のいとなみ、その中での人間の存在など、考えても答えの出ないものに悩んだり、感動したり。地球の上に生を受けた自分という者の存在の不思議と、喜びは、人が動いて農場を持った事によって、数多くの魅力的な人たちと出会い、さらに大きなものとなったのです。

有機の里やさと

都市の消費者が食を求めて止むに止まれず、自分たちの農場を作ってしまった事から、この地に有機農業の里が出来るとまでは、考えても見なかったと思います。映画の中で三浦さんが、たまごの会の農場が飽和状態になったら、又同じものがポッと出来て…、といっていますがそうはならなくて、一軒一軒の農家として広がっていったのです。初代スタッフだった魚住さんが根を下ろし、長井英治さんも安心して根を下ろし、宇治田さんも柴田美奈ちゃんも、宮内崇博さんも古井寛人さん達も、八郷の土に生きています。東京や、他県から来て魚住家で研修をした人たちも大勢います。今や50軒以上の有機農家が、やさとに集まっているのです。これも元は高橋家とのご縁に他ならないと思います。

分裂で別れ別れになった人たちとも、会えば懐かしく話しはつきず、政治の危ないこの時代に同じ方向を見ていた者同士、又力を合わせて生きていけるのは心丈夫です。

和沢 秀子
１９３４年生まれ。元地区世話人。石川県根上中学校卒。平和憲法を守りたい、遺伝子組み換え反対、ＴＰＰ反対、原発反対、沖縄基地反対、東京オリンピックノー！　他にやること有り。

私とたまごの会、そして暮らしの実験室

——田川 忠司（1972～現在）

たまごの会での私

たまごの会との繋がりを思い出してみると、意外にも旧く、たまごの会以前の岡田米雄さんの有精卵の時代に溯る。当時妻が長男を預けていた保育園で、湯浅欽史さんに「おいしいたまご食べませんか」と誘われたのが始まりでした。そこから松川義子さんを紹介され、たまごの会のことを知った。その時はまだ農場を都心から百キロ圏内に探している最中だった。やがて農場の場所が決まり、私が初めて農場に訪れた時は松林を伐採しているときで、松の皮剥ぎを手伝ったのを覚えている。

こうして私は松川義子さんを世話人とするたまごの会九品仏地区の会員となった。毎週農場からの品物を取りに松川家を訪れるのが楽しみだった。松川家に上がり込み、そこに訪れていた様ざまな人達とのおしゃべりは私にやすらぎと豊かな生活をもたらした。料理上手な義子さんから正月にもてなされたタンシチューの味が忘れられず、私は作り方を教わって、長女昌代の誕生を祝って駆けつけた妻の父に感謝して作ったのが始まりで、それから二十数年間私が作る我が家の正月料理の定番になった。

たまごの会入会当時、私は不二美印刷という軽印刷屋を生業としていた。その印刷屋は、原稿をもらって版下、印刷、製本の過程を社内でこなすことをモットーにしていた。たまごの会からは、『たまご通信』をはじめいろいろな印刷の注文をいただいた。なかでも『たまごの会の本』の制作は忘れられない。この本は、私も編集に加えていただいたが、原稿執筆、イラスト、絵、製本などに多くの会員の方が関わり、実際の印刷・

製本工程でも何人もの方々が参加して文字通り手作りの本となった。それはたまごの会草創期（第一次分裂まで）の「作り・運び・食べる」の理念、組織、金の話、鶏・豚・野菜のことなど、そこに集う人達の実物大の生の声、と想いがこもったものとなった。

たまごの会の諸活動のなかで、この『たまごの会の本』以外で私がなにか責任ある役職を担ったことはなかった。といって無関心だったわけではない。世話人会にしてもそれ以後の運営会議にしても可能な限り出席を心掛けたし、「食と農をむすぶこれからの会」との分裂、三角さん達との分裂、宇治田さんの離脱に際しても旗幟は鮮明にしてきた。

十二年間続いた不二美印刷は、コピー機の発達とワープロ・パソコンの普及によって立ち行かなくなった。さらに私の身体は悲鳴をあげていた。いろいろ条件はついたが、私は不二美印刷を手離し、小さな出版社に身を寄せた。

私の苦境の時代

それから最後の勤め先となる老人ホームの事務までの十数年間、苦難時代を味わうこととなった。その間短期間で終わったものもいれると八回転職し、二度失業保険をもらう破目になった。それまでの無理がたたって四十二歳のとき心不全を患い、二週間入院もしている。

私の苦難の時代、妻にも苦労をかけた。妻は私と結婚したときには横浜市で教師をしていた。不二美印刷に一人いた従業員が辞め、彼女の希望もあって、社員として働いていた。私が不二美印刷から離れた後、産休補助教員として復帰し、数年後四十六歳という高齢で教員試験に再挑戦し、合格した。その赴任先が練馬区だったため、当時住んでいた世田谷区尾山台から練馬区貫井へ転居した。

幸いなことに練馬に移ってまもなく豊島園の近くの老人ホームに私の就職が決まった。この老人ホームは三十年の歴史をもつ老舗であったが、ユニークな考えをしていて、二〇〇〇年に新しく始まる介護保険の導入にあたり、特定施設として登録するのではなく、老人ホームのなかに訪問介護事業所を設ける選択をしていた。私に与えられた任務は、介護保険の開始に合わせて訪問介護事業所の認可を得ること、開始後の介護保険請求事務を行うことであった。

しかし介護保険の介護を老人ホームと区別して請求するのは難しかった。介護保険が始まってわずか三か月、毎夜十時すぎまで勤務する私の身体は音を上げ、高血圧による慢性腎不全で血液透析の治療を受ける身となってしまった。

休会から復帰

こうした状況のなかで妻より「たまごの会を止めにしたい」と宣告された。妻にとってはたまごの会は松川義子さんあってのもので、彼女が不幸にして亡くなってから家計を圧迫し続けるたまごの会には興味を失っていたのだ。しかし私にとってのたまごの会は私の精神世界に深く根を下ろしていたのだろう、断ち切りがたいものになっていた。私は、妻からの退会宣言に対して「休会にしたい」で応え、約五年後、これからのたまごの会関係への出費は私のポケットマネーから出すことを条件に復帰を果たす。

二〇〇五年当時のたまごの会は、宇治田さんの離脱後、第二ステージに向けてNPO化へ模索が開始されていた。農場スタッフは、たまごの会の苦境の時代に一人がんばってくれた鈴木文樹さんに新しく茨木泰貴さんをはじめ三人の若者が加わり、暮らしの実験室を立ちあげた。〇六年十二月ロートル化し疲弊したたまごの会から若いエネルギーをもった暮らしの実験室へ正式にバトンが渡された。移行にあたってたまごの会の有志から当時の農場の諸設備にいろいろガタがきているのを案じて、その補修、整備のためにカンパを募り、三百数十万円を整備資金として融資していた。

私は、復帰後たまごの会最後の年度（〇六年四月～十一月）の会計監査役になった。そして暮らしの実験室が始まる十二月に新たな監査役が決まらなかったため、〇六年全体の会計監査を引き受けた。

私は、暮らしの実験室の社員にはなるつもりはなかった。それは当時のNPOに向けた定款では、十名位の社員総会を最高議決機関にして事を進め、普通の会員はタッチできない組織構造のように見えたからだ。しかし私は監査報告を書いているなかで、こういうコメントを書く以上この新しい組織の行く末を見守る必要があると思うようになり、一度は断ったのを撤回して社員になった。

こうして私は、暮らしの実験室の監査役を〇六年度から一四年度の七月まで約七年間務めることになった。その時の私の体力では、農場へ出向いて一緒に活動するのは無理で、東京で行われる会議にはできる限り出席できたが、農場には年に一回の収穫祭に何回か体調が良い時に参加するのがやっとだった。しかし、十四年には慢性腎不全による血液透析に加え、脊柱管狭窄症、下肢閉塞性動脈硬化症、大腸の腸管虚血、さらに右眼網膜血液の虚血による視野狭窄がおこり、会計監査の最低限の業務も難しくなったと判断し、この十四年十一月に退任を表明せざるをえなくなった。

暮らしの実験室監査役の七年

以下会計監査役の視点からこの七年の歩みの感想を述べたい。

〇六年十二月から始まる暮らしの実験室の船出は決して順調なものではなかった。船出にあたっては、井野さん、佐々木さんなどによる拠出金二百四十万円が運転資金として使えることになっていた。にもかかわらず暮らしの実験室は、〇六年度毎月にすると十三万円の赤字を出し、〇七年度の前半でこの拠出金はほとんど食い潰していた。この運転資金が底をつく重大な財政的危機に際し、農場スタッフは、給与を約半額に削減するという、自らの身を削ってしのいだ。これは〇六年度人件費七百万円に対し、〇七年度三八〇万円という数字からも明らかだ。この彼らの処置に、私は彼らの暮らしの実験室に賭ける意気込みと覚悟を感じ、これは本物だと思った。

暮らしの実験室では、財政再建のために農場の利用に関してルールがいろいろ決められた。食事一食五百円、宿泊代会員千円、非会員三千円などがその一つだ。年々農場来訪者が増え、五百人規模になり、結婚式が二組もあった年には七百人に達することもあり、収入の下支えとなった。

私が会計面で暮らしの実験室にお願いしたのは、たまごの会では事業収入として一括で計上されていたものを野菜セット、卵、豚、加工など個別の収入とそれにかかる諸経費をはっきりさせることだった。これによってもっとも利益率が高く、額が多いのは野菜セットだということがわかり、各個別の問題点と対策が立てられるようになった。暮らしの実験室では、会員の高齢化と核家族化が進むことに合わせて、野菜セットのメニューをファミリー、レギュラー、シングルに分け、さらに発送頻度を毎週、隔週、月一回に分け、きめ細やかにしていた。これによって暮らしの実験室の裾野は大きく広がった。この処置によって我が家も生産物を取る会員になれた。

暮らしの実験室が重視してきた活動に「やかまし村」などのイベントの開催がある。そのイベントを挙げれば、ツリーハウス、縄文ハウス、農学シリーズ（自給でカレーライスを作る）、ラーメン、ベーコン、ソーセージ、味噌づくり、米と大豆の自給プロジェクト（水稲部、大豆レボリューション）、天ぷらバス（日帰りの農体験ツアー）、やさとカフェ、八豊祭、露天風呂づくりなど多種多彩である。こうした暮らしの実験室のイベントに集まる人たちの特徴は、農場スタッフの人脈で集めた新しい層の人たちで、その人たちは、農場の生産物に関心があるというより、農場という空間で行われるイベントそのものを楽しみたい人たちが多かった。

私はこの動きを「これは私たちが農場を持ち、運営主体であるからこそできることで、他の産直の組織ではできないことだ。その意味でも暮らしの実験室は農場を基盤に新しい領域を切り拓きつつある」（〇七年監査報告）と評した。

暮らしの実験室とたまごの会では、会員の構成内容が違う。このことをしっかりと認識していないと会の運営に支障をきたすと思っている。

暮らしの実験室の十二年度現在の会員七十八名のうち、たまごの会当時からの会員が三十八名もいる。この人達は、自分たちの力で農場をつくったという自負心は強いが、大半が高齢化し核家族化してイベントなどに参加する元気はない。しかしたまごの会は生産物を取ることと維持会費が会員要件だったから、生産物収入、会費などは極めて安定した収入源となり暮らしの実験室の財政を支えている。

一方暮らしの実験室は、農場という空間を活かして若者が楽しめる場を創造し、組織を蘇生させることに成功しつつある。そこではイベントを通じてすそ野を広げ、会員を増やしてきた。しかし生産物を勧めはするが、それを会員の要件にはしない。これによって会員にはなるが、生産物は取らない、生産物は取るが会員にはならない人が出てきた。その年のイベント参加者や農場来訪者で意気に感じて会員になっても、翌年に会費一万二千円を引き続きというのは荷が重く、毎年二年目には辞める人がかなりの数出ている。会員の継続にあたっては、慎重且つ粘り強い努力が必要とされる。

農場はいい雰囲気

ここまで書いてきたところで姜さんから一四年度の会計報告がメールされた。収支をみると九十一万円も黒字が出ている（去年は九万円余の赤字）。しかし、ここ二、三年減り続けている畑、鶏、豚、加工の生産物収入が今年度も減っている（約十三万円減）のは心配だ。企画イベントの増収（約二十五万円増）総支出の大幅な節約（約五十八万円減）に助けられて黒字となった。こうした会計上の数字は、それはそれとして検討しなければならないが、とりあえずホッとしている。

今、ここで私が暮らしの実験室について強く感じ、敬服するのは、農場より出されている毎週の週報（ORGANICFARM WEEKLY）を五百号も出し続けているバイタリティーだ。そしてその誌面から醸し出されている農場の生活を楽しんでいる姿だ。私は毎号楽しみにしている。

今も暮らしの実験室をリードしている鈴木文樹さんが、二〇一二年の暮らしの実験室の総会資料前文に「今、私たちはとても自由な空気を呼吸できるようになった気がする」「何か自由でワクワクした気分がみなぎっている」「益々ここがおもしろい場所、人生を考えるヒントが沢山つまった場所になっていく。求められているのは暮らしを発見し、深く掘るということである」と述べている。ここには彼が暮らしの実験室を作ってきた想いや意図が農場の中に実現されつつあることを喜んでいる心情が吐露されている。農場は、かつてないほど良い雰囲気に包まれているようでうれしい。

田川 忠司

71年九品仏地区世話人松川義子さんに出会う。74年不二美印刷を創設、『たまご通信』の印刷等を引き受ける。79年『たまごの会の本』の編集・印刷・製本・出版。06年にはたまごの会最後の会計監査役を引き受け、暮しの実験室発足以降も14年7月まで務める。

10年／40年＋少しの未来

――茨木 泰貴（2003, 2005～現在）

有機農業の三大メッカの縁

私がたまごの会に足を踏み入れたのは、ちょうど宇治田さんと鈴木さんが入れ替わった2003年のことでした。当時、大学の環境経済というゼミの1年目が終わる頃で、まわりは就職活動を始めていましたが、それよりも環境について現場で勉強してみたいという気持ちが大きくなっていて、自分の道を模索していました。その頃にちょうど星寛治さんの本に出会い、「自分の求めていたものはこれだ！」と感銘を受け、その勢いで手紙を書き、星さんに会いに行きました。得体の知れない学生の訪問にも関わらず星さんは親切に出迎えてくださいました。初めての東北。絵に描いたような〝まほろばの里〟には有機農業を営む農家さんが沢山いました。中には「大学を出て農業なんて辞めた方がいい」と、心配してか、本気を試してか、堅実なアドバイスをくださる方もいらしたのですが、「そんなこと言われても、もう決めたことだからなぁ」と自分自身は割とあっけらかんとしていました（10年前でさえそうなのだから、40年前に農場に来た若者たちの周囲の反応は想像を超えるものがありそう）。残念ながら、星さんは年齢のこともあり、研修は難しいということでしたが、埼玉県小川町の金子美登さんを紹介してくださいました。

金子さん宅には、地域は関東内外から、年齢は高校生から脱サラした夫婦まで幅広い人が研修生として集まっていて、中には九州から来た僕と同じような学生もいました。小川町も有機農業が盛んで、有機農業を学びたい人が溢れている様子でした。ここでは逆に定員オーバーということで断られるのですが、そこにいたスワラジ学園の卒業生の方が「そういえば自分がいた学園のそばに「たまごの会」というのがあったよ」と教えてくださったことがきっかけで、僕の旅の一幕目は終わりを迎えることになりました。というのも、農場にいた鈴木さんはいともあっさり「来たかったら来ていいよ」と言ってくださったからでした。また、和沢さんが作ってくださった砂糖が少なめであまり膨らまないホットケーキのような物が美味しく、裸電球の温かいぬくもりと不思議な建物、鶏や豚などの動物達の存在と循環型の農業の実践に魅せられ、僕自身もここで勉強したい！と思ったのでした。高畠の星さん、小川の金子さん、スワラジ学園、たまごの会、今思えば関係はすべて繋がっており、不思議な縁に導かれて来たのだなぁ、と感じます。

自由な気風と会の苦悩

農場には僕を含め6人の研修生がいて、3人は就農を前提に、3人は〝自分の道探し〟的なスタンスで、永田塁君や田村奈々ちゃんなど、僕と同年代のメンバーが鈴木さんの下でそれぞれ勉強をしていました。目的のある人と、目的を見つけることが目的の人。〝色々な立場の人が許容される空気〟の存在も感じさせない程、農場は自分にとって居心地が良い場所でした。畑の作業でメモを取ったり、鈴木さんに質問をしたりする代わりに、僕は子どものキャンプを計画させてもらったり、有機農業の発信としてホームページを作ったり、薪を燃して露天風呂に入ったり…。そういう事をしているうちにあっという間に一年が過ぎていきました。

81年生まれで、地方の公立の小中高に通い、進学はするものと思ってなんとなく大学に行き、という流れの中にいると、「消費者運動」と聞いてもピンとこず、「消費生活センターとかのやつですか？」くらいにしか理解できません。そんな具合だから、たまごの会の組織についても、積極的に関心を持つ事はありませんでした。ただ、大学でＮＰＯ活動をしていたので、〃会員〃や〃総会〃という運営方法には馴染みがあり、運営会議にも顔を出させてもらいました。当時の農場は経営的には厳しい状況にあるようでしたが、鈴木新体制が出来てか、農場に通う会員さんも多く、賑やかな雰囲気でした。と言っても、建設当時の方よりも、分裂以降に参加した第二世代（？）の40～50代の方が中心で、会全体としては高齢化、運転資金問題、農場スタッフの世代交代など、抱える課題はいくつもあったように見受けられました。

翌年、私は学校に戻り、農場で得た経験で畑をやったり、卒論を書いたり、またのんびりした日々を過ごしていましたが、農場が大変という話が聞こえてきて、夏にお手伝いに行きました。鈴木さんと塁君のたった二人で鶏も豚も畑も出荷もやるという超人的な状況で、さすがにこれはマズイと思いました。復学して、これからの生き方をどうするかいよいよ決めなければいけない時期でもあったので、それが農場に戻りたいなぁという気持ちを強くさせた出来事でした。

濃縮の3年間　畑と組織変更とイベントと

研修生ではなく今度はスタッフとして農場に戻ってくることができました。鈴木さんと私と、田村奈々ちゃんに声をかけ、そして新しい仲間の藤田進君の4人で農場を再発進することになりました。鈴木さんも田村さんもそうですが、新入りの藤田君も素敵な感性の持ち主で、皆、自分の農業を深めながらも、農場という空間をいかに魅力的な場所にし、それを外に広めていくか、ということに多くの関心を持っていました。

と言っても農業は初心者。日々畑をしながら田んぼもし、動物の世話もしているとすぐに日が暮れていく。夜には農場をどのように運営するか、どうすれば自分達が描くような農場になるか、という任意の会議が何度も何度も開かれました。暮らしの実験室という名前もその中から出てきました。たまごの会は歴史も実績もあり、実際に存在する農場まで持っている。自分達もその会の枠の中で採用され、日々の活動を行っている訳だけれど、この会をこの4人で背負っていくだけの力はない。であるなら、自分達の身の丈にあった組織に変えることは出来ないだろうか。そんな提案を持って農場スタッフと都市会員が3年に渡って会議を重ねた末に、会員、総会、運営委員会という形態は残しつつも、名称の変更と、農場スタッフがより多くの決定権をもてる仕組みに変更することになりました。当時の会員さんの気持ちを今考えると、言葉で言い表せないものがあると思いますが、農場が守られるためなら若い人たちに任せてみよう、という重い決断をしてくださったのだと思いましたし、その信頼に応えなければと、身が引き締まる思いでした。

また、この3年というのは自分達自身が農的な営みの感覚を身に付ける期間でもあったと思います。農の魅力を広める、と言っても人にその中身がなければそれは不可能で、そのための充電期間。そして、組織の変更も行い、満を持して〝やかまし村〟という企画を行いました。〝やかまし村〟というのは、リンドグレーン著の『やかまし村の子どもたち』という童話から取ったもので、大人も子どものように遊び、学ぶ場所にしたいという思いでつけました（命名は藤田君）。農場を村に見立てて、農場や農の世界を体験してもらえるようにスタッフで考え、野菜の収穫、蓮根掘り、種まき、野営でご飯作り、パン焼き、キャンプファイヤー、木の伐採、旗揚げなどを行いました。農場スタッフの友人から友人へ、楽しかった人がまた友人を呼び、という状態で、どんどん広がっていきました。それが2008年の事。当時私は27歳で、普通に就職すれば5年目。当然、参加者は自分達と同世代の人が多かったのですが、彼らにしてみれば、週末のレクリエーションの一環だったかもしれないですが、農場の魅力、農的世界の魅力もさることながら、農的世界で生きる同世代の姿が新鮮に映った事もあるのかもしれません。そうした体験企画を何度も開催していくうちに、何度も農場に来てくれるファンができるようになり、その中から更に、農場の運営に関わる運営委員になってくれる人も現われ、今現在の農場に繋がっていく大きな原動力になりました。

今だからこそ農場の正しい使い方

農場元スタッフの長井英治さんとお話をする機会があり、長井さんが農場に来た理由が「消費社会に疑問を抱き、そうではない生き方を求めていた」ということを聞いて、長井さんもそうだったんだ、と改めてしみじみ驚きました。それは僕の理由と同じでもあるのですが、僕よりも30年も前にそう考えていたということへの驚きと同時に、残念なことに世の中がそれだけ変わっていない、或いはより悪い状況に進んでいる、ということとも言えるのかなと感じました。

僕が農場に来て10年になりますが、10年前と社会が変わったか、と言われれば、それは難しいところです。現代は、戦後から続くアメリカ的資本主義思想の実践という同じ線上にあり、40年前に農場を建設した当時も、分裂の時も、鈴木さんの再登板の時も、そして今もその路線は継続され、現代では「クリック一つで翌日に有機野菜が配達される、或いはキャンセルもできる（！）」という状況に達しています。もちろん、有機無農薬のお野菜がこれほど世の中に広まっていることは大きな変化ですし、パソコンやネットの普及で、今まで知らなかった情報を得たり、農家さんと出会える事が格段に容易になったと思いますが、逆に、実際の体験を伴わない情報の軽さがクリックの軽さに繋がっているのではないかとも思います。そのように考える時、たまごの会が大事にしていたことは、単に安全安心な食べ物を手に入れることだけではなく、それを自分達の手で生み出すこと・その過程に関わっていることだった、ということがより明確に分かるように思います。

たまごの会が、農場という実態のある建造物を作り、人の命の源である食べ物を動物まで含めて育て、それを民主的な手法で運営していたことは、今むしろ重要とされていることだと思います。都市には一見たくさんの選択肢があり、それが豊かなように見えて、実際にはお金が無ければそれを選ぶことは出来ない、という非常に狭く生き辛い場所になっています。都市の衛星農場は、食べ物を生産するだけでなく、都市生活者が違う視野を獲得するための装置であり学び舎なのだと思います。それは社会に革命を起こすような力はないかもしれませんが、個人を変えるという力は過去にも今にも十分持ちえていることだと思います。

自分の中の農場派と地域派

ここ数年、農場には毎年500名以上の人が農体験などで訪れています。やかまし村、お米・大豆の栽培、味噌作り、ソーセージ作り、ラーメン作り、キムチ作り、鶏のトサツ体験、収穫祭、子どもキャンプ、学生合宿、社会人合宿、農作業のお手伝い、その他もろもろ。「食べ物がどこからやってくるのか分かりにくい社会なので」という動機で農場に来る学生さんと接していると、社会の状況が悪くなっているからこそ、それを変えようという強い気持ちや動機を持った人が現われるのだなぁ、と思います。そういう人たちが農場で十分に学び考えるための機会を作っていくことが、農場に来てくれた人のためであり、また自分達も彼らと共に学んでいくのだと思います。

また、2012年から八豊祭(やっほうまつり)という企画を年1回続けています(これは暮らしの実験室主催でという訳ではありませんが)。地域のおじいちゃんおばあちゃんに藁ないや鍋敷きの作り方を教えてもらったり、地域の木材をエネルギーとして使う体験をしたり、暮らしの実験室のメッセージをやさとという地域を舞台にして発信するものです。近年は〝地域〟や〝地方〟ブームで、身近なところでは、鈴木さんがやさとの友人たちと山を買い取って茶畑を再生させよう、とか、耕作放棄になった谷津田を開拓しようとか、様々な話題が飛び交っています。こうしたいわゆる〝地域活動〟としてやってきたたまごの会や、それを継いでいる暮らしの実験室がどのように位置づけるのか、という論点がありますが、これらを地域活性として見るよりも、むしろ、都市で暮らす人がより豊かな、或いは人間らしい生活をするために必要な〝農場の広がり〟として捉えた方が妥当だろうと考えています。ヤマであればヤマの、サトであればサトのまた違った広がり、深まりが見えてきます。そういうものを関わってくれる人たちと共に学びながらこれからも作っていきたいと思っています。その結果として地域も元気になるなら、それはとっても喜ばしいことです。

誰もが夢を描ける場所

農場に戻ってきた時、〝たまごの会第二ステージ〟という言葉で、新しい展開を模索していました。たまごの会は終わった訳ではないが、このままではどうにも立ち行かない。どうなれば第二ステージなのか誰も良く分からないまま、ともかく新しい事業展開や組織形態をみんなが好き勝手に言い合う。お金はないし、人手もない。リーダー的な人はいてもリーダーは意図的に置かない。会のそんな性格もあってか、誰でも自由に夢を描くことができて、よって、言った人がやる、という（これも昔からの性格かな？）随分分かりやすい仕組みでした。

あの時、みんなで言い合った所とは随分違うところにいるなぁと思いますが、ともあれ農場が続いているのは良かったと思います。「茨木さんが農場に来てくれて助かった」と言われる事がありますが、私自身にとっても、農場に来ることで未来が拓け、夢を描くことができたので、むしろそういう場を与えてくれた会員さんや農場に感謝しています。他のスタッフも同じで、みんなそれぞれ農場に来たことで夢を描き、またその夢に自分自身が魅了されている、ということだと思います。そのように、誰もが夢を描ける場所であること（そういう仕掛けを残した事）が農場のなによりの財産なのだと思います。
40年前に建ったこの偉大なる農場を、今の時代に求められるように有効に活かし、役立てていくことが今農場にいる人間の役割だと思います。そして、また時代が変れば、その時に夢を描ける人が集まって好き勝手に言い合う、ということになるのだと思います。もちろん、その中に自分も入っていたいと思っています。

茨木 泰貴
生産関係は畑・出荷、鶏を過去に、田んぼは今も担当。現在主に企画担当で農体験のイベント作りなどを行っている。14年に結婚し、農場から自転車で20分の所に古民家を借りて、通っている。集落の活動にも参加している。

やかましい暮らしの実験結果中間レポート@東京

――遠山 浩司（2008～現在）

私たちの暮らしの実験の7年間

2008年5月4日。僕らは〝むらづくり〟を始めた。名前は「やかまし村」。

わたしは、このむらづくりに夢中になった。40年前、初期メンバーの方が都市からこの農場を拓き、東京で世話人会を開いていらっしゃったように、規模と熱量は違うかもしれないが、毎月農場でイベントを興し、毎週のように東京で語り合った。

「やかまし村」を起点として、同時期にやかまし村で出会ったメンバー8人で農的シェアハウス「やかまし村東京シェアハウス」を設立し、東京の暮らしの中で農的ライフスタイルを実践する実験を行ってきた。大豆づくり、米づくり、農体験、ツリーハウス建築イベントなど、多様性を維持しながらも暮らしを見つめ直す深みも増していった。

4年前の東日本大震災を経験し、地域の方を巻き込んで地域住民ともつながる「八豊祭（やっほうまつり）」などを行ってきた。

うなされるように熱中してきた7年間。東京でやかましく暮らしの実験をしてきたこの日々は何だったのか。

それは、今後の自分たちの考え方、生き方、暮らし方のライフスタイルを考え直し、模索してきた、主体的にいきる暮らしの実験の日々であったように思う。

今、やかまし村、そして私の関わり方、東京のコミュニティの在り方はひとつの区切りに来ている。40周年記念誌の作成にあたり、暮らしの実験室が私とコミュニティにもたらしてきたものを振り返り、これからの在り方を考えてみたい。

そんな、遠山ひろしの東京での暮らしの実験中間レポート。

遠山ひろしがやさと農場にはまった理由

農場との出会いは、私の大学時代の友人である茨木くんが暮らしの実験室に入ったことであった。9年前、石岡駅からバスに乗り、竜神山下をこえて八郷の風景が広がり、柿岡で降りて畦道を通っているときから、私はもうここに惚れてしまっていた。

…振り返れば、そのころの私は、JTの外資系で働いていて、毎日24時を超えるまで死ぬほど働き、毎週クラブに通っては踊り狂い、毎月接待費用25万円を使って顧客と関係性を築けと言われて必死だったり、身体が疲れたら糸が切れたように海外の海辺に逃亡してた。たくさんの完成されたものを選んで消費して、だからまた大量に提供されて、それをぐるぐる回すために大量の広告がなされて、無理しているからたくさんの自己嫌悪や閉塞感が生まれて、借金してカードでギリギリ返して、ぐるぐる経済を回して稼ぐ給料で穴をふさごうというライフスタイル。そんな社会との関わり、自分の内面に、疲れていたんだなあ。

そんな私が、農場に恋をするのは必然でしたね。ヒトと野菜と動物が共存する自然の循環のなかに生き、ともに野菜を育て、収穫し、みんなで調理して食べ語らい暮らすそのシンプルなライフスタイルに、ぐわーん!ときた。

つくばの山々に囲まれている安心感、汗をかいて農作業しふと顔をなでる風の心地よさ、みんなと等身大にシンプルに暮らしていく豊かさ、暮らしの中に細やかに流れている哲学。これこれ、これなんだ。砂漠に水がしみこむように、もっともっと自分の暮らし方を変えたいと思った。こんな大好きな場所、みんなと共有したい。もっとここにある暮らしの豊かさを都市の友人たちと一緒に共有したい！という思いからやかまし村イベントを始めた。

やかまし村の7年間

やかまし村とは、都会の若者たちを対象にした週末農体験イベントを通じて、食べることや人とのつながり、自然との関わり方など、自分たちの生活を暮らしの平面に取り戻す村づくり。だけど、その思いもコンセプトも、私たちの暮らしの在り方が変わっていく過程で少しずつ変わってきたと思う。

初期（2008〜2010年）は毎月のようにやかまし村イベントを行った。コンセプトは農場という場所を活かして、自分たちがやりたい事、やってみたい事を企画して実現したり、自分自身を表現できる場であったと思う。

まず、若かった。20代後半中心のメンバーで、会社という肩書ではなく、名刺ではなく、自分が好きなこと、自分が表現したいことを自由に形にできる。自然と農場のおおらかさに、みんな魅せられちゃった。企画の内容も、農場の暮らしと都会の刺激を合わせた企画を行った。農場運動会、田んぼビーチバレー、ハロウィン収穫祭、農場縁日、etc.

この中で、少しずつ暮らしの在り方が変わり、農的ライフスタイルに魅かれたメンバーが中心メンバーになり、シェアハウスで暮らし始めた。

中期（2010〜2011年）は深める内容にシフトしていった時期だった。お金で買える遊びはもう飽きた。このやさとの循環の中にあるもの、お金に頼り過ぎず、〝つかう〟ことより〝つくる〟楽しさ、心地よい人とのつながりが生まれた。6か月かけて作るツリーハウス企画、縄文時代の暮らしを描く縄文ハウスづくり。単発のイベントでは深めることができなかった思いを、連続の企画を通して何度も農場に足を運ぶことで深く関わっていき、一緒に頼りあえる人がいる安心感が生きる糧になっていった。

そして、震災。自分たちの暮らしの在り方を問い直すには余りある契機だった。2011年から現在は、農場と都市という〝線〟の関係性から、地域コミュニティの中で生きていく〝面〟の関係性に広がった時期なんだと思う。

震災で、水も出ない、ガスもでない、電気もない。何もできなかった。そんな状態を経験した。都会とはこんなにも生産と消費が高度に切り離された世界だったのか。生産と消費が暮らしの平面にあり、何かあっても自立的に生きていく力こそ、豊かさの源泉だと思った。かたやさとでは、放射能の問題こそあれ、自立的に暮らしをつくり、地域コミュニティの循環の中で「共立共足」に生きていける姿があった。

そんな震災の後の現在（2011〜2015年）、やがて、農場の茨木さん・姜さんを中心にやさとカフェという、ローカルコミュニティが生まれた。農場が地域との関係性を広げ始める契機となった。そこから、未来へつなぐ生き方を感じるローカルフェス「八豊祭（やっほうまつり）」をやさとと東京のメンバーで興しはじめた。これまでやってきたこと、まだまだ知らないやさとの魅力、地域のおじじおばばのなくなりつつある暮らしの技を自分たちのこれからの暮らしに取り入れていきたい。大切なものが、いつまでも当たり前に続いていくように。そして、人々の人生に豊かな実りをもたらすように。

東京のメンバーとやさとのメンバーが、大学生から60代まで、まじりあって一緒におまつりを通して地域をつないでいく過程は、とても豊かで楽しい日々。東京から移住する人が一人増え二人増え、やさとで出会ったメンバー同士で結婚し。どんどん、大好きな場になっていく。自分たちが生きていきたい地域は、自分たちの手でつくっていけるんだ。そんな手触り感のある毎日。

シェアハウスの暮らしで得たもの

やかまし村を考える時、やかまし村東京シェアハウスは常に私たちの中でセットで語られる。シェアハウスは、私たちが週末だけは最高の理想の世界で過ごせても、平日は忙しくてコンビニ弁当を食べてしまう現実とのギャップに悩みはじめて、もっとここで感じた農的な暮らしを都会でもやりたい！　それと同時に、農場まで来られない人たちにも、東京のシェアハウスに来ることで、その良さを少しでも分かって貰える場にしたい。そんな思いから２００８年12月に始まった。

小さいながらも庭を畑にして作物を育てたり、農場から鶏を4羽連れてきて、8人と4羽と野菜たちのやかましいシェアハウス暮らし。そのころは、農的イベントやシェアハウスのブームが出始める前だった。「新宿で畑と鶏とシェアハウス！」というだけで珍しいから色々な人が遊びに来たし、新聞5大紙やテレビなどの取材もきた。

毎朝起きるとにわとりに餌をやり、卵をとって朝ごはんを作り、夜にはみんな帰ってきて農場の野菜でごはんを作って食べる。週末は少しの畑いじりだけど土に触れ、にわとりを放して土浴びさせる姿にほっこりし、茨木くんが農場からやってきて暮らしの実験ワークショップをしたり、季節ごとのパーティをしたり、やかまし村や八豊祭の打合せをする。半分プライベート半分オープンな「住み開き」のコミュニティ。

『たまごの会の本』（1979年）の一節「ワイワイ暮らしてしまうという実験」を読んだ。同じように、東京でわいわい暮らす実験室に起きるエネルギーを楽しみながら暮らしが変わっていく私たちがいた。何より自分たちの求めている暮らしに近いか、一つ一つの選択を大事にするようになった。普通の暮らしの中に農場のような暮らしの在り方を取り戻していく「普通に暮らす人たちにもできる、暮らしの実験」を、私はこのシェアハウスで得たのだと思う。

7年間のわたしの実験結果

この7年間を通して、私たちはヒトと野菜と動物が共存する自然の循環のなかに生き、「暮らしは自分たちの手で創り出すもの」と感じ、ともに野菜を育て、収穫し、みんなで調理して食べ語らい、やかましく暮らすことこそが、本当の豊かさだと確信するようになっていった。私たちが大切にしている2つのキーワードがある。

「Your Choice, Your Life ～楽しく無理なく暮らしに農を～」

私たちには選択肢がちゃんとある。どんな生き方もしようとすればできる！そのための基盤はある。何を選ぶかは私たち次第。だからこそ、私たちの選択が、私たちの暮らし、そしてその後の世代の一生を作るんだよ！ちゃんと考えて選ぼうよ！という価値観を、農場は私たちにもたらしてくれた。

「いただきますから始まる出逢い」

やかまし村とシェアハウスは、この農的ライフスタイルへの入口。農場の野菜で作った食事を通して、これからの生き方や生活の仕方を考え直す出会いにしてほしい。そのために、開かれた場にしたい。いただきます、と暮らしの根本をあなたと共有したい。

みんなでつくってきた暮らしは、お金に頼りすぎないかわりに、たくさんの人に頼って、心地良い人とのつながりが生まれた。都会の便利な暮らしに頼りすぎず、あんまり時間や手間を省略しすぎず、できるだけ自分でつくって、時間をかけて丁寧に生きていく。

石鹸をつくろうとしたら、もちろん花王さんにはかなわないけど。不細工で不完全でも、自分たちが自分たちで欲しいものを作りだせる力を暮らしの平面に取り戻したい。遊びや食べ物や暮らしを消費するのではなく、結果じゃなく過程を一緒に楽しんで関わりあってくれる存在をやさとや東京に増やしていくことが、わたしたちが暮らしていきたい世の中につながるんじゃないだろうか。

この暮らしの実験は、私をそう変えてくれた。

これからのやかまし村

しかし、今後やっていきたいことも、まだまだ説明しきれない未知の部分も山の様にあって。

自分自身もモヤモヤのど真ん中。この農場と今後どのように関わりどのように生きていきたいのか？　やかまし村をどうするのか？　シェアハウスはどうなっていくのか？　まだまだ模索中で、大きな課題で。でもそれも今後の人生の楽しみの一つ。

保育園を運営したり、学童を運営したり、自分たちのライフステージごとに支えあうコミュニティを形成したり、自分たちで理想の暮らし方を生み出していきたいし、自分もまた自分でつくったやかまし村老人ホームでみんなと一緒に豊かに生を全うしていきたい。

それは何も特別なことではなくて、「普通に暮らす人たちにもできる、暮らしの実験」は自分たちの手でつくりだしていけるんだ。そう信じることができる場所、人に出会えたことが、私の7年間の実験の一番の成果なのかもしれない。

ひろし、やさとに移住したいです。笑

遠山 浩司
１９８１年熊本県出身。茨木君の友人で２００８年に農場に来て以来、やかまし村を始め、東京でシェアハウスで暮らし、運営委員として関わる。東京とやさとをつなぐ大使館のような役割でありたいなと思っています。

有機農業史からみた農場の変遷

──大森 利識（2011～2012）

「たまごの会」がやさとで「農場びらき」をして40年が過ぎた。巷の企業が次々に設立と倒産を繰り返す、超高速回転の現代を思えば、よくぞ40年も続いて下さったと感動を覚えてしまう。これは奇跡だ！と言うのはおもしろいし、実際のところ奇跡も大きいだろう。ことにマンパワーにおいては、不思議なことに農場では必要な時に必要な人が現れる。一般企業が求人募集して人を集めるのとはわけが違う。農場のその時の磁場が、その人を農場に誘引したとしか説明できない出会いなのだ。そう間違いなく、農場はパワースポットであり、確かにスピリチュアルも存在する。しかし40年という歳月、スピリチュアルだけで片付けてしまうのはもったいない。しっかりと科学的にも総括する必要があるだろう。そして個々の総括をシェアすることで、次の発展性が生まれると考えるからだ。

日本の有機農業のはじまり

有機農業を単なる環境保全型の一農法と見たとき、一体いつの時代からが有機農業史なのだと、人により見解が違ってくるだろう。化学肥料・農薬・除草剤を使用する近代農法のことを慣行農法と言うことがあるが、有機農業こそが慣行農法なのだと私は思ってしまう。戦後、日本は食糧危機に陥り、食糧増産のため大量に化学肥料・農薬・除草剤を輸入したことから、戦前は有機農業だったという見解もあるが、化学肥料は戦前から輸入している。ただ、戦後の日本の農業が急激に近代化したのは、終戦によって必要でなくなった大量の爆薬を化学肥料として、毒ガスを農薬として用途を変え使用したためである。これは第一次世界大戦後にも起きたシナリオで、日本の場合は連合国によるシナリオである。余談だが、戦争とはボロ儲けのビジネスであり、兵器産業は戦後も形を変えて生き続ける。最悪なのは核兵器が発電所になったこと。

さて、日本の有機農業のはじまりを再考してみると、農業と食の急激な工業化に対する抵抗感から出発した有機農業運動が大きく関わり、有機農法の名づけ親が一楽照夫氏である点から、日本有機農業研究会が設立された1971年が、日本の有機農業のはじまりだとした方がわかりやすいだろう。ここが、長年の化学肥料使用による地力回復のために、農業者が中心に有機農業に転換した欧州とは違う。

有機農業史上から見る「やさと農場」の変遷

1945年　第二次世界大戦終結　「愛農会」発足
1946年　シラミ防除のためDDT日本上陸
1950年　「世界救世教」発足
1951年　国産ビニール製造開始
1952年　三菱化成「クミアイ化成」の生産開始
1953年　農業機械化促進法公布　「ヤマギシ会」発足
1961年　農業基本法公布　農業近代化資金助成法公布
1962年　レイチェル・カーソン『沈黙の春』出版
1964年　『沈黙の春』日本語訳出版
1966年　野菜指定産地制度を含む野菜生産出荷安定法公布

1971年　日本有機農業研究会発足
1974年　「たまごの会」が旧八郷町で「農場びらき」
2001年　有吉佐和子『複合汚染』連載スタート
2002年　有機JAS認証制度完全施行
2003年　「ワタミファーム」設立
2009年　「たまごの会」が「暮らしの実験室」に改名
農地法改正により株式会社でも農地利用が可能となる

「たまごの会」が「農場びらき」をしたのは1974年であるから、やさと農場は日本の有機農業の草創期を代表する農場と言えるだろう。イバ君（現やさと農場スタッフの茨木泰貴）が見つけた「近代化破滅！有機農業創出！」という、やさと農場初期のスタッフが書いたであろう看板から、有機農業は社会運動の一環であったことを強く感じる。年代的にもカウンターカルチャー形成という60年代のヒッピー文化にも通ずるものもあるだろう。やさと農場の特異性といえば、生産者との提携型をとらず、会員制でコミューンを形成し、会員自ら作り手となったことである。しかし、社会運動色が濃い当時は、やさと農場の形態が不思議であったとは思えないし、むしろ自然であったように思う。

やさと農場の特異性が浮き彫りになったのは、「たまごの会」が「暮らしの実験室」になったとき、もっと厳密に言えばイバ君達の年代がやさと農場にきたときである。年表からも見てわかるように、社会運動としてスタートした有機農業に、国が突っ込んできたことは有機農業史上大きな転換期だった。今まで独自ルールでやってきた有機農法に、国のお墨付きルール（有機JAS）をつくったのだ。さらに農地法改正による農業法人の急増で、有機農業は完全にビジネス対象になってしまった。私が視察した農業法人は、有機JAS認証を受けていても、工業畜産の牛糞をよそから買い、作っているのは数種類の野菜だけのモノカルチャー農業であった。さらにそこの農業法人のお昼は仕出し弁当で、事務所の流し台で平然と合成洗剤でコップを洗うのを見たとき、有機農業運動は終わったと感じてしまった。

これは新規参入した企業のヒドイ例だが、有機農業草創期に独立した新規有機農家はどうだろうか。70年代に有機農業運動に関わった方で、早い方は80年代に新規個人独立就農しているが、独立就農された方々が、困ったことは「お金」であったのではないだろうか。どんなに素晴らしい理念を持っていても、0円生活は厳しい。住民票を持ち、一日本国民として生活するなら無理である。そこで、いかに経営を成り立たせるかを考えるから、当然作った有機農産物は売る商品となる。さらに質の良い商品を作ろうと努力するから、有機農業の技術も向上していく。しかし今までの生き方としての有機農業は薄れ、いかに効率よく換金化するかということに重きを置かれたことによる矛盾も生じたのではないだろうか。例えば、野菜保存のための大型冷蔵庫や石油依存（農機）は、近代農法と変わりはしない。有機農業は農学において、農業技術において一定の地位を確立したが、結果として資本主義に対抗できなかったのではないか。巷の人に有機農業と言っても、それってオーガニックのことでしょと、せいぜい横文字になるぐらいで、一楽照夫氏を思い浮かべる人はもはやいないだろう。いや、有機農家ですら少ないかもしれない。

しかし資本主義・グローバリゼーションの波がきつくなる中、やさと農場はその特異性とイバ君達の年代が入ってくることで、ビジネス路線に転換することはなかった。そして、これからもビジネス路線に転換する可能性は、限りなく低いであろう。これは改名した農場名「暮らしの実験室」からも強くうかがえる。「たまごの会」という農場名もその時の時代を強く表した名前だったが、「暮らしの実験室」も発展性を失いかけた有機農業運動に、再び発展性を取り戻すべく必然性の元に誕生したのであろう。これは同時に、やさと農場の主役が有機農業第二世代のイバ君達に、バトンタッチされたことを意味する。

暮らしの実験室スタッフの年代的特徴

一言に有機農業第二世代と言っても、農場によって引き継がれた世代の幅はある。やさと農場においての有機農業第二世代は、たまたまイバ君達の年代であった。もっと詳しく言うと80年代生まれだ。これが70年代生まれの層にバトンタッチされていれば、「暮らしの実験室」は誕生していなかっただろう。私もイバ君と同じ80年代生まれだからよくわかるが、私たちが社会に出るころには、社会情勢が悪いのは当たり前になっていた。バブル崩壊から一定の期間が過ぎた私たちは、バブル崩壊の被害者意識も薄い。80年代生まれは楽天的と言われたりするが、内心は不安だけど焦っても仕方がないとわかっているからだ。社会に対してシニカルで期待もしていなければ、特に強い不満もないのだ。高級ブランド服を着なくても、ユニクロで十分であるし、今ではパソコンもかなり安く買えるようになった。一昔前の三種の神器のように気合いを入れなくても、それなりのモノがリーズナブルに買えるという恩恵は受けているからである。また80年代生まれは共感的とも言われるが、ハード面が成熟した社会だからこそ、意識が「モノ」から「コト」へいくのは自然なことである。様々なおもしろいイベントやワークショップも「暮らしの実験室」スタッフならではである。

やさと農場の存在意義

やさと農場は「たまごの会」時代に、消費者自給農場として設立された。だから目的は当然、会員達の農産物を作り届けることにある。「暮らしの実験室」に移行してからも野菜パックとして引き継ぎ存続しているが、非常に残念なことに、じわじわとパック数は減り続けている。やさと農場の場合、旧たまごの会会員が、年配になってきたためであると思うが、減った分を補う新規が得られていないのも現状である。資本主義の中、野菜パックも一商品として出回るようになった昨今、個人の野菜パックはかなり厳しい戦いを強いられる。「大地を守る会」や「らでぃっしゅぼーや」のように、契約農家から集めて野菜パックした方が、断然見栄えの良い立派な野菜パックができるのは当たり前なのだ。もちろん、昨今でもモノだけではなくヒトをみて買う人もいるが、野菜パックの将来は暗い。時代が野菜パックの魅力をなくしてしまったのだ。

では仮に、やさと農場の野菜パックが0になったら、やさと農場の存在意義はなくなってしまうのだろうか。消費者自給農場としてのやさと農場はピリオドを打つだろうが、「暮らしの実験室」としてのやさと農場は変わらないだろう。これは、やさと農場がコミューン形態を維持しながらも、「暮らしの実験室」に移行して外部と関わる門を広げたことによるものだ。

よって会員でなくても、フラットに共感できる素晴らしい場になったと思う。これこそが、やさと農場の永遠の存在意義といえるだろう。決して皮肉を言うわけではないが、かつて「たまごの会」時代、やさと農場は近代の超克を夢見たかもしれない。しかしコミューンが近代を超克することは、コミューンの特性上厳しい。一般社会と一線を画し、外部から「あの人たちは、あの人たちで、なんかやってるらしいよー」って言われているうちは、世の中は変わらないと思うからだ。コミューンの真の存在意義は、社会に対しての大義ではなく(もちろん必須だが)、個人レベルのメンタルアジャストにあるのではないだろうか。一般社会に暮らしながら、社会に対して一線を画し客観視することは、なかなか容易ではない。だから、いつの時代でもコミューンと言う場所は、冷静に社会を見つめ直し、自分を見つめ直すことができる場として、大切なのである。だから、「暮らしの実験室」というコミューン存続に人生をかける農場スタッフに感謝!

大森 利識

１９８３年生まれ。旧姓小松。福岡正信『自然農法 わら一本の革命』を読み感銘し、愛農学園農業高等学校に入学。暮らしの実験室では養豚担当。自分流パーマカルチャーを実践するため、兵庫県朝来市の限界集落に移住。小屋をセルフビルドし、自給田んぼを始め、古民家を再生して現在に至る。

「たまごの会」が私に残したもの

――日野　睦子（1980〜2010）

「つくり」「運び」「食べる」の新鮮さと重圧

私が「たまごの会」に加わったのは、会が出来てから5年目くらい経ってからだと思います。その頃、農場は出来上がり、野菜を作り始め、動物も鶏をはじめ豚も牛も農場には飼われ、ほぼハード面は完成していました。しかし、スタッフ間の生活ソフトが確立できず、スタッフ間でのギクシャクしている状態のまっただ中だったように思います。毎週来る『たまご通信』の内容にビックリしながら、行方を見守り、農場からの野菜を食べ続けていました。今のように有機農法の栽培技術も試行錯誤の状態、夏は大量のナスが届き、毎日ナスばかり食べ続ける日々、冬は里芋ばかりの日々が続き、料理のメニューの少ない私は子供たちにどうしたら食べてもらえるだろうかと考え、それでも無駄にする野菜も多かったかもしれません。

しかし、農場からは、収穫のあったものは全量引き取って食べることが、「つくり」「運び」「食べる」の原則であるというようなメッセージが届き、必死になってこなしていました。こんなものなのかと何も考えてはいなかったようです。それでも、東京でスーパーで買わされる、どこで、どのように作られているか分からない整然と美しく並ぶ野菜や一方的に消費するだけの都市の人間にとっては、「つくり」「運び」「食べる」の言葉は新鮮な響きを持っていました。

驚くべきエネルギー

入って驚いたのは、皆が驚くべきエネルギーで会に関わっていることでした。運営会議の議論の活発さ。そして、毎月発行される『たまご通信』。読み通すのが大変なほどの内容の多さ。しかも、手書きでした。また、配送を担う人びとの多さとそれを迎える地域の人びとの歓迎振り。会に対する会員たちの熱狂を感じる日々だったように思います。また、地区に届いた荷物のそれぞれの会員に配分する作業も会員が自主的に手早くすませていました。荷物の届く日はそれだけで1日が潰れてしまいそうな日々。子育て中の主婦は大変だったに違いないのです。この頃はみんな子育ての真っ最中でした。しかし、各地区の会員はその手間もいとわず、多くの人が集まり配送の車を大歓迎していました。

このエネルギーは何だったのでしょうか。会員たちの若さということもあったかもしれませんが、それ以上に食べ物の安全性を世の中に訴えているという自負や何か生産に少しでも関われる喜びのようなものが支えになっていたように思います。生産現場からすっかり、切り離されてしまい、提供されるだけの食物でなく、自分が少しでも生産にたずさわれる感動。実際、都市の会員は農作業に土日農場に通う人も少なくなかったと思います。

世の中では、河川や空気の汚染が進行し、健康被害も報告され始めていましたが、安全な食べ物を提供するために、有機農業に戻るなんて、農業を担っている人たちには考えてみることも出来ないことだったのです。ですから、たまごの会に土地を貸してくださった高橋義一さんは、農薬や化学肥料の被害に対する一定の理解をしめしながら「やれるものなら、やってみな」という姿勢を貫いていましたし、周辺の農家にいたっては「何をバカなことを」といった、嘲笑さえ感じるようなものでした。そんな中、公害問題や食の不安に対する問題の提起に、一歩先に踏み出しているという自負というか、確信というのが、熱いエネルギーを支えていたのではないかと思います。農家にとってみれば、生意気な若者だったかもしれません。

自ら「つくる」ということ

世の中は高度成長時代とやらで、生活に便利なものはお店で何でも手に入るようになりました。スーパーも地域に普及し、必要なものはスーパーにいけば何でも手に入るようになりました。しかし、味は特別においしいわけでもなく、一般的。まだまだ昔の野菜の味を知っている世代や家庭での手作りの味を知っている世代には、このことに何か喪失感と不安を覚え、自分で生活を「つくる」ことの新鮮さを感じていました。自分で作ってみること。面白く、魅力的でした。しかし、いろいろ挑戦することで、「つくる」ことの奥深さを教えてくれることになりました。いろいろなことに挑戦しました。「味噌づくり」「ベーコン・ハムづくり」「米づくり」「麹づくり」「廃油石けんづくり」などなど。「味噌づくり」は大成功でした。以後我が家では15年くらい、家族が少なくなって、消費量が少なくなるまで、味噌づくりは春先の風物詩でした。

「ベーコン・ハムづくり」は市販のベーコン・ハムが何とおいしくないことかというのを分からせてくれました。自分たちだけで食べる分を作る分には許可の申請もなく、自由でしたので、これも農場での定番になっていきました。自分で作るとこんなにおいしいものができるのだという楽しさを教えてくれました。味もさることながら、夜を徹した仕込み、燻煙の過程は参加者たちの夜を徹しての議論、家族の話、仕事の話、政治の話、農業の話と様々な話題が、飽きる事なく続き、何も知らなかった私に人生の多様性や奥深さ、それぞれの人となりや人の背景に広がる個々の人びとの環境の多様さ。何と多くのことを教えてくれたことでしょう。ベーコンやハムのおいしさもさることながら、ここで学んだ人生の多様さ、人間の多様さの方が大きかったかもしれません。

そして、米づくりです。これは、私に決定的に生き方の誤りを教えてくれましたし、人生を生きていく指針を与えてくれたかもしれません。高橋米に関わったことのお話です。高橋家の好意で5反歩の田んぼを貸していただき、無謀にも自分たちで米づくりを始めました。まず種籾の選別、苗床づくり、温度、水の管理、農場のスタッフの手助けで何とか完了しましたが、東京からの日曜百姓にはとてもできるものではありませんでした。その他、田植えまでの田んぼの整備です。田んぼの畔つけ、田起し、田馴らし、水張りなどなど、田植えまでにやるべきことはいろいろありました。

その上に5反歩の田んぼを手植えしようなどとさらに無謀なことを考えてしまいました。もちろん東京の会員のみなさんの参加を得て、水を張った田んぼに糸を引き、それに並んで田植えをしていきましたが、多くの都市会員の参加で、午前中には終わることができました。私はここまでの田仕事の多さと量にほぼ音を上げていました。さすが都市会員の方の人海作戦でまずまず田植えを終了しました。田植えは最後の1割、それまでの準備がすべてなのだということを経験することができました。

その後、すべて手で草を取り、刈った稲は、天日干しとし、ハザ掛けを行いました。5反歩って本当に広いのです。それを昔のように、すべて手作業で行うなんて、高橋家は驚き、この無謀さにせせら笑っていたようにも思われました。その時はその無謀さに気付きもしませんでした。有機農業で米をつくるのは、そのようにすることが必要なのではないかと稚拙で短絡的な私は考えていたのです。しかし、これは専業の農家にとってはとても過酷な作業で重労働を伴うもので、農薬や除草剤の出現はそれまで重労働に耐えて来た農家にとって、天の啓示だったのかもしれないと気付くことになりました。その結果が環境破壊だと知っていても、なかなか手放せなかったのでしょう。

今は手間ひまをかけた有機米が高価に販売でき、農家の収入に結びついてきたので、そのような栽培方法で米を作る人も増えてきましたが、当時は有機米さえ、流通はしていませんでした。だから、当時有機米を食べられたのは、自覚のある篤農家の人たちとコンタクトがあるか「たまごの会」の人たちだけであったと思います。一貫して米づくりに関わって見えて来たことはたくさんありました。農業を生業としている人たちへの尊敬。何も知らずに米づくりに自分のイメージだけで動いてしまった自分の不遜さ。田植えは9割が下準備。所詮、都市住民にとっての農作業は手伝いでしかない。

この米づくりは私の人生を変えた出来事であったかもしれません。プロとして仕事をすることに対する尊厳。人生に対する考えの甘さ。自分の不遜さ。まだまだ、自分の人生さえ確立できていない自分があたかも、「これが農業のあり方だ」と言わんばかりに、5反歩の田んぼを「手植え」してしまった。そこには、今まで積み上げられてきた、プロのノウハウがあってはじめてできたことなのに。そこに長く生きてきた人々の生活があってこその実験でした。その場に生きてきた人の人生を大切にしながら生きていこうと決意したのはこの頃のように思います。何も知らずに生きてきたことを本当に恥ずかしく思いました。それは今でも私の基本になっています。その意味では多くの人が集まる「たまごの会」は私の勉強の場であったことに間違いありません。

都市と農業の格差

「たまごの会」の最も盛んな時は高度成長時代が続き、昭和48年のオイルショックを挟んで、都市の労働者の賃金は急激に引き上げられた時代でした。毎年、賃上げが続き、人びとの生活は目に見えて豊かに、便利に、快適になっていく時期でもありました。2槽式の洗濯機が全自動の洗濯機になり、冷蔵庫も冷蔵室と冷凍庫だけのものが、野菜室といった機能が加わり、都市の住民はあたかも便利さを謳歌している雰囲気がありました。

この時期、都市住民の使い古した冷蔵庫や洗濯機が配送車に乗せられて農場に運ばれました。その時の農場の風景は廃棄物処理場の雰囲気さえありました。農場のスタッフの待遇も都市会員の生活に比べたらずいぶんと格差があったように思います。この格差がなかなか解消されない農場と都市会員の確執が広がっていったようです。都市会員からは、形よく、適量、多品種の配送などを要求されるようになりました。また、「自ら運ぶ」配送スタイルも農場も地域もそれぞれの生活が多様になり、担う人が減少し、いつの間にか、宅配便と変わるなど、時代の変化と都市の生活様式の変化に合わせるような形で、自ら「つくり」、「運び」、「食べる」スタイルも変わって来ました。

「たまごの会」は都市会員が中心なのか、農場スタッフが中心なのか、その時その時の力関係でスタッフが中心になったり、都市会員の方が中心になったりして、次への方針が一貫しないまま、分かれて行ったように思いました。時代の変化と私たちの生活を取り巻く環境が変わっていく中で、都市を生きる会員の環境、農場のスタッフの置かれた環境や立場の中で、違ってきた状況がなかなか共有できる環境にはなかったのです。今にして思えば、よくぞ40年も続いたというのが、率直な感想です。

続けて来られたみなさんのご苦労に敬意を表したいと思います。一概に40年といいますが、あの時、20代後半で子供も小さかった世代は皆、60代後半か70代になり、子供たち、孫たちの世代になろうとしています。私たちを夢中にさせていた「たまごの会」や私たちは、子供たちや孫たちに何を残せたのでしょう。有機農産物も今はネットなどを利用して、手軽に手に入るようになりました。また、真偽のほどは分かりませんが、有機農法に取り組む農家もずいぶんと増え、生協やネット、スーパーマーケットで手に入れることができるようになりました。時代は思いもかけず、急速に、変わっていきます。大きくは社会を変えることは出来ませんでしたが、投じた一石は必ずしも意図した方向とは違うかもしれませんが、少しは波紋を広げるくらいにはなっているのではないでしょうか。

私たちも「たまごの会」の中で活動をしながらも、みんなそれぞれの方向を見ながら、それぞれの「つくり、運び、食べる」を生きていたのだと思います。皆が同じ方向を向いているなどというのはあり得ないということを学びながら、続けてきたのだと思っています。それでよいのではないでしょうか。自分の置かれた状況で、自分のやれることを、自分の方法で生きていくしかないのだと思います。皆向いている方向が一致していなくても、そこに場があることが、大切なのではないかと考えています。そんな人たちがそれでも一つの組織として、40年継続してきたことの方が奇跡のように思います。これからも時代とともに変わり続け、いろいろな人が集い、散っていくかもしれません。いろいろな人を包容しながら、続けていけることが課題となっていくことでしょう。「たまごの会」を舞台として、私のように人生を変える起爆剤となりうる人もいることをいのりながら…。

日野 睦子
最終的には高島平地区の世話人。長く「赤坂のタウン誌」を続けて来た（現在廃刊）関係から、現在は「赤坂の街歩き」を主宰、赤坂ＴＢＳ屋上での「都市養蜂」の立ち上げに参加。

『鍬（くわ）の詩（うた）』の志を思う

～たまごの会の農場創設40年に寄せて

――佐藤 徹郎（1972～2005）

「たまごの会」の農場創設40周年は、感慨無量です。「ひら飼いのにわとりの卵を食べたい」という、子どもを育てるお母さんがたの素朴な願いから、たまごの会は発足しました。岡田米雄さんという方の紹介だったと記憶しますが、栃木県の植松さんの養鶏場から有精卵を共同購入する活動が始まり、東綾瀬や石神井のグループから誘いを受け、私の住んでいた八王子の集合住宅でも、30世帯くらいが仲間に入りました。

共同購入に始まった活動は、やがて自分たちの農場を持とうという夢につながります。有機農業に関心を持っておられた茨城県八郷の高橋義一さん（弟さん一家が八王子のメンバー）から山林を借り、松の木を伐採してそこを開墾し、今日の自主農場が拓けたのでした。農場開きは1974年5月でしたか、私はそのとき参加していません。

「自らつくり、運び、食べる」を実践する消費者自給農場の発足はジャーナリズムも注目しました。朝日新聞「人」の欄に取り上げられた和沢秀子さんが、たまごの会の姿勢をわかりやすい優しい言葉で語ってくださったことは忘れられません。北海道大学大学院で農業を学んだ明峯哲夫・惇子さん夫妻や三浦和彦さんたちが農場の専従スタッフとなり、会の活動は軌道に乗ります。

便壷を浴びて

私ははじめに畑、つぎに豚、つぎに田んぼの係となり、30代半ばから50代近くまで、土日になると八郷へ通う日が多くなりました。金曜日の勤務が終わる夜に上野駅に急ぎ、最終列車に乗って石岡へ向かったことが懐かしい。堆肥嚢を腰だめにして畑一面に撒き、豚舎を掃除し、くそ出しをして堆肥小屋に運ぶ。当時の堆肥小屋は、小屋とは名ばかり。屋根も満足にない二槽・野積みの状態でした。堆肥の切り返しを二日続けたある日、重たい堆肥を隣りの槽に切り返す作業中に腰を痛め、堆肥の中に寝ころんだまま数時間動けなかったことがありました。呼べど叫べど会員棟にいる仲間に声は届かず、聞こえるのはすぐそばの豚舎の「ぶーぶー」ばかり。また別の日、会員棟の便所の汲み取りをしたときのこと。糞も小便も大切な有機物というわけで、たまごの会は水洗便所にしませんでした。大便をしたときは、便壷の中に稲わらを落としておく、これが会員に求められたルールでした。便所紙の横に、稲わらやおがくずの箱が用意されていました。我が便の上から稲わらをかけてやる。そうすることで、便たちを畑に戻しやすくなるという秀逸な発想でした。いきおい便壷ははやく満タンになります。私は仲間と二人で便を汲み取り、天秤棒で堆肥小屋まで運んでいました（一人のときは一輪車で、二人のときは天秤棒で運びました）。皆さんご存知の通り、便所裏から畑の方に向かう道は、こぶだらけの細い坂道です。天秤棒を担いで前と後ろで調子をとりながら歩くのですが、素人二人ではなかなかうまくいきません。私が後ろにいたとき、なにかのはずみに天秤棒が肩から外れ、ちゃぷちゃぷしていた桶がひっくり返りました。後部にいた私の全身にどばっと。表の水道を頭からかぶって体を洗いながら、子どもの頃畑の肥溜めに落ちたことを想い出したものでした。

数年たって谷津田の田んぼを借り、そこでも米づくりが始まります。農場下の田んぼと谷津田の田んぼの作業で、農場スタッフはさぞたいへんだったことと思います。毎年、3月4月には粗起こし、くろ（畦）つけ、代掻き、水平どりなど、二か所の田んぼの仕事は山ほどあり、5月の連休のときは、たくさんの会員が農場にやって来ての田植え、それから一か月ほどは草取りの連続でした。一番草、二番草、三番草と、こんなにていねいな稲作をする農家はめったにないと思いながら、何年間か通ったものです。

老人の見事な鍬さばき

ある日、農場から下りて左側の田んぼで〈くろつけ〉をしていたとき、隣りの桑畑だったか、そこで農薬散布していたご老人が私を見て、肩から農薬散布機を下ろし、こちらの田んぼにずかずか入ってきました。もとより農薬散布を拒否する私たちですから、空中散布に走る八郷の農協とも仲が悪く、田植えも草取りも自分たちの手でやっているたまごの会は、いわば町の変わり者集団でした。

断りもなくこちらの田んぼに入り、私の方にやってくる老人を私は睨み、少し荒い声を掛けました。「いやあ、鍬を貸してみて」と、ご老人。言う通り私が鍬を貸すと、その人は見事な鍬さばきで、くろを塗っていきます。その速さ、その正確さは、今でも目に鮮やかに残っています。何十年、彼は農の現場で働いてきたのでしょう。おそらく彼の若い日には、今のたまごの会がやっているのと同じ農業の形があり、とくに有機農業と銘打つこともなく、ごく自然な手技による農の営みが繰り返されていたのです。その老人も自然のうちに熟練の手技を身につけたのでしょう。

感激した私は、しばらくその老人と話しました。「このやろう、すぐ隣りで農薬を散布しやがって」という怒りはすっかり消え、プロフェッショナルなお百姓さんの心意気に拍手を贈りたくなりました。彼は私と話しながら、自分が農薬散布機を背負って畑に立つことになにがしかの感慨を持ったと思います。必要悪と考えて諦観していたのか、腰を痛める農作業は二度とゴメンと思っていたのか、聞いてみたいところです。いずれにしても、農業の化学化、機械化は、彼らにとって「進歩」であったという側面を目の当たりにした瞬間でした。

議論の純化が限定してきたもの

会では、実に多くの議論がありました。議論の果てに、数次の分裂もありました。自らつくり、運び、食べるという、健全無比な発想さえ、議論の対象となりました。つくって食べることは自給自足の基本だが、「運ぶ」ことまで自分でやらなければいけないのか。この議論の背景には、「自ら運ぶ」という、たまごの会創立以来の大切な営みを、資本主義市場の「業者」に委託してよいのかという疑問がありました。同じ発想で、大地を守る会が株式会社組織にしたときも、これは堕落だとの意見が渦巻きました。このときは、たまごの会だけでなく、日本有機農業研究会の総会が問題にしたほどでした。

私は、「業者」をことさらに矮小化するような見解には同意しません。「自ら運び」はもちろん心地よい試みですが、できないときは別の手立てを考える、それが自然です。私自身、農場から配送車に乗って、たまご、野菜、米、鶏肉、豚肉を東京の会員宅（ステーション）まで運んだことが何度もあります。運転手が一人、配送責任者という名の助手が一人（ちなみに私はつねに助手）の二人コンビで10か所近くあったステーションを回ります。行く先々で、迎えてくださる会員の仲間たちと懇談。運動体として、「自ら運ぶ」ことによるメリットの大きさは計り知れません。ただ、限られた人数で、八郷から東京への輸送を繰り返すことには無理がつきものだったと思います。あとで書く山形県高畠からの米輸送もしたことがありますが、運転手も助手席の私も、しまいには重たい米嚢を持ち上げることができなくなったほどでした。

いろんな意味で限界に挑んできたたたまごの会でしたが、議論の純化が運動のあり方を限定してきたのかもしれません。ほんの一つの例でいえば、たまごの会は水洗便所にしてはならない、と決めるのではなく、もっと豊かな選択があってよかったのです。

鍬は象徴としての武器

私が勤務していた出版社で、星寛治さんの『鍬の詩』を編集・出版したのは1977年でした。この本が星さんの最初の著作で、それから農の未来を見据える数々の創作が生まれたことは、みなさんご承知の通りです。星さんは『鍬の詩』のなかで、こう書きました。

「鍬は、ハードな工業化と管理社会化が先行する現代に拮抗して、人間の手わざの優位を象徴する。性急で享楽的な現代の生のかたちをのり超える武器として、私は両手で鍬を握りしめ、永久の大地を耕やす営みをつづけるほかはない。そこに、生身の人間の回復と、やさしくたしかな連帯の絆を手繰り寄せる根源の力が潜んでいると信じたい」

この本は発行と同時に静かな波紋を広げ、NHKは「私の本棚」で全文を朗読しました。畑にラジオを持参して鍬の詩を聴く農家の人たちから、何度、「そうだ、そのとおり!」の声が跳んだかしれません。この文章が38年前に書かれていることを思うと、3・11を経験した私たちが何を忘れてきたのか、逆に言えば、何を忘れたから3・11を招く結果になったのかと問わざるをえません。井野博満さんは、ご自身が責任編集された『徹底検証 21世紀の全技術』(現代技術研究会編、藤原書店)で、「常識化したテクノロジー信仰」のあやうさを指摘されました。同感です。原発安全神話の背後には、この常識化した技術信仰がたしかにありました。

今私は、鍬を手放した文明がいかに脆弱なものであるかを、様々な場面で実感しています。『鍬の詩』に書かれた星さんの文章は、38年前からその点をズバリ射とめているような気がします。鍬は、まさしく「耕す文化」を切り拓く創造性豊かな道具であり、生命を育む農の文化をつくりだすための「象徴としての武器」なのかもしれません。

星さんは日本の有機農業の先駆的活動をつづけ、高畠有機農業研究会を立ち上げました。たまごの会は、高畠との交流を深め、作付け会議、田植えの援農、収穫祭などで一緒になり、八郷農場の米だけでなく、高畠米も食べるようになりました。

星さんが『鍬の詩』に込められた志と思想は、私がたまごの会をつづける原動力になったと思っています。

佐藤 徹郎
元八王子・めじろ台会員。たんぼ、野菜畑、豚係、配送助手などに携わる。ダイヤモンド社で農業とものづくりに関する書籍を企画編集。『日本の伝統工芸品産業全集』を編集。著書『美の匠たち——女性伝統工芸士の世界』(工作舎)。

〈特別寄稿〉

たまごの会との同時代的つながり

――前たかはた共生塾長　中川 信行

高畠町有機農研の発足

たまごの会農場設立四十周年の輝かしい歴史に、私達山形県高畠町有機農業研究会の取り組みを重ね合わせる時、あまりにも新鮮で刺激的な事実が多かったこと、今感慨深く思い起こされます。1970年代、高度経済成長に酔い痴れた時、日本は公害列島と化し、自立する生活者はその方向性の選択を迫られた。1973年、私達高畠町の青年有志は有機農業の道を選択した。その動機は、高畠町の青年運動の積揚げに、1971年に日本有機農業研究会が設立されたことだった。その原動力となった協同組合経営研究所理事長の一楽照雄氏、事務局長の築地文太郎氏の提唱する「健康によい安全な食べ物の生産、環境にやさしい農法」、さらに私達は地域に根を張る有機農業を加え、勢い良くスタートした。しかし農業生産は永い歴史の中で一つ一つ事実化し普遍化したもので、それに立ち向かう者は変わり者集団として白眼視された。正義感あふれる個性的な若者集団はむしろそれをバネに結集した。助かったのは高畠の精神風土として良き理解者が居た事も事実であった。

農業の生産とともに安全なたべものが欲しいと言う消費者のグループも誕生し、交流も始まった。手さぐりの有機農産物の生産は米、ブドウ、リンゴ、野菜等、畜産物は卵、豚肉、短角牛で、技術的には全く事例がなかった。

たまごの会の思い出

たまごの会の農場に2トントラックに積んでリンゴ、ブドウ、米等を運び、皆さんに食べていただいたのは1975年頃からと思う。たまごの会は都市の消費者の自給農場、燃える人間集団（知識階級）。私にとっては異様な世界であった。それぞれの分野の学者先生の個性的な理論に多くを学んだことは大変な力となった。高畠にも多くの会員の皆さんにおいでいただき交流を深め、また苦悩も共有していただき、心から感謝申し上げるところです。

思えばメガネの奥に闘志を秘めた合田さんの農場には何度か泊めていただきました。亡き高松さんは浜田広介の童話『泣いた赤鬼』の主役の様な役割を担った人柄と思い出します。らいおん丸の市川さんもよく高畠にはおいでになりました。今は日本有機農研でご活躍の魚住さん、高畠を常に心配くださる和沢さんは東京農大での作付け会議でお会い出来、いつも頭の下がる思いです。大阪オルターの三浦さん、2014年は原発の講演会の講師に井野先生にお願いし久しぶりにお会いできました。多くの方々と心は今も繋がっているものと信じております。

高畠町有機農業推進協議会の結成

1997年高畠町有機農業研究会は発展的に解散しました。高畠町には数多くの有機農業、環境保全型農業に取り組むグループが活動しておりました。例えば、上和田有機米生産組合、米沢郷牧場、置賜興農舎、電子農法、農協ライスセンター組合、そのほか個人の取り組み、その人数は800名以上と町の農業者の半数が安全な農産物の生産に乗り出したことになります。そのメンバー全ての加入を以て高畠町有機農業推進協議会を結成しました。役場の農林課に事務局を置いて農協の米穀担当の職員も加わり、町、農協を巻き込んだ組織となり、全国でも稀な取り組みと自負しております。特筆すべき事は、遺伝子組み換え作物を作らない自主規制を盛り込んだ、たかはた食と農のまちづくり条例の制定でした（２００８年）。

また、有機農業の推進と都市と農村の交流の拠点施設として一楽照雄先生の発案で建設された和田民俗民俗資料館の機能も充実発展し、１９９０年、環境と生命をキーワードとした、たかはた共生塾も発足し、塾生は県内外百名の学習集団となり、まほろばの里農学校が開校され農業宿泊体験、塾生の交流と高畠の体験がきっかけとなり高畠に移住する若者が増え、新まほろば人と称し新風を巻き起こし、認定農業者となった成功者も何名か居ります。

２０１４年からは早稲田環境塾、原剛塾長に共生塾有志により共生プロジェクトをたちあげ、東京毎日新聞社一階もったいないサロンを会場に有機農産物の即売会・ミニ講演会を毎月一回、毎日新聞社、ＪＲ東日本社の支援の基に展開する等の事業も行って来ました。

皆さんに利用いただく和田民俗資料館も三棟の宿泊コテージ、料理加工施設に、立教大名誉教授・水俣フォーラム代表の栗原彬先生の蔵書十万冊を寄付いただき文庫を全国の皆さんにご支援いただき、自前で建設しました。そこに有機農業の資料収集の協力もいただき、学生や研究者にも利用いただだいております。皆さんにもぜひおいでいただいて交流できるのではと思っております。

かってない時代の危機

今私達の生活はかってない危機的な状況に直面しております。グローバルな多くの事象がマスコミを通して報じられてます。国内に起きてる重要な課題に対する意思の決定が暴力的でさえあり、それは日本の政党政治、議会制民主主義が機能麻痺の状態にあるからと思います。まず震災の復興も東北の大きな課題であるし、福島の原発事故被害でふる里を奪われた多くの避難者、自然破壊、健康問題、農業生産の出来ない農家と大変な現状にあります。私達は事故現場から100キロ圏内にあります。農作物の汚染は消費者の皆さんから大変心配されました。当時の風向き、山脈等による地形の諸条件が異なりますが、放射線量、特にセシウムについては、キロ当り1ベクレル以下の数値結果となりました。土壌改良剤や有機質肥料等を多量に使用して対策をしております。井野先生の講演をお聞きしても原発の再稼動は民族の存亡に関わり、子孫に大きな負の遺産を残すことになります。

TPPの問題もアジアモンスーンの恵まれた自然条件に稲作文化を基本とする日本民族の根底が崩されることになります。遺伝子組み換え作物の輸入拡大とも連動します。平和の問題も含めて死んでも死にきれない問題の多い時世であります。すこしでも足しになるよう頑張るほかはないと考えます。また皆さんとお会いできる事を願い、楽しみにしております。

中川 信行
1943年 山形県高畠町に生まれる。1976年 高畠町有機農業研究会会長 1986年 高畠町農協理事
高畠第一中学校PTA会長 1998年 山形おきたま農協理事 2004年 たかはた共生塾長

〈特別寄稿〉

高松さんと明峯さん、そしてぼくの活動

——大江 正章

「たまごの会」との出会い

ぼくが「たまごの会」の名前を知ったのは学生時代、1977年ごろだったと思う。時期は定かではないが、『講座農を生きる3〝土〟に生命を』(三一書房、75年)に収録されていた明峯哲夫さんの文章であることは間違いない。

そのころのぼくは、農業にはまったく関心がなかった。熱中していたのは、大学では学費値上げ反対運動、学外では全国自然保護連合や日韓連帯連絡会議などの市民運動だ。同時に、経済成長に偏重した産業社会には未来がないと確信していたので、それを乗り越える道を模索していた。そして、農という言葉に惹かれてこの本を高田馬場の古本屋で買い、「農村と都市の連帯を求めて——たまごの会の運動」という節に出会ったのである。たとえば、彼のこんな表現に深く影響された。農業を知らないにもかかわらず……。

「今私たちが腐敗した近代農業を拒否し、新たなる農業を構築しようとするならば、何をなすべきなのか。それは、資本により与えられた価値観の上に無批判にのっかり、つかのまの物的豊穣さに酔いしれている私たちの日常性をこそ対象とする闘いを構築することであろう」

同じころ、高松修さんの名前も知った。集会かもしれないし、雑誌の文章かもしれない。その後『たまご革命』(三一書房、79年)の「〝たべもの〟の危機をどうとらえるか」を読んで、凄いと思った。知らない

ことがたくさん書いてある。とくに、「「たまご」に「殻を破り新しい生命を生み出す源」という意味を込め、〝土を活かす〟文化を目指す人を「たまご」と呼ぶことにした」という発想に感銘を受けた。

こうして、二人の名前がぼくの頭に深く刻み込まれた。二人はたまごの会の卓越したリーダーなのだ！もちろん、二人がある時点で対立関係になっていたことなど知る由もない。

高松さんとの20年間

出会いは後だが、親しくなったのは高松さんが先だ。ぼくは一年留年した後、学陽書房という出版社に就職した。本は好きだったけれど、編集者に興味があったわけではない。目指していた高校教員の試験に合格できず、腰かけのつもりだった。

入社2年目の1981年、3年前にこの会社で『地域主義』という本を出し、かなりの反響を呼んだ玉野井芳郎さんが、「これからは有機農業が重要になるから、その研究会をしたい」と提案する。当時の社長は有機農業という言葉を知らず、上司は最若手のぼくに担当を命じた。そして、玉野井さんが「高松修さんの話を聞きたいから、コンタクトをとりなさい」と言ったのだ。ほどなく3人で会う。ところが、高松さんは激しく玉野井さんに反論し、研究会には入らなかった。舌鋒の鋭さは想像どおりだったが、思い描いていた風貌とは違った。初めはおとなしかったけれど、だんだん興奮していったのを覚えている。その後ぼくは、同じような場面に何度も出会うことになる。

それからしばらくの間は、たまに講演を聞いたり複数のメンバーで会う程度だった。80年代末から急速に親しくなる。理由は二つ。ひとつは日本子孫基金（現・食品と暮らしの安全基金）の活動、もうひとつは85年に高松さんが始めた八郷の田んぼだ。当時の日本子孫基金は輸入食品やポストハーベスト農薬問題で先端的な活動をしていて、高松さんは知恵袋、ぼくは活動のアドバイスや代表を務める小若順一さんの本の編集をしていた。運動の方向性をよく話し合い、終了後は必ず飲んだ。米の輸入自由化を控えて一緒にタイに調査へ行ったり、93年の冷害後には星寛治さんとの共編著で『米――いのちと環境と日本の農を考える』を創ったりもした。

田んぼについて言えば、当初は田植えと稲刈りだけの参加だったが、だんだん面白くなっていく。当然、無農薬・無化学肥料栽培。まだ多くの有機農家が田んぼの雑草に悩んでいた時代だが、なぜか草が少ない。高松さんは毎年のように、新たな実験をしていた。深水にして鯉に除草させたり、レンゲと不耕起を組み合わせたり。もっとも、不耕起で土が固くなり、割箸で穴を開けて田植えしたときには閉口させられた。誰かが「オレたち原始人かな」と言って、みんなで笑ったのも、いまとなってはいい思い出だ。昼の休憩が2時間近くあり、ビールだけでなく、日本酒まで飲んだような気がする。

ぼくは95年に会社を辞め、翌年コモンズを設立した。高松さんは96年3月に最後まで助手だった東京都立大学を退官する。在職当時は大学からかかってくる電話で延々話したが、辞めてから99年秋までは頻繁に会った。いつも突然、事務所に来る。環境ホルモンや遺伝子組み換え食品問題などで持論を述べ、ぼくにコメントを要求した。97年には10年ぶりに日本有機農業研究会の常任幹事になり、『土と健康』の編集長に就任。99年2月には茨城大会の実行委員長を務め、大成功させた。また、『有機農業ハンドブック――土づくりから食べ方まで』（農山漁村文化協会、99年）の企画の中心を魚住道郎さん・久保田裕子さんと担う（編集はぼくが担当した）。このころの有機農業運動は、高松さん抜きに語れない。

明峯さんとの24年間

明峯さんに初めて会ったのは1991年だ。92〜93年に行われたTAMAらいふ21（多摩東京移管100周年記念事業）の一分野である「都市農業の新しい展開」の企画・コーディネートを、ぼくは広告代理店から頼まれた。シンポジウムの中身も人選も任せるという。都市農業と言えば、やぼ耕作団。夏に日野市の住まいを訪ねて、昼からビールを飲みながら話した。思い描いていたような、面白く、刺激的で、過激な、逞しい男だった。

これがきっかけで仲良くなる。93年には『都市の再生と農の力――大きな街の小さな農園から』を編集・出版した。その3年前の『ぼく達は、なぜ街で耕すか――「都市」と「食」とエコロジー』（風濤社）は大学の講義録をまとめたもので、中身は豊かだが、とても分厚く、一般読者にはハードである。もっと読みやすい本にしたいと考えた。「餌付けされた都市」「環境を破壊する都市」「都市だから農業を」「大東京の小さな農園から」の4章から成るこの本は、明峯さんの「街を耕す」論の集大成だとぼくは思っている。

その後、「市民が耕す研究会」を主宰し、ぼくは事務局役を務める。その成果をまとめたのが、コモンズを創業して最初に出した2冊のうちのひとつ『街人たちの楽農宣言』（96年）である。零細出版社にもかかわらず、初版2500部は完売した。このときの執筆メンバーの大半は、いまも街で耕し続けている。二人は横浜市で百姓になった。

97年にやぼ耕作団が解散してから2005年ごろまで、明峯さんの社会的発言や執筆は急減していく。その間、予備校の教員をする以外は鶴ヶ島の自宅にこもり、小さな畑を耕しながら次の方向性を模索していたのだろう。ぼくは1年に2回くらい会って飲み、さまざまな話題や本について語り合っていた。あるとき言われた言葉が忘れられない。

「大江さんが、いまのぼくにとって、社会への数少ない窓口だよ」

ぼくは何とかしてもう一度、明峯さんの活躍の場をつくりたかった。そして、日本有機農業学会や「農を変えたい!全国運動」のリーダー的存在である中島紀一さんや本田廣一さんとの出会いがあり、新たなステージが生まれていく。コモンズで出していた『有機農業研究年報』の第6巻に書いた「鳥インフルエンザといのちの循環」(06年)は、多くの人たちに高く評価された。以後「ぼくが大事だと思うのは有機農業ではなく農業そのものだ」と言いながら、有機農業に関する発言・執筆・調査を14年の夏まで継続。『有機農業の技術と考え方』(コモンズ、10年)では、4本の優れた独自性ゆたかな論稿を書き下ろした。

さらに、11年の東日本大震災直後には中島さんやぼくと「地震・津波・原発事故を受けての呼びかけ」を行い、「それでも種を播こう」と訴える。13年の1月と2月には、原発事故と農業を考える公開討論会と公開シンポジウムを小出裕章さんや本橋成一さんらを招いて開き、「避難すれば、それですむのか」と問題提起。批判も受けたが、参加者に自らの生き方や農業・農村との関わり方と関係性を深く考えさせた。以後、コアな明峯ファンが増えていく。ぼくは2回ともコーディネーターを務めたが、聴衆の真剣なまなざしが印象に残っている。そこでの発言を紹介しておきたい。

「有機農業という土に対して非常に強い一体感をもつ方々は、「危険かもしれないけど、逃げるわけにはいかない」という第三の道を選択しているんですね。…そうやって福島の大地は守られることになるんだろうと、ぼくは考えます」(小出裕章・明峯哲夫ほか『原発事故と農の復興——避難すればそれですむのか⁉』コモンズ、13年)

高松さんと明峯さんの方針はどこが違ったのか

たまごの会が二つのグループに分かれた理由について、ぼくはこう聞いてきた。

「高松さんは八郷の農業者たちと共に歩もうと考え、明峯さんはそれに否定的だった」

明峯さんが亡くなったのち、長く活動を共にした永田勝之さんから、明峯哲夫著『われらが世界の創造を』(自主出版、79年)という冊子を送っていただいた。そこに収録された冊子タイトルと同じタイトルの文章(サブタイトルは80年代をどう生きるか)は、もともと『たまご革命』の最終章のはずだったが、不採用になったと「あとがき」に記されている。やはり、路線が違ったのだろうと考えながら読んだ。その後、魚住さんが書いた最終章「農民と共に歩む農業の原点」も改めて読んでみた。

読み比べると、率直に言って、魚住さんの文章のほうに大きく共感する。たまごの会の活動をどんな思いで始め、地域の農民とどうつながってきたか、侵さず・侵されない関係をどうつくりあげるかが、飾らない言葉で書かれている。一方、明峯さんの文体はアジテーションなのだ。「高度に発達した工業化社会は」と大上段に振りかぶり、「私たちの生活の場そのものが…支配しようとする資本と闘う主戦場となつた」と断じ、「農民たちが…自らを解放させ…自主独立することだ」と評論家的に論じる(もっとも、これが書かれた79年にはこうした文体に共感する人が多かっただろう。ぼくもその一人だった)。

ただし、たまごの会が80年代に目指す方向性そのものには、この本を読むかぎり、大きな違いがないように思った。魚住さんは「周辺の農民を加えて自給していく」「農民と共に日本の農業の未来を切り拓き」と述べ、明峯さんも「私たちの農場も、その地域の何十人、何百人の人々とつながって」「新しい農村地域共同体の形成こそが、私たちをよりいっそう豊かに解放させていく」と述べる。とはいえ、文章全体からは魚住さんのほうにリアリティを感じる。

前述した『米―いのちと環境と日本の農を考える』に、ぼくは明峯さんにも書いてほしかった。ぼくは二人とも尊敬していたし、好きだったし、メッセージ力があるからだ。おそるおそる編者の高松さんに提案すると、拍子抜けするほどあっさり、「大江さんがそう思うなら、いいよ」との返事。こうして、「街人よ、耕せ」を書いてもらった。発刊後の記念シンポジウムでは、二人がパネラーとして同席。たまごの会の古いメンバーから、ぼくは相当に感謝されたが、二人は終了後の飲み会で会話を交わさなかった。いまでは、三人でじっくり飲みたかったと強く思う。そして、なぜ袂を分かったのか直接聞きたかった。

それにしても、二人はよく似ていた(と言うと、どちらも「不本意だ」と反論するだろうが)。弁が立ち、敵を鋭く論破し、文章でも檄を飛ばし、人を引き付け、女性の信奉者が多い。反面、けむたく感じたり反発する人もけっこういたのは想像に難くない。

高松さんは胃がんの発覚から3カ月弱、明峯さんは食道がんの発覚から1カ月弱で、逝ってしまった。時代を駆け抜けた寵児とはいえ、いくらなんでも早すぎる。つい最近、明峯惇子さんから借りた『たまごの会の本』(たまごの会発行、79年)を読んでいたら、明峯さんがこう語っていた。

「生きている物は必ず自己増殖させていく機能を持っているわけですね。その最たるものは癌細胞で、どんどん自己増殖をくりかえしていく。しかも〝異物〟としての自己の存在を強烈に主張しながら。そして生体全体の秩序を乱し、やがてうちたおす。つまり世の中の秩序を乱すなんとか派といわれるようなものです。そういう例えば癌細胞みたいな〝悪い〟存在に僕たちはなっていいんではないかと思うわけです」

この発言のように、二人とも自己の存在を強烈に主張しながら、世の中の秩序に反旗を翻し、癌細胞になろうとして、道半ばで癌細胞にやられた。強烈な存在も、癌細胞には勝てない。

高松田んぼとアジア太平洋資料センター（PARC）

高松さんが中心になって、都市住民が週末の通いで稲を育ててきた田んぼを、死後に絶やすわけにはいかない。だが、メンバーたちは高松さんに完璧に依存してきたので、しばらくはとても苦労した。雑草が繁茂し、ヒエも多い。草の間から数少ない稲を刈ったこともあるし、8月下旬に猛暑の中でヒエ抜きしたこともある。これらのときは、気持ちも身体も本当にしんどかった。リーダーは疲れて頻繁に交代し、参加者も徐々に減っていく。田植えは、ぼくが理事を務めていたNGO「アジア太平洋資料センター（Pacific Asia Resource Center＝PARC）」が行う「自由学校」の一コマにし、受講生を動員して乗り切ったが、収量は以前より大幅に落ちた。

そもそも、このやり方には無理がある。リーダーの家も田んぼから車で15〜30分かかったし、仕事も忙しい。数日に一回見てもらうようにしていたけれど、日常的な水管理ができなかった。だから、草が生えるのだ。結局、魚住さんから、田んぼの近くに住む新規就農者・大谷理伸君を紹介していただき、彼が八郷の責任者、ぼくが都市側の代表になることに決定。この体制で数年続けた。その後、大谷君も多忙になり、2014年からは暮らしの実験室にお世話になっている。

このように紆余曲折はあったものの、なんとか高松さんの遺志を継ぐことはできてきた。都市生活者が農に親しむ入り口の場ともなっている。メンバーは大幅に変わり、高松さんを知る人のほうがずっと少ない。現在の多数派はPARC自由学校の、ぼくが講師をしたクラスや「東京で農業」という低農薬の野菜作りを学ぶクラスの前・現受講生である。

名前はいまも「高松田んぼ」。これは、ぼくが関わるかぎり変えるつもりはない。稲作のやり方も基本は以前と同じ。保温折衷苗代で成苗を育て、5月末か6月上旬に原則一本植え（手植え）。翌週から、ほぼ1

週おきに3回草取りをする。手押し除草機と手取りの併用だ。収穫はバインダーと手刈り。天日乾燥して、毎年美味しく食べている。人数が多く集まるときは、食事当番を出して、暮らしの実験室での楽しく美味しい昼食。ゆっくり休める。収量は6〜7俵弱に減ったけれど、味の良さは変わらない。ぼく自身は、米は自給できている。また、誰におすそ分けしても「本当に美味しかった」と言われる。この言葉を聞くのが、ぼくは何よりうれしい。

PARCは、南の国の人びとと北の国の人びとが対等・平等に生きられる社会を目指して、たまごの会より1年早い1973年に結成された老舗のNGOだ。結成メンバーは、「べ平連（ベトナムに平和を!市民連合）」で活動していた、小田実さんや武藤一羊さん、鶴見良行さんたちだ。

現在は、自由学校の企画・開講、開発教育教材としてのDVD作品の制作、内外の課題の解決に向けた政策提言やキャンペーン、調査研究、月刊誌『オルタ』（16ページ）の発行などを行っている。ぼくは会社を辞めた直後に付き合いが始まり、2011年に共同代表になった。自由学校は、世界と社会を知り、公教育が教えない本当の知識・知恵と生きる術を伝え、新たな価値観や活動を生み出す場。90年代末からは、環境問題や農の分野も力を入れてきた。ぼくが担当するクラスを経て、地方へ移住した受講生も少なくない。

ぼくは学生時代に友人をさまざまな運動に誘い、何人かの人生が変わった。それには複雑な思いがあり、就職後は市民運動から遠ざかる。もっぱら書籍の編集・発行という仕事を通して、社会を変えようと志した。それは、就職後180度転向した多くの全共闘世代への批判でもある。しかし、40代になって、以前とは違うスタイルで再び社会運動に関わるようになった。そこでは、次の三つを強く意識している。

第一は、言葉や文章だけで過激にならないことだ。できるだけ普通の表現で、わかりやすく語るとともに、無意味に敵をつくらないようにしてきた。

第二は、所属している組織やグループを極力、分裂させないようにすることだ。いろんな考えの人たちがいて当然であり、大きな部分では同じ方向を目指しているのだから。もっとも、これはなかなかうまくいかない。実際ＰＡＲＣも２００８年に組織分割を行っている。非常に尊敬する親しい人たちが、何人も退会した。でも、ぼくはその人たちとも本音で付き合い続け、仕事もしている。

第三は、尖った発想や人物を大切にしつつ、各組織や地域で少しずつ周囲に働きかけている人の意見や立場をふまえることだ。その結果として、たくさんの人を仲間にしていきたい。

こうしたあり方は、高松さんや明峯さんの思考や活動と一見、異なるように見えるかもしれない。だが、晩年の二人はそうしたスタンスにも近づいていたと、ぼくは長く付き合うなかで感じている。もちろん、ぐさっと突き刺さる鋭い指摘や酔ったときの激しい物言いも、最後まで健在だったけれど。

ぼくが08年に書いた『地域の力——食・農・まちづくり』（岩波新書）は高松さんに、15年に書いた『地域に希望あり——まち・人・仕事を創る』（岩波新書）は明峯さんに、それぞれ捧げられている。

大江 正章
１９５７年生まれ。学陽書房勤務を経て１９９６年に出版社コモンズ設立。現在、コモンズ代表、ジャーナリスト、ＮＰＯ法人 アジア太平洋資料センター（ＰＡＲＣ）共同代表。高松修さんが始めた田んぼを仲間と引き継いでいる。

II

農場スタッフは今

農場を作り・育て、農場を出た後も全国各地、多方面で活躍する元スタッフからの便り。様々な時代の農場の様子や、時代が違っても普遍的なスタッフの息づかいが感じられる。今、どういう場で何を考え、何をしているのか？

たまごに見た夢　今も

――明峯 惇子（1974～1980：スタッフ／2004～現在：会員）

私が札幌の大学に入ったのは1964年の春です。雪国の四季の移ろいの圧倒的な美しさ、ゆったりと整えられた大学のキャンパス。喜ばしい気分の中で私の新生活は始まりました。ところが、その頃出されたレイチェル・カーソンの『沈黙の春』、水俣病をはじめとする公害に対する国や企業の態度、アイヌの歴史に対する日本側の暴力性、ベトナム戦争を止めないアメリカとなお安全保障条約を結び直そうとする日本政府、三里塚でくりかえされる国家による人々の軽視。授業の合間に知る社会的な問題と、旧帝大に学んだエリート達の役割。1970年の安保改定闘争と同時進行した大学闘争の中でそのことを自問するうち、私は自分の立ち位置について無邪気に過ごすわけにはいかなくなりました。

私は誰のために学び何のために大学にいるのか。教授たちと話し合い、やりとりする中では解けない問として私の中に積まれていきました。闘いの仲間だった三浦さんや明峯と共に、アカデミックな世界に身を置いていては解決できそうもない、現場で考えよう…と、岡田米雄氏の仲介で、栃木県の養鶏場に研修生として入社したのは1972年の春でした。

この年の秋に「たまごの会」は発足し、74年の農場建設に合流する形で養鶏場を退社しました。養鶏場の植松義市氏は山岸式養鶏法を基に実践しておられ、2年間在籍中、私は主にヒナを育てる技術を中心に学びました。めいっぱい日中仕事をして夜は座学でしたが、私は自分の子育てと雛が元気に育っていく姿に、「いのち」のもつ輝きに、理屈を越えて、ただ目を奪われていた気がします。

農場に移った当初は住居もまだ整っておらず、キャンプ生活のよう。A棟鶏舎の北端の蛇口からとった水で30人、50人分のごはんをたき、うどんをゆで、コンパネを組んだ青空テーブルでわいわいと昼食を済ます。日替わりで東京から通われる会員の方々の熱気に促される日々。住宅建設、耕耘、草とり、薪つくり、玉子詰め…。常磐線でゆられてきたみなさんも休む間もなく作業にはりつくのです。

農場の日々

建設初期のそんなある日、東京と八郷をしょっ中往復していた「たまご組」（91頁参照）によって、岩波書店から出たばかりの『大きな森の小さな家』（L・I・ウイルダー著）が運ばれました。19世紀の北アメリカを舞台の開拓者一家の物語の中には、豚肉貯蔵やメイプルシロップの作り方が具体的に、楽しげに記されています。自分たちの手で新しい暮らしを創り出すという夢を実現する、大きな手がかりを得た気分でした。

詳しいいきさつは忘れましたが、町田市にあったアジア学院の井草正先生を松川義子さんと私がお訪ねし、ニワトリの背割（二つ割）を味付けして、燻煙する技術を学んだのもその熱気の中でのことでした。まだ豚を本格的に飼う前の話で、鶏のおいしい食べ方の一つとして学んだものでした。これが今も続く、農場産ベーコン作製の道の第一歩と記憶します。はじめは桜のオガクズをいぶす、と学びましたが、いつしかオガクズはチップに変わり定着していますね。豚のベーコンが始まると、各地区のメンバーが時期をずらして順番に、技を身につけたものでした。

農場で生み出せるものがふえてきた70年代の終わり頃、農場で育った子たちが地域の小学校へ入学し始めました。都内の会員たちの中には、食品添加物を拒む立場、給食をめぐる行政手法への疑問など、さまざまな立場から、学校給食拒否の運動を始めている人もいました。私たちは、農場の隣にある町の給食センターに冷凍食品と大書されたコンテナ車が列をなして出入りしている様を見、又、子供たちのもらう給食表で、八郷の地場のものより、輸入された野菜や果物が供されていることを知ります。

子供たちの親や近隣の人が食べものを作っているこの地で、季節のものを提供することはそんなに難題ではないはず。むしろ、この町がおいしいものを作る所だということを積極的に子供たちに学ばせてあげて欲しい。そんな思いから農場でも話し合い、当時小学生を連れていた鈴木光男さん夫妻、私たち夫婦などで、学校長や教育委員会と交渉しました。地域の子たち全体のお昼をよい方向に変えてほしいという願いをもって話し合いました。話はすんなりとは進まないまま、それでも新しい動きを期待して、農場の子たちには弁当持参という苦渋の選択をしました。

親のエゴを押しつけることが目的ではなく、町の子供たち皆の給食が町の人たちの喜びになることを求める思いでした。が、やり方は今から思えば欠けが多く、私たち自身、そのことだけにじっくり関われる余裕もないままでした。それなら長いものに巻かれる方法を選ぶべきだったのか？　子供たちの立場を思うと、今も、苦い、哀しい思いがよみがえります。しかし現在は、全国の給食をとりまく環境も大きく変わり、食育の場として活用する知恵も生かされています。当時各地で個々に悩んでいた人々の闘いがその新しい世界につながっていると実感します。

生育環境

さて、大正生まれの私の両親は、戦争末期、広島で2才すぎの姉をつれた若い家族でしたが、8月6日の原爆投下で住居・職場・家財すべてを失いました。徴兵され広島の兵舎にいたはずの父は、祖父の死去のため当日は休暇をとって町を出ていました。母は私の出産準備で姉と二人、6月に島根県の実家に帰っており、ともかく命だけはとりとめ、私はその8月に生れました。帰る場を失った両親は、海産物加工を営む母の実家に居つき、家業に加わって戦後5年間をすごします。

そこは従業員が100人ほどの、広い加工場や干場のある空間です。復員した青年も多かったですが、戦争で夫を亡くした女性たち、体に傷を負った人、知的障がいをもつ人なども含め、男女様々な年齢の人の群れ。自宅へ戻ってお昼をとる人が多かったようですが、交替で昼食の大テーブルにつく人も少なくありませんでした。

私もたくさんのいとこや、叔父、叔母に当る人たちと工場の昼休み、大人がいない時間に、かくれんぼしたり一斗缶の中の水あめを失敬して、あとでしかられたりして遊びました。人間の生きるかたちとして、この頃の生活は、私にとっての原風景。その後、両親は核家族として全国を転々とするくらしになりました。が、どこへいっても、客人を迎え入れ、子供たちが大ぜい集まる場として、家はいつもオープンなふん囲気でした。

共同性

そんな育ちをした私が、栃木の養鶏場で障がいをもつ人々とゆるい共同生活をすることは、もちろん抵抗がありませんでしたし、農場をつくる頃の、ないない尽しで生まれた共同生活はしごく当たり前のものでした。貧しいものが肩を寄せ合い、何とか暮らしを工夫して生きる。人が垣根をつくらず暮らしてしまうという、農場生活の現実を私はワクワクして受け止めていました。このころの気持ちは『たまご革命』（三一書房）に素直に記しています。

戦後の〝経済成長〟と共に人が自分の家に執着しお互いの壁を高くし始めていた流れには、素直になじめない気持ちを抱いていた私でしたから、農場で自然発生的に始まった混沌とした共同性は、新しい何かを生み出すエネルギーや期待に満ちた世界、と私には見えました。関わっている皆がモノを介してよりよい何かを探ろうとする世界。誰も秩序を見定めておらず、誰もが様々な可能性を求めてアイディアを出し合い…。

ところが、80年の幕あけは私たち夫婦への〝ヘイトスピーチ〟から始まりました。これまで「好意」でしていたつもりのことも、すべて批判の的とされ、皆で楽しんでいるつもりの暮しも、マイナス面はすべて二人の責任（？）のように攻撃されました。その、3・30（215頁参照）に起きたことは、その日の私にとってはただ面食らうことばかり。当日、やり方や言い分が不当であると抗議する人々も少なくなかったことも記憶しています。しかしあれを遠い日として見る今は、共同生活で生じるさまざまな緊張をストレスと感じる人があることへの私たちの配慮の不足、前へ前へと進めざるをえなかった時代状況に押された形の組織のあり方、お互いの人間観の未熟さなどを内にかかえたまま走り抜けようとした70年代の「たまごの会」の、一つの必然であったかと思います。

反論する機会も与えられず、断罪された痛みを私はしばらく持ちました。が、農場に住むことは私たちにとって絶対の命題ではなく、「たまごの会」がめざしていたものは場を変えても求め、実現出来ることは感じていましたので、世話人の方々とも幾度も話し合い、私たち一家は農場を離れました。

都市で

80年に東京へ移った私たちは81年に、国立地区の方々のサポートを得て「やぼ耕作団」をたちあげ、町の休耕田で共同耕作を始めました。はじめは7アール、数家族の小さな畑でしたが、共に野良仕事をし、町の中でも子供たちを広い場所であそばせれる喜びは大きいものでした。

パートおばさんとなっておずおずと始めた都内での暮しでしたが、農場からは一年間、野菜、玉子、豚肉を退職金代わりに送っていただきました。畑用に配送ついでに運んでもらった鶏糞をおろしながら、話していってくれるスタッフの皆さんから、その後の農場の様子も伝えられました。

誰もが痛みを抱えたその後の会が、分裂をしてもなお歩み続けたことに、私たちも励まされました。又、私たち自身、別の立場で共同耕作をやりきることが「たまごの会」を側面から支えていく力になることも信じていました。都市の中でも挑戦できる生ゴミ回収、共同耕作、家族間の相互扶助。細かなかたちは違え、農場生活の質を別のかたちで味わってきました。「やぼ」に集った多くの家族、人も、「たまごの会」の精神をしょって各地へ散っています。

暮しの根っこを見直すことの出来る場としての農場が、今も存続し、多くの人が出会う場、新しい世代の方々を育てる場となっていることが嬉しい。これも、表からは見えにくいところで、多くの方々の努力や忍耐があったからこそ、40年続けられたこと、と、今、改めて思います。

人々を巨大な都市のシステムの中にいる「消費者」として閉じ込めようとする力は、今も私たちに働いています。けれど、農場をはじめさまざまに創り出されてきた人々の「場」や「運動」を通して、その仕組みを見破り、自分の力を見付け、新しい生き方を求めようとする人々は、3・11以後はっきりとふえています。新しい志をもつ若い人々とつながり、私も耕すくらしを続けていくつもりです。

明峯 惇子
農場では鶏、豚、加工を主に。都内に移り、共同耕作しながら都市民が自分のくらしをとらえ直す運動を続けています。

学校—八郷農場

——永田 まさゆき（1974～1979：スタッフ、1979～1984：会員）

「そんなに遠くない郊外でおもしろいことをはじめる人たちがいる。一種の開拓で、関わる人を求めている。農家の離れに臨時の宿舎があり、お腹いっぱいおいしいものが食べられ、お酒もだ」と、出入りの研究室と同じフロアに陣取っていた内田雄造さん（先生呼ばわりをかたくなに退けていた）に〝派遣〟されたのが1973年暮れのこと。八郷農場の建設がいよいよ開始されるという時期だった。

私は建築学科の3年生。音楽にも手を染め、教員や親切な諸先輩から「どーすんだ?」と世話を焼かれていた時期だった。まっとうな…建築～設計事務所に行くというコースを選択することに躊躇していた（というか将来のシミュレーションがなっていなかった）。かといってマジ音楽か?という時期でもあり、絶妙なタイミングで内田さんは迷える羊!を上手に誘導することになった。第三の道へ。内田さんはほんとうに人買いが上手かった。

同学科のすこし年上の古山恵一郎さん、ほか数人の同級生などとの八郷通い、滞在がはじまった。大学には、これは卒論の準備である旨恐る恐る宣言をし、大学に通うよりはるかに愉快な日々を過ごすことになった。

当初は外注せざるを得なかった鶏舎建設の手伝い。現場の技術はほとんど知らなかったから大工はよい先生だった。参考書を片っ端からあたった。〝手作り〟のテキスト本はくだけすぎていてあてにならなかった。大工の教科書といえば社寺をどう作るか、みたいなレベルで適用不能だった。もちろん大学の授業に技能本はない。一方アメリカのテキストは微に入り細に入り、作ることはこういうこと、というモノづくりの総合性が浮かび上がる描き方で、その違いに驚き、そして頼りになった。

まがりなりにも農場で卒論を描き上げた。現場!特有の混乱極まる一年目、デスクワークの場所はなく、コンクリート型枠などの残材で卒論専用部屋(ペンシルハウス)を農場の一角に急ごしらえさせてもらった。当事者〝たまご組〟数人が缶詰だったのだが、農場のほかのスタッフが「そんなんじゃ…」とおもしろがって世話を焼き手を出した。泥んこの現場、ペーパーが汚れる…、さまざまなゲストの「知見」が入り交じる、なんとも気ままな作品ができ、電車ですたこら久しぶりの大学へ運んだ(いわゆる論文と、図面集のようなビジュアルな作品とが選択でき、後者をつくった)。卒論は大学の卒業検定であるとともに、農場への入試でもあったように思う。

卒業式のとき、その卒論にたいし学科が賞をくれるというので、遠くから母を呼んだ。あまり学校へ行っていないことを察知されていて心配をかけていた。内田さんに会い「優秀な成績で」と言われても母は??だったに違いない。就職しない。進学もしない。農場が大学院のかわり。…さらに??だったに違いない。その後5年を農場で過ごし、たまご組として住宅を中心に設計施工を担当することができた。

農場開拓当初の、そのお腹いっぱいのおいしいものとは、内容物の形状がわからないほど火が通った焦げ臭い〃おじや〃ばかりだったり、悪酔いする??の酒だったりで面食らった。しかし卵（破卵＝割れかけて出荷できない）はふんだんにあった。一生分の卵かけご飯をこのとき食べたかもしれない。「肉が食べたい」は、買ってくるのではなく「ちょっとふらついている鶏をヤレ」なのだった。さらに印象の強い場面は、たしか5月のまっすぐな陽光が差し込む朝、作業スペースの屋外に置いた作業テーブルでのごはん。みんなが集まってきて…、目前の畑から香りよいレタス、たっぷりのスクランブルエッグ…。今思い返せば、こいつにやられたのかもしれない。ふしぎなメンバー、かもし出される〃味わい〃、まぶしい光と風…。入信?が決定的になった感がある。

いろいろな事象が身近に荒々しく立ち現れる予感が湯気のように立ち上がっていた。当初から夢と現実は、卵と鶏のように追いかけごっこをし、たいがい夢がイニシアチブを握った。

300世帯分の自給農場を立ち上げるという。農場建設、ワカモノはその手伝いのはずだったのが、すぐに切り替わった。いちいち「キミはなにしたいの?」だった。ワカモノはたいへん困惑するのだが引くに引けない。結果、「食べ物を自分たちでこしらえようというのならば、暮らしにまつわる要素のほとんどを同様の射程に入れていくということではないか、建築も」という偉そうな提案を早々に会の運営会議に諮ることになった。

当時農場の生産を担う10人ほどの若いメンバーたちは、あるものは納屋のすみにしつらえたベニアの箱に、あるものは付近の農家のタバコの乾燥小屋にしつらえた寝棚に…とたいへんテキトーな雑居状態にあった。一般的なハウスやホームは（願ったとしても）入り込む余地がなく、意気だけが雲のようにそこにつなぎ止められていた。行きがかり上食事はみないっしょ。夕食はたいがい打合せ・議論の場となり、酒は欠かさなかった。

やったことがないことを始める、ということがこんなにエキサイトするものなのだとみな感じていた。やりたいことはやったことがないこと。やったことがないことはできない。いろいろ調べるし、走り回って探し当てた誰かに教えを請う。間違いも多発するし、結果の痛い目も半端なものではなかった。ワカモノはやっと勉強する机を見つけた気分だった。八郷農場は…、そう学校だったようだ。ちょっと何かをかじると膨大な課題が目の前にさらに開ける。夕食のテーブルの上は、いろいろな課題を投げつけ、飛んでくるものをパクっと口に入れる、なにか道場めいた雰囲気だった。インターネットで検索し、座して多様な情報が得られる時代ではなかった。自分の、自分たちの手足とアタマが頼りだった。

農場の建物は会員・関係者自ら自力で作ろう、というワカモノの提案を強力にサポートしたのが東京会員の高橋勇さんだった。電子技術専門の設計製作会社を経営し、ものつくりについては相当なポリシーを持っていた。その延長線上にこそと、たまごの会を位置づけていた。ワカモノを育てるというお節介もあったかもしれないが、技術というものが望ましい暮らし＝社会のありようを具現させる重要なツールであるという確信のもと、計画の実行・実現に真っ向から取り組んでくれた。会員への彼の説得はすばらしく、目を見張った。そうか、やりたいことはそうやって切り開くんだ…。次いでわれわれワカモノに対する対応もまっすぐだった。会のほかの大人たちも同様だったのだが、彼にとってもたまごの会の試みは自身の学校であり、ワカモノたちへは身を挺した教師役を果たしたのだった。

今日、学校と名のつくものはたーくさんある。石を投げれば学校に当たる。

ワカモノばかりではなく、大人も高齢者も○×学校、○×講座に引き寄せられる。学校は多くの人の居場所として乱立している。先生がいる。学生（生徒）がいる。たいがいそれは固定化されている。先生は知識を売り、学生はそれを購入する。それ以上のそれ以下のととやかく言わないが、学校はコンビニ化している。少なからずそういう現状があると受け止める。生涯教育などという言い回しがあるが、触らぬ神にしておいたほうが良いだろう。

八郷農場の学校的ありようを思うとき、井上ひさしさんが言っていた（ボローニャ）大学の起源（ウニベルシタス／universitas）がアタマをよぎる。学生がまず集まってくる。知りたい・学びたいことが「まず」存在するというフィールド＝組合が結成される。次いで必要な教師を学生が雇う（買う？）…。八郷農場は１０００年をさかのぼり、不遜にもウニベルシタス的な状態へ向かっていたわけである。

だから、たまごの会がやっていたことは社会運動である、と称してもよいが、そもそもその論拠や方法論等についてはじゅうぶんなクリエイト＝勉強が不可欠であり、それはもう運動というよりもユニバースであり、きっとハンナ・アーレントの言う「世界」でありえたのだ。

さて、ひとつの学校に長く居ることははばかられた。適当に卒業したことにして、次を目指す気持ちがふくらんだ。

学びの場所はひとところじゃないし拡充が必然だ。いくつもの場面が想定される。開けごま、なのだ。学びの場所は事業展開の中に現れる。面白い学びは、事業の発見にこそ係っている。

あらためて私にシゴトと呼べるものがあるとしたら、八郷農場的なものをこれでもかとさらに造っていくということだろうか。そんな流れを用意したのは他でもないたまごの会のユニークな仲間たちであった。

とりわけ松川八州雄さん。彼は思考の限りをつくし、平らなものを立体化させる次元というものがあることを示した。

また、酋長・明峯さんとは、たまごの会以降の活動にも同伴することができた。彼は…将来のさらなる夢を語り合う唯一無二の同志であった。

彼らともうひとつ学校をやりたかったが、もうかなわない。

気を取りなおし前を向いて、いまもまた出現するあたらしい命と向き合っていく手はずを整えよう。

永田 まさゆき
1952年北海道生まれ。建築家としてのシゴトと並行し、NPOあおいとり代表としての活動フィールドを持つ。八郷農場をルーツとする新たな暮らしのかたち・場面の模索を今なお継続中。

今は昔、昔は今

――永田 温子（1974～1984 スタッフとしては内2年間）

私におけるたまごの会とは、映画『不安な質問』（1979年）そのままだ。農場建設のための開墾と浄財、土とあいまみえる田や畑、放し飼い養鶏や残飯養豚、会員みなで作って運んではじめて食べられるという循環／実践の斬新さ。街での直接民主主義的会合、農場での毎晩の宴会と興味深い議論とコンミューン的暮らし。映画は街人たちの農場建設とその運動が果たす時代的役割へのある種の確信と、にもかかわらずつきまとう不安とを深く見つめて表現している。

2年に満たない短い〝たまごの会〟農場専従生活を経て、映画完成時には都市会員に再び戻っての街暮らしだったが、以来、食べ物を自給するとか、加工するとか、家を建てるなどのほか、手仕事の意味

／意義、広い意味で自分で作っていくことの面白さには取りつかれている。でも、今思い出すとき、自分にとって一番の面白さ・楽しさは人だったかもしれない。街の300世帯、農場の専従者と来訪者、それらの人との濃いつながり、普通には起こりえない多様な人々の輪の中に居られたのだった。何と言っても自由な考え方や自由業な人たちが多かった。よくも多彩な個性と自信に溢れる人たちが、それぞれの得意分野を携えて寄り集まっていたものだ。かもし出されるユートピア的理想主義も心地よかった。食べ物／食べ方を中心にすえての新しい暮らし方／運動は、いかにも時代の先陣を切っていたのだから、会全体の空気が新鮮で若々しかった。

それまでの大量生産／使い捨てを見直そうという気運がみなぎっていたあの時代、考え方においても実際にも、暮らしのよりどころをどの辺りにおいていけばいいのかを、たまごの会の世界で体験的に学べた自分は、糸の切れた凧状態になることなく何とか今まで飛行できた。

思い返せば…、40年ほど前のこと、面白い議論には毎日耳と頭をそばだてながら、みーんなハンサムに見えてた独身男性の中で一番若い男性との結婚をしてたのでした…。

そして…、普通には3Kと感じる人が多いかもしれない日々の労働を、疎外労働とは決して感じることなく、意気に感じてやり過ごしていたのです。

そして…、40年後の今も、いまだに、たまごの会の〝いいとこどり〟の暮らしをしていると評価されたりもしているのです。

永田 温子
札幌在住／自家製&自家菜園Cafe〝やぎや〟店主。20代も終わりの年に、自ら農的生産ができる事の体験インパクトが余りにも大きかったので、一生、衣食住、そのことにとらわれて終わりそうな毎日を続けています。〈参照:『やぎや』（長野ヒデ子・作／スズキコージ・絵、鈴木出版・2104年）〉

不問国

——古山惠一郎（1972〜1973）

「たまごの会」に呼んでくれたのは内田雄造さんだった。その前に国立歩道橋闘争というのがあって、ビラの挿絵などを書いた。芸術絵画というより説明図、というのは今も興味がある。ある時、役所の計画の手伝いをしたことがあったので、資料をできる限りグラフなどの説明図にしてみたことがあったが、全てボツだった。理由は「文言ならあとでどうにでも言い逃れできるが、図にすると逃げが効かない」というものだった。

この国は学ぶだけで、問うてはいけない国らしい。各種学校で建築史の授業を持っているのだが、新学期最初の授業は「学而不思則暗、思而不学則危」という板書から始めている。昨年から教科書にそった授業をやめて、街中を見て歩くことを始めた。毎回プリントを作り、町並みを見ながらレポートを出すというスタイルだ。講義録はネット[*1]に載せてあるのでご覧いただきたい。最初に断ってあるにもかかわらず、今の学生は自分の頭で考える、という能力が極度に低い。文科省が小学生のネット利用で「情報を集めるのは得意だが、集めた情報を自分で組み立てる能力が先進諸国の中でも低い」と頭を抱え、小学校での情報教育を強化するそうだ。「自分の頭で考えてはいけません。先生の言うことを暗記しなさい」という文科省の頭を入れ替えなければ何をやっても無駄なのに。

建築設計で糊口をしのいで来たが、このところ建築基準法の確認が、戦前の市街地建築物法に先祖返りしているようで、うんざりしている。権力の逸脱から、主権者の権利侵害を防ぐのが民主国家の法律であるはずなのに、交通警察の一時停止違反のネズミトリよろしく「テメーラいつでもしょっぴけるんだからな」という恫喝が日増しにひどくなっていく。市街地建築物法は内務省の管轄だったようだ。ナンセンスの典型的なものが、筋交いによる壁構造で地震力に抵抗しようとする、木造住宅の構造規定だ。関東大震災の後で「先進国の最新技術」でも倣って法文化してしまったのだろうが、最初に異議申し立てをしたのが遠藤新だった。東京駅を設計した辰野金吾に喧嘩を売って、学会に居れなくなり、F.L.Wright に拾われて米国に渡り、彼の地の実情に詳しかった彼は「筋交いナンセンス[2]」と声を上げたのだが、恩師に喧嘩を売った男として等閑視された。筋交規定はその後、昭和11年の戦時木材統制令によって、一般住宅の柱が3寸角とされるのには都合がよかったが、戦後の木材難も過ぎ、国産材を使わなければ全国の山林が崩壊し、取り返しがつかなくなる、という現在に至るも見直されていない。戦時木材統制令以前の大黒柱尺角、管柱4・5~5寸という伝統的な民家であれば、壁がなくても丈夫な家が作れるのだが。

八郷農場へ出かけたのは、農場の建物を「自作」しようという消費者自給の為だった。その時内田雄造さんは米国農務省の「農業地帯のローコスト住宅建設の手引き[3]」という本を持ってきた。これ一冊で3間4間を作ってしまったのだから、眼暗蛇に怖じずだ。その後も枠組壁工法で住宅を設計することが多い。和風ではあれこれの基準が「熱性能」を考えなかった時代のままなので、断熱を考えると割高になるからだ。江戸時代、元旦に諸国の大名が将軍に年賀に登城するが、足袋は二万石以上で、国主といえども二万石以下は素足に草鞋履きで、雪を蹴立てて登城したというから、一旦暖房など始めると、体がなまって取り返しがつかない。平面は都会風のマンション式の間取りが、どうしても「監獄[4]」に見えてしまうので、和風の平面と枠組壁工法[5]となる。その後「自作」の方はというと自分ちの子供に加えて、永田唯、塁両君などを使って自宅の内装を始めたのだが、引っ越して数ヶ月が経ち、借金のために登記をしようとしたら「玄関ドアがついていないから登記できません」と言われて22年目、この正月に天井にペンキを塗ったところだ。まだしばらく楽しめる。

たまごの会というのは、まあ「食べ物とは?」という問いから始まったのではなかろうか。明峯朝子、牧夫両君を筆頭に食べ物にはまる子供達も多いようだが、当家の長男・三男*6も食べ物系だ。その昔は高貴な食べ物だった卵が「物価の優等生」になってしまったのにはカラクリがある、と尋ねたところ、山岸会にたどり着いたのだろう。凝固剤の「開発」で豆十分の一で「豆腐のようなもの」が作れるのと同じだ。私は漁村の育ちなので、長期魚価低迷というのが切ない。このところ真冬の巻き網漁船から振り落とされるのは、日本人である船長漁労長以外の外国人、というのが多い。漁業の近代化が「津々浦々」の漁村を滅ぼしつつある。沼津港の水揚げが消えたのはもう10年以上前だそうだが、市場の売り上げがトップクラスなのは東名高速でインターから近いためだそうだ。高速道路網の発達で、生鮮食品もトヨタのカンバン方式よろしく「明日何時に××市場の××食品まで△△何ケース。遅れたら罰金1分×万円」であるようだ。

これをたぐっていくと「蟹工船」があり、国鉄の冷蔵車があるのだが、さらにたぐっていくと「幕末明治の旨いもの番付」なんてのが面白の宝庫だ。当時の日本人にすれば現代の日本人は、毎日随分なご馳走を食べているように見えるが、その実とても人間の食うようなもんじゃありません、というところではなかろうか。遠州浜松は「もち鰹*7」と称して、春先の鰹をその日に食うのを珍重する。水揚げ後5-6時間以内、明るいうちに食うと実に旨い。ところが夜中すぎるとタダの鰹になってしまう、という流通近代化にそっぽを向いた魚だ。夏場なら一本千円以下になるので、一本丸で買ってくるとモツがあるから、これで塩辛を作る。刺身が残ったら一緒に塩鰹にする。ところがこれが昨年はさっぱり獲れなかった。しかも独立系のスーパーが店仕舞いしてしまったので、丸で欲しければ市場まで行かなければ手に入らない。今年は何か手を考えなければならない。ブログに書いているのは「食事の全て*8」だ。ブログで「こんなものを食べたよ」と書いている人は結構いるのだが、これではどんな食べ物があるか、ということしかわからない。食べたものを全て記録しておけば「食生活の有り様」が浮き上がって来るはずだ。定性分析でなく定量分析で、いわゆる悉皆調査ってやつ。死ぬまで毎日食べ続けなければならない、というのも結構面倒だ、というのが最近の感想。

国立歩道橋の絵が残っていないか探してみたが、出てこない。代わりに出てきたのは自宅の台所の絵らしい。38年前も今も書き方が全く変わっていないのに笑ってしまった。芸術絵画でなく説明図なので、感動を与えるのではなく「なるほど、こうなっていたのか」というのが解っていただければそれで良いのだ。絵柄が感動を起こすのでなく、描かれた対象が感動を引き起こしてくれればそれで良い。

最近気に入っているのは川瀬巴水。肉筆画に比べて版画の優れているところは、タイコモチよろしく金主におもねれば食えるわけではなく、人々に求めるものを提供しなければならないところだ。ゴッホがタンギー爺さんの店で浮世絵を見つけて腰を抜かしたのは、西欧のごとく王侯貴族の太鼓持ちが画家の腕を競うのでなく、平民が小遣いで多色刷りの絵を買い求めて、暮らしに色を添えることが日本では普通に行われていたところではあるまいか。王侯貴族の太鼓持ちに属する「美術評論家」諸君のよく理解し得ぬところだ。「まちづくり」という言葉があるが、人によって起想することが様々であり、議論がかみ合わないことが常だ。そんな場面で「挿絵」の効用は大きなものがあると考えている。

私がやっている、専門学校の建築史講座に迷い込んだ若者を、絵本作家にしてしまったらどうかと考えているところだ。これまでの作例には子供たちが、幼稚園から帰るバスを降りて、帰宅するまでをこっそり追跡した「ひろしとたくみとゆたかのおうち」、マンション反対の地区計画を作ろうというときに、まず地区の特性を論じていただきたい、ということで作った「山手町の空」などがある。東北大震災の手伝いに出かけた折には「これ一冊で住宅の自作が出来る」という絵本を作りたかったが、これは力不足で諦めてしまった。

　我々の育った時代に比べてみても「学ぶ」だけで「問う」のがますます難しくなっている。

*1 http://www.tcp-ip.or.jp/~ask/history/index.html
*2 http://kasurinoie.exblog.jp/14769605/
*3 Low Cost Homes for Rural America-Construction Manual/USDA ca.1970
*4 http://www.tcp-ip.or.jp/~ask/house/eco/tono2/index.html
*5 http://www.tcp-ip.or.jp/~ask/house/index.html
*6 https://www.facebook.com/BistroBarPetitDebut
http://www.tromba.jp
*7 http://www.tcp-ip.or.jp/~ask/dh01/katsuo/katsuo.html
*8 http://dehoudai.exblog.jp/i3/

古山 恵一郎
内田雄造さんにリクルートされて農場建設へ。以来40年ほど住宅設計で食ってきましたが、2011年から1年間福島へコンサルの手伝いに出かけ、興味は「まちづくり」に傾いています。
http://www.tcp-ip.or.jp/~ask/

たまごの会が原点

――小路 健男（1987～1989）

今のたまごの会や農場がどのような組織となって運営されているかよく分かっていないのだが、当時の「たまごの会八郷農場」が今の私の生き方や暮らし方に大きな影響を与えてくれたことは自覚している。

大学時代に農業を生業にしようと決め、有機農業を学べる研修先を探していた。当時、出版されていた『自然食通信』別冊『百姓になるための手引』に鈴木文樹さんが書かれた〝都市を変えるか、自給農場〟というタイトルの、会と農場の紹介文に惹かれたのが始まりだった。核家族で育ち、個人主義的性格で出来るだけ早く自立したいと考えていた自分が、共同生活（衣・食・住）が条件の農場に飛び込んだ。都市会員が共同出資して自給農場なるものを運営・維持している他に類のない組織に何故惹かれたのか？

有機農業の技術習得が研修の一番の目的だったが、有機農業は単なる技術だけではなく、「すべての生き物との共生、社会や人との協調」など自身に足らないものが得られ、鍛えられる予感があったことも要因だった。また、個人農家研修にはない、いわゆる無責任さや、自分のやりたい農業や生き方を限定されずに思索し実践できるモラトリアムな時間と、金は貯まらないが衣食住の心配なく安心して学べるところが魅力でもあった。

当時のスタッフは、池谷さん、鈴木夫妻、宇治田・大原夫妻、研修生は私と元蕨市職員（研修中に病で志半ばで亡くなった）、都市会員は150人程だった。

研修生として受け入れてもらった矢先、先輩スタッフで養鶏担当だった宇治田さんが田んぼで足の指を大けがし入院することになった。当時、農場運営は人手不足だったこともあり、今思えば怖いもの知らずと思うが、担当を買って出た。たまごの会の名を現す養鶏を研修数か月の自分に任せてくれた農場スタッフ、都市会員の懐の深さに驚いたことを覚えている。

設立時の熱やその後の分裂時のエネルギー。それでも尚農場を維持し、当時も路線対立や〃私のたまごの会論〃をぶつけ合いながら共同体を運営する。そんな会運営そのものに興味と関心が深まった。当初研修し自信がついたら独立を考えていた自分が、当面この農場を支える一員になろうとスタッフ宣言をした。ところが、消費者自給農場がたまごの会の基本だった運営方法とは別に、「これからは会員外販売も取り入れてはどうか」「会の活動を広く伝える一つとして、卵や野菜を介し会員獲得につなげる」「農場維持や経営の安定化などに必要では」と会報に書いたことで大騒ぎとなった。〃小路を囲んで話す会〃なるものを開いてもらい、「こんな考えを持っている人をスタッフにするわけにはいかない」など、考えを深く問われる機会があった。

まだ入会間もなく理論武装もできていない浅い考えで発議すれば当然の反応だったが、若者の「稚拙だけど何かを変えよう」とする発議を、前向きにとらえ受け止めた会員が多くいてくれたことでスタッフになれた。しかし、その時投げ入れた「会員外販売」という言葉が、その後の自給派？と農場派？のような路線対立を生んだきっかけになっていったと記憶している。

その間、鈴木夫妻が山梨県に独立、農場の中から、新たな研修生を多数受け入れ活気が出てきた頃、「共有空間だけれども、同時にここは生活空間、それぞれが生活できる仕組みに変えていくべきだ」との声が提案され主流になっていった。農場を生活の場と考え、家族持ちが永く暮らすほど、また、自身の家族や新しく増えるスタッフの将来を考えるところのような考えが生まれることは理解はできた。しかし、自分が考えるたまごの会とその農場は「農場スタッフも都市会員も対等な関係で、農場が共有空間だからこそ、自由で魅力ある実験や実践することができる」「都市会員が生業を別に会に係るように、農場スタッフも生活空間は個別に確保し、生活空間としない仕組が必要」と考えていた。残念ながら他のスタッフ・都市会員の中からも〝生活保証導入〟を支持する流れが生まれて主流化していった。しばらく会を支え維持発展に寄与しようと考えていたことを改め、独身で自由に動けたこと、元々農場をステップアップの場として考えていたこともあり、「対立してまでエネルギーを費やす事案でない」とこれを機会に独立就農する決心をしたのが退会の流れとなった。

ここからは、何を得たのかを何点か上げておきたい。

① 有機農業の研修として、約3年もの間、衣食住を気にせず、経営的プレッシャーも少なく、土や野菜や生き物、環境をじっくり観察し有機農業技術・理論を実践的に学ぶことができた。特に平飼い養鶏の基本を学べたことが、独立就農時のスタートを安定させ今の農園の基礎を作ってくれた。

② 農場という共有空間を持つことで、協力し協業し維持し発展させること、そのために議論し理念を共有できたものを実行する。人間の情感のぶつかり合いも含め、共有できる場を持ったからこそ起こるすべての事象が発見であり、喜びも苦しみさえも、成長をもたらした。農業を目指す当初は、自給自足で隠遁生活を志向していた自分が、共有空間を持つことの面白さや、可能性を知ることが出来たことは収穫だった。

③ 私も社会変革という大層な志を持っていたが、たまごの会の活動で「人を変える前に自分が、社会を変えるには身近な地域から変える」しかないことに気付かされた。農場は地域とのつながりが地主と契約農家（ごく少数）としかなかった。地元住民や既存組織の理解があったとは言えなかった。たまごの会の歴史と変遷を知り、八郷という地での農場の存在を自覚し理解した時、たまごの会の実践・実験は自己改革には適した運動なのだと理解した。地域という存在から切り離し自給農場という非実業的な実践は、狭い解釈で言えば都市会員と農場スタッフ、

ここを訪れる体験・研修者に対してのみ作用していた。「社会変革につながる運動は地域社会や現実社会とコミットした活動でなければ広がらない」と気づいた。「自己改革を促す活動プラス、社会改革も内包する活動方法が必要ではないか」と考える機会をくれた。

④　組織や運動方針を巡り議論が平行し対立すると、譲れない一方が原理原則純化路線に進み、更に対立が深まり、決別していく人や集団が生まれていく様を見てきた。自身のこれまでのスタイルの未来を見た気がした。「人を変えるとか社会を変える」「自身の考えは正しいはず」などと思っていた自分が傲慢で不遜であったと気付かされた。

⑤　議論が白熱しても声も荒げず、論理的に語り粘り強く落としどころを探る、「共同できることは何か」「共生できる方法はないか」と常に探る手法を学んだ。そんな尊敬できる多くの会員がいた。今でも人として目標としている。

⑥　農場というそれぞれが対等に関われる共有空間での経験と、都市住民と農場スタッフの共同の経験から、今でも「共有空間をどう作るか」「社会改革運動のより効果的な実践」を試行している。

就農してから23年、家族経営を基本としながら、会での経験から地域とともにより良く変わる方法を模索している。

私の活動の一端を紹介したい。

①　地域政治への参画（町議活動を10年）

②　地域組織（地域ＪＡ・農事組合）への加入、参画

③　有機農業での就農希望者を受け入れ地域に根付かせる活動（これまで5組）。今も研修生が居て来年就農予定である。

④　全道的活動になるが、13年前に有機農業協同組合〔正組合員59名、准組合員２６３名（２０１４年12月現在）〕を設立し運営している。株式会社ではなく協同組合を設立運営しているのは、出資した組合員が対等に参画し、議論し、民主的に運営できる組織にしたかったからである。また、農協法では

農家の為の組織を規定されているが、消費者とともに支えあう組織をめざし、理事者に消費者を入れ運営し、准組合員（消費者）加入型の宅配事業を始めている。今後、更に協業活動の発展型として、直売所兼飲食兼共有スペースの計画を立てている。

　これらはまさにたまごの会での経験から得たものがベースになっている。

　最後に、今でも夢想していることを書いて終わる。実業の場である暮らしや実践活動とは別に、かつての「たまごの会八郷農場」のような存在を自分たちで創ってみたい…。

　いわば自給的な仕事と暮らしを学べる「農の原理を学ぶ学校設立」である。理念に賛同した市民が維持会員（都市会員と農場会員）となり、出資し共有空間を維持する。農場（学校）は利用会員（研修生等）が農を核とし自ら暮らしの糧を作り出す実践ができる場所でもあり、維持会員が夢ややりたいことを会員同士共有できれば試行できる場にもできる。近代化の前に捨て去ったもの、無くしたものに光を当て自然の恵みと豊かさを取り戻す「座学と実学の場」とでも言おうか。マネー至上主義からこぼれくる人を、緩やかな時間軸で受け止め、違った価値観と交流し思索する。そこを巣立ちそれぞれの生き方を実践する前のモラトリアムを担保する空間なんてどうだろうか。

　あれあれ？結局、私が研修先を選ぶのに読んで魅かれた鈴木文樹さんの考えの範囲を超えていないようだ…。これが私の限界？

　私のこれまでの活動の原点となった会と出会った会員の方々に感謝し、40年の歴史と実践に敬意を表します。

小路 健男
酪農学園大学卒。1964年茨城県日立市生まれ。1991年現住所へ新規就農。畑11・2ha、水田0・65ha（全地有機JAS）平飼い養鶏400羽。北海道有機農業協同組合代表理事組合長（4期目）

たまごの会（鈴木文樹さん）と私

――白石 俊英（1990～1996）

私は1989年、28歳のときに研修生としてたまごの会に入り、その後スタッフになって1996年まで農場にいました。現在は出身地の北海道で、やはり元農場スタッフのつれあいとともに農業（野菜栽培と養鶏）を営んでいます。

私は大学中退後、アルバイト生活を送りながら漠然と「農業をやりたい」…というより「農的（自給自足的？）生活をしたい」と思っていたのですが、当然土地もお金も技術もなく、どこからとっついてよいものやらまったくわかりませんでした（今ならすぐに「スマホで検索」できるのかもしれませんが…）。そんなとき、友人がプレゼントしてくれた『百姓になるための手引』（自然食通信社刊）という本に載っていた鈴木文樹さんの文章でたまごの会の存在を知りました。たまごの会の成り立ちや問題点、今後の可能性などについて論じたその文章の末尾で、鈴木さんは次のように呼びかけていました。

〝こういう話のあとでナンですが、わが社では新人を求めています。金もないし体力にも自信がないが百姓をやってみたい方、農業者として自立しようというほどの根性はないがなんとなく農業にあこがれている人、とにかく都会は生きづらくなった人は是非わが社へ。軽作業・食住保証・少々のオコズカイ付。有機農業界の軟派たるわが社へ来たれ！〟

この呼びかけがまさに自分に向けられているように感じたことが、私がたまごの会に来たきっかけでした（もっとも、私がこの文章を読んだとき、鈴木さんはすでに山梨で自立して農業を始めていて農場にはいませんでしたが）。

野菜の栽培や収穫、鶏の飼育や屠殺、豚の出産や解体…たまごの会での体験のすべてが私にとって初めてのもので、新鮮で強烈なインパクトを与えてくれました。また、農場でとれる野菜、卵、鶏肉、豚肉、そしてそれらの加工品のすべてがそれまで食べたことのない美味しさでした。この感覚は、たまごの会に関わった方なら誰でもお分かりいただけると思います。ずっとこういう世界で生きていきたい（こういうものを食べていきたい？）という思いが、その後農業を生業にする決心につながりました。

一方で、たまごの会特有の思想性、運動性、社会変革への志向といったものには（前述の鈴木さんの文章で「予習」していたにもかかわらず）、生来のノンポリで社会性ゼロの自分はなじめないものを感じました。また、個々の会員の方との交流はじつに楽しくて充実していましたが、どうしても「養ってもらっている」という感覚が拭えず、地に足がついていないような居心地の悪さを感じることもありました（このことについても鈴木さんはすでに言及していましたが…）。

そのような違和感から、「もっと農業者としてプロ化しなければ」と思ったり、一時は「スタッフと会員の関係を売り買いの関係に整理してしまえないか」と考えたりもしました（冷静に考えれば、たまごの会の成り立ちをまったく無視した暴論なのですが…）。

結局、たまごの会の最良の部分は、社会運動団体でもなく、有機農業の生産実体でもなく、「学校」、それも「教師が生徒に教える学校」ではなく、さまざまな人々がそれぞれのニーズに応じて「自主教育できる学校」なのではないかと思います。実は、このことについても鈴木さんはとっくに指摘していました。

〝農場という名前につられてわれわれ自身長らく誤解していたのだ。この農場はその性格規定からいえばずっと〝学校〟に近いものであって、それ故にある可能性を持っていたのだ。であるならば〝学校〟として自らを整え、展開していけばいいのだ。もちろんそれはいわゆる農学校などではない。農の実践を基本としつつも様々な試みと自主教育がここでは可能であろう。まずもって多くの新しい人たちを迎え入れなければならない。都市のおちこぼれの受け皿という役割を積極的に引き受けていくということである。〟

現在たまごの会は、その後農場に戻ってきた鈴木さんを中心として、まさにその〝学校〟としての可能性を開花させているように思えます。我が家では今もたまごの会の農場から豚肉を送っていただいていますが、それとともに届く『農場週報』を読むにつけ、たくさんの「都市のおちこぼれ」たちがいきいきと「自主教育」を行っていることがうかがえて、喜ばしく感じるとともに感動を覚えます。

こうして振り返ってみると、鈴木さんという「お釈迦様」の掌の上でぐるりと一回りしたのが私のたまごの会生活だったようです。これからもたくさんの「孫悟空」たちがその掌から飛び立っていくことを願ってやみません。

白石 俊英
旧姓・藤田。北海道出身。大学中退後、数年間のアルバイト生活を経てたまごの会に実習生として入る。その後スタッフとなり、畑、のちに豚を担当。１９９６年に現地で新規就農。

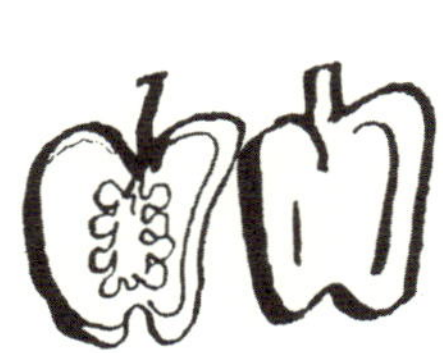

農場体験ワークキャンプで忘れられない人

——白石 雅子（1992～1996）

私は1991年の冬から1996年の初めまで農場で過ごしました。

私がスタッフになった年の夏、会外向けの農業体験ワークキャンプを行った時、今でも折に触れ思い出す人がいる。20歳前後の若い男性で人づきあいが苦手、集団では少しずれてしまいがちの人。確か4泊5日くらいの余裕のある日程を割と盛り上がって終了、解散となったときに最後まで残っていた彼、自分はここにいたい、と非常に熱心に訴えられた。周囲を慮ったり、周りに合わせることが難しい、しかもその社会での居心地悪さからハブられていると感じているけれども、どうしていいかわからない、その彼の心をつかんだのは、年齢性別も様々な参加者やサポートしてくれていた会員やスタッフがいて、どんな場面でもその思いを掬い上げて無視されることがない、そのような懐の深さがあったからでしょう。同質の集団の中では応対が面倒としてさけられてしまいがちな人でも、年齢差があり男女混合のこのような集団の中では向き合ってもらえた、居場所があったという思いを感じたのだと思う。結局農場で受け入れることができなかったが、このような催しの場面だけでなく、日常的にも誰でも受け止めてもらえるという経験値の深さが農場にはあった。それが私の受け取った農場の最大の宝だ。

そのころの自分はサポートしてもらうばかりの立場。私も彼と同じ居場所を探す人間の一人だった。農場にいたときに、さまざまな技術や手仕事を学び、思い付きを形にすることができた。それはたまごの会の歴史（と言ってしまうとありきたりに聞こえるが）やそこにかかわる人々、場所と人の懐の深さがサポートしてくれたものと思っている。

若い時に一時期過ごすのに貴重な場所、素晴らしい体験であったと思う。ただ恒久的な居場所ではなかったし、あの頃もそれはわかっていた。長く過ごしていくにつれて関係性が変わり、別の力が作用してくる。その力が家族を作ることだったり出産であったり。私たちはもう、昔の一族的な大家族をつくってうまく過ごしていくということは無理なんだろうなあ、と思う。あるとき集まり、そして拡散していく、その中心にたまごの会の農場があった。それはきっと農場を作り上げた会員の方々が目指していたものとは違うのかもしれない。あるいはそのような場所を作ろうと思ったのかもしれない。私にとっては駆け込み寺や大学のような特別に中立的な場所、現実からの避難所としての意味があった。

今40周年を迎えて「暮らしの実験室」と名前を変えた農場が、多くの会員や多様な関係者を巻き込んで、社会に対してどのようなメッセージを送ろうとしているのか、歴史のまとめに終わらず、重層的な体験の場を維持していけるか、若者をサポートしていけるのか、期待とともに遠く北海道の地から見守っていきたいと思う。ついでに美味しい豚肉はずっと続けてください、期待してます！

近況：北海道岩見沢市で採卵鶏（小羽数）、有機野菜の有機農家を営んでいます。消費者に直売および北海道有機農協（元農場スタッフ小路健男氏が組合長を務めている）に主に果菜類を出荷しています。元農場スタッフ藤田俊英と次男と現在3人で暮らしています。農場で産まれた長男は現在大学生で寮生活。

白石 雅子
東京出身。バブルに向かう時期に東京でOL生活をおくるが、田舎暮らしがしたくて退職後1年ほどいろいろな農場を見学後、たまごの会で実習。スタッフとなり、1996年に北海道で新規就農。

「おい、君はそれでいいのか!?」

——藤田 進（2005～2008）

2005年の1月。柿岡のバス停から鈴木さんのお迎えで、私は初めて農場を訪れた。もう10年前というこことになる。おそらく、ふらりと立ち寄るぐらいの気持ちだったはずだ。見学しおしゃべりをして帰宅。数日後、鈴木さんから手紙をいただいた。さてはて、どんな内容だったか…。夜更けだが、気になるので、家族の寝静まった寝室でゴソゴソと手紙を探し出してみる。読んでみると「先日は、遠路はるばる…」から始まり、「ハイリスクローリターンの船出」へのお誘いと「来るならすぐ来たらいいよ」とのご親切な文面。ちょうどたまごの会の第二ステージなるものが動き出そうとしているとのこと。そして、その後の3年を私は農場で過ごすことになる。

そもそもの農場との出会いは、大学の友人を介して明峯惇子さんと会ったことから始まり、たまごの会の話を聞き、半ば直感的に農場へ出かけて行ったのだが、出かけて行ったのが運の尽き、鈴木さんからのお手紙も相まって、一寸の迷いもなく農場へすぐさま引っ越したのだった。たまごの会についてもよく知らないままに、私はそこから土にまみれた農場の第二ステージなる航海へとこぎだすことになる。

手紙ついでに、当時のあれこれを探し出してみると、第二ステージ立ち上げの諸々が詰まった3冊の分厚いファイルに加え、農場の週報も3冊の分厚いファイル。それは、農場を支えて来られた重鎮たちとの度重なる会議の記録である。幾たびも、何処ぞの骨かわからぬ若輩者の妄想話に付き合っていただき、これからの農場の有り様を模索してくださった会員の方々（当時の失礼をお詫び申し上げます）との思い出が蘇り、それと同時に、動植物との弛み無い日々の対話の途方もない心地よさの記憶が身体を巡る。そのおかげか、農場を離れた今となっても、農場の有り様と時代の先頭を駆け抜けたであろう、その空間の魅力が「憧れ」として、私の心と身体に根深く刻み込まれており、それがまるで寄生虫のように蠢いて、「おい、君はそれでいいのか⁉」と問いかけてくる始末。「これはもうどうしようもないなぁ」と、やはり、遠い北の地札幌でも、「農場の続きの道を歩んでいるのだ」と深く自覚する。

私が農場を離れて7年が経ち、農場も第二ステージなるものが少しずつ形を見せてきているなぁとたまに訪れるたびに感じる。2008年に旗を掲げた「やかまし村」がいま農場に立ち現れている。先ほど不意に見つけた、2008年のオープニングイベントの時に出した小冊子。全く忘れていたが、そこに「やさと農場とやかまし村～じゅうねんごのおはなし」という自分の文書を発見。そこに、ふと自分の原点を垣間見た気がしたのだが、やかまし村の開村から数ヶ月後、農場に訪れた時と同じように、不意に農場を去った私。なんとも形容しがたい苦い想いと同時に、奮闘し続け、今にこぎつけた尊敬する仲間たちへの畏敬の念がごちゃまぜになり、今でも申し訳なさと共に歯がゆい。

札幌では、家業の傍ら、7世帯ほどの仲間たちと3反の畑を耕し、昨年から3町歩の原野を舞台に「自給の森」という講座の片棒を担ぎながら、永田まさんや明峯哲夫さんが描いた「庭協会」なるものをせっせと妄想している。毎日の暮らしの中で、少しずつ農的／庭的な生活の場を押し広げながら、その庭というバックヤードに仕事やら家族やら未来を乗っけていけぬものかと四苦八苦。自分に必要な場所は自らの頭と手を動かして、こしらえるしかないのだそうな（大変だ！）。

暮らしの実験室で掲げた旗印の文言にある「自由と自立」。ふと、それはヒトの有り様ではなく、自然／地球のそのものの有り様だと思い至る。土に触れ、森に入り、家畜を飼い、穀物を育てる、「自由と自立のために」（おおげさか…？）。農／庭はゾミア。草花のように自分の「身の丈」を損なわないようにあれ！と。今の私には「自由と自立」はどうやらそういうことらしいのである。ともあれ、旗印の文言はいまもってなお新鮮に感じる。いや、むしろ震災を経過して、現実味が増した。3年を農場スタッフとして、後の7年を端からみて、合わせて10年。農場の後ろから4分の1しか知らないわけだが、この10年という歳月の間に、創立メンバーの孫世代が誕生し、農場は3世代の記憶が積み重なる場所となりつつある。孫の代まで残るというのは、一つの時代を耐え抜いた証。農場が農場であり続けたこと。そして、その農場に、形作られてきた第二ステージの兆しと活気が、これまでと違う形でみなぎってきている。会員制自給農場のこれからの形と拡がり。楽しみである。

　果たして、私は、私の息子の子ども（孫）に何を残すことができるだろうか…。身の丈身の丈…そう、身の丈の暮らし。背を伸ばしすぎでもなく、縮ませすぎでもなく、すっくと立ち続けられるように。

藤田進

農場スタッフとして、鶏、豚、畑に関わる。現在、札幌にて子どもと大人への贈りもの専門店 Brother Sun Sister Moon 店主。仕事の傍、「考えるやぎの会」と称して数世帯で畑を耕している。

やさと農場と私

――原田 奈々（2005～2010）

22歳の春、やさと農場の研修生として農場を訪れてから、私の人生は大きく変わりました。農場で過ごした6年間の間に経験し得た事は今も私の「生きる」を確かに支えてくれています。農場でお世話になった方々への感謝の気持ちは言葉では言い尽くせません。

本当にたくさんの素晴らしい出会いがありました。生き方や想い、夢や思想に触れ刺激を受けました。自給的な農場の生活では、大量消費される現代の衣・食・住についてひとつひとつ精査する事を学び、消費行動が変わりました。動物の世話をしながら、または体をめいっぱい使って自然と共に働きながら、人は様々な命に生かされているのだという喜びと有り難さを、実感を持って知りました。農場での共同生活や運営では、協調する事や主張する事、助け合って課題に向き合う事、不完全さを許しあう事など、人が人と共に生きていく為に必要な最も大切な事をたくさん学びました。

こんなにも学び多きやさと農場から離れて早くも5年が経ちました。農場での経験はあらゆる場面で生かされていると感じます。志を忘れない為にも畑を耕す事をずっと続けています。昨年からは菜園も広くなり随分と自給率もあがりました。学ばせてもらっただけではいけません。大人としてどう次の世代に伝えるかが課題であり、責任を感じています。松本に越してからはアースデイや映画上映などの企画運営に携わってきましたが、もう少し子どもたちと近い距離で日常的に何か出来たら良いのにと考えています。もっとも考えているだけで何もしていないのですが…。

農場のような場、体験は若い人たちにとってますます重要になってきていると思います。生きている実感、愛されている実感に飢えた子どもが急増しているように思います。弱年齢層化している凶悪犯罪を聞く度に胸が苦しくなります。状況はどんどん悪くなっていると感じます。生身の人間や動物との血の通った温かい交流がないまま子どもが大きくなっているように思います。13歳〜34歳の若者の自殺率は日本が世界一だそうです。学校調査では15歳の子どもの29・8%が孤独を感じていると答えたそうです。テレビ・スマホ・ゲーム、塾に習い事。一人で黙っている時間の方が長いなんて昔は考えられなかった事です。筋力、視力の低下は著しく都内の高校生の85・8%は視力が1・0ないのだそうです。びっくりしました。コミュニケーション力も一人きりでいたのでは養われません。話しがそれたようですがこれらは農的な暮らしの対極にある現代社会のありのままの姿なのだと思います。

私たち大人は何ができるのでしょう。非常に厳しい時代がやってきたと感じます。放射能汚染、震災復興、安全保障の議論の行く末、自由貿易(TPP)の結論とその後、格差社会、高齢化社会、先に挙げた人々の孤独の問題。難題を羅列してどうなるものでもありませんが、やはり家族や周囲の人々と協力して出来る事をやっていかねばならないのだと思います。そのようなパワーが社会全体に必要なのだと思います。

問題の解決の糸口はやさと農場=農的暮らし=助け合い社会、にあるような気がします!と農場に全部を押し付けてはいけませんね。私も私の場所で出来る事を探していこうと思います。それにしてもやさと農場は懐大きな学び舎です。やさと農場が今も変わらずたくさんの人に愛され、そしてたくさんの人の学び舎であり続けている事を、元スタッフとして大変嬉しく思います。スタッフの方々、関係者の皆さまの並々ならぬご尽力に敬意を表します。やさと農場のますますのご発展とご健勝をお祈りいたします。

原田 奈々
旧姓・田村。大学卒業後、農的な暮らし・仕事・コミュニティを求めてやさと農場を訪れ、スタッフとなり5年勤める。農場では養豚、畑、料理、加工品などを担当した。2010年に長野県松本市へ移住。趣味、料理・畑・山登りなど。

共に理想の暮らしを求めて

――田才 泰斗（2006～2010）

僕がやさとのスタッフとして加わったのはちょうど「たまごの会」から「暮らしの実験室」に名前を改め、新たな形で歩み始めようという時期でした。いばくん、ななちゃん、むっちょんという同世代の仲間たちが熱く、農場の未来を夢見ていて、それは刺激的に感じたのを覚えています。

辺境人であれ！都市にいては真に気付かない。かと言って、遠方で浮世離れしてしまうのもいけない。僕らはほどよく都市から離れたやさとに身を置く、新しい暮らしの模索者でした。

やさとでの3年半は、濃厚でかけがえの無い年月。僕はとても人間らしく真っすぐにそこに居ました。

2010年、やさとから離れ、兄や理想を共有する仲間たちと共に山梨県北杜市で「ぴたらファーム」を立ち上げました。やさと農場のあり方をそのままベースにして、そこに自分たちの考え方、思いを肉付けしていきました。

ぴたらファームも5年の歳月が経ち、それなりの形にはなっています。

僕の中であの頃と変わらないやさと農場ですが、単身の集まりであり、地域には閉鎖的だった当時から、今は劇的に変化しています。

帰る度に懐かしく、感傷に浸り気味の僕ですが（辛いことがある時に帰りがちだったりして）、その変化に触れると現実に戻されます。

やさとはたくさんの人を巻き込み、そしてそのたくさんの人のエネルギーが跳ね返ってやさとを動かしている。

変わらないと思っていたやさと農場はどんどん進化している。

僕よりも何歩も何歩も先を闊歩している。

でも兄弟よ、僕もまだまだ諦めていないよ。
共に理想の暮らしを夢見て、更に歩もう。
ありがとう、みんな。

田才 泰斗
3年に及ぶ海外放浪の後、半農半X的な暮らしを目指す。長野で木工を学んだのち、やさとに出会いスタッフとなる。暮らしの実験室では、養豚を1年、畑を2年担当。独立後の現在は山梨県白州にて、ぴたらファームをはじめる。今年で5年目を迎えている。

III

やさとに根付く

元スタッフの就農や都会からの移住組、会の活動を機にやさと(旧八郷町)に移り住んだ人たちは、どういう暮らしを営んでいるのか。多様な形でやさとに根付いていった人たちの現在。

あれから今日まで生きてみました

――魚住　道郎（1974〜1980）

いったんはお断りしたつもりでいたところ、井野さんと電話で話をしているうちに書くことになりました。

今はどうしたら原発を止めることができるかといったところで、井野さんとは接点があるからで、いのちを張って動いておられる方からの依頼を断る訳にはいかなくなってしまったのです。

高橋義一さんの松山の伐採から始まったたまごの会の農場建設の当初から1980年の暮れ近くまでの期間、約7年間を農場専任者として、カミさんと二人の子供を育てながら過ごさせていただいた。たまごの会の農場を離れてから、宮川定義さんから山林を借り受け、石岡市嘉良寿理（からすり）という集落に魚住農場を建設し、途中、農場移転はあったものの、同集落に根を降ろし、現在に至っている。現在は、私たち夫婦と長男夫婦と孫一人で、田畑約3町歩、ニワトリ600羽の有畜複合経営で、約100世帯の人々との提携で生活をしている。

たまごの会の農場を出たあと、2人の子供が産まれ、計4人の子供を育てた（長女幸子、長男昌孝、次女美恵子、次男晃之）。現在、どの子供も世帯を持って独立し、東京、横浜で暮らしている。百姓をしていて、本当に良かったと思う。自転車操業の毎日、こぐのは止められない。まだまだ道半ばではあるが、たまごの会農場建設の一石は、現在の石岡の有機の里づくりの礎になったことは確かであろう。毎日の積み重ねであり、継続は力なりである。

生産者と消費者が互いに支え合う中で、有機農業をつくっていく。これを提携と日本有機農業研究会では呼んでいる（日有研創設時からの会員です、今も）。今、私の農場を支えて下さっている人たちに、この提携を消費者自給農縁（園）を作っていることですねと伝えている。

魚住農園の農作物や卵を食べ続けることで、魚住農園との縁が深まっていくと同時に、農業との縁もでき、援農を通じ、ますます田畑が身近になっていったとき、魚住農園は、自らの自給農園になっていく、なっていって欲しい。食べ続けることで、自らの中に自給農園（縁）を作ったことになり、有機農産物を買い漁り続ける行為とは異次元の関係を生産者との間に作り上げることができる。物理的に農園を所有することではなしに、生産者の農園を自分の自給農園とすることができる。

生産者の農園が自らの自給農園となったとき、そこに現金の援受があったにせよ、売り買いの関係は越えられる。越えている。消費者が、自分たち家族の生産拠点を持つことである。土の上で土によって、土と共に生きるということである。この小さな生産者と消費者との自給農縁運動の取り組みは、どこでも、誰でもその思想性さえ持ちうれば達成できるし、その奥行きはとても深いし、真の協同の世界を作り上げうる。生産者から消費者への魂の農地解放である。

40年前、たまごの会消費者自給農場作りに関わり、その後独立し、自立した生産者として村の一員となり、一百姓となって、自給農縁運動にたどりつけたことは良かったと思っている。

3・11以降、魚住農園の若いお母さん達が、放射能に不安を持ってやめていった。約2〜3割の人たちが消えたことになる。この放射能汚染に対しても、有機農業の力が発揮され、土壌からの作物移行はきわめて低く、野菜は検出限界 0・5Bq/kg 以下のNDとなっていて、ほぼ心配のないところにきている。火山、地震活動が活発になってきているにもかかわらず国は原発再稼動を押し出してきていて、もはや尋常ではない。

狭い国土に50基の原発があること自身、異常ではあるが、二度と同じ災害をくり返さぬためにも、早くに廃炉にせねばなりません。ましてや、再稼動はあってはならぬことであります。今、地元の東海第2原発運転差止訴訟の原告として、活動をしています。二度と同じ過ちを犯さないためにも、互いに力を出し合いましょう。

明峯さんの訃報を聞いた。二年前、山梨での有機農業の大会で、その後、初めての再会をした。有機農業技術会議の代表になってまもなくの頃ではなかったかと思う。あまり多くは語り合わなかったが、あのときが最後となった。合掌。

〝魚住有機農学校〟（日本有機農業研究会主催）を年に5回ほど今年も開講する。魚住農園の田畑が教室の青空校舎だ。長期の研修生の受入れもこの30年の内にやってきたが、これからは〝有機農学校〟運動を展開するつもり。〝福島有機農学校〟も一昨年の秋から福島二本松に、二本松有機農研の仲間を軸に開校した。次世代に向け、どうやってこの困難を乗り越え、歩んでいくのか、有機農業の現場から、現場をどうしていくのかを考え、提案できたらと考えている。互いに学ぶ場として、伝えていく場として。

課題は次から次に湧き出てくる。

周年栽培の魚住農園は自転車操業であわただしく、休む間もない日々が続いている。たぶん、これからも、こうして生きてゆくだろう。

魚住 道郎

農場では畑担当を主に、牛部、ミルクプラント設計。１９８０年、八郷町嘉良寿理に魚住農場建設。現在に至る。１９９０年に八郷町サッカー少年団設立。以降16年間子供たちとサッカーを楽しむ。

時代が追い付いてきた？

——長井 英治（1979〜1985）

私が「たまごの会」にいたのは79年の11月から85年の4月まででした。いろいろな意味で、エネルギーが満ち溢れてました。器が間に合わず結局、あふれていろいろ流れ出したわけですが、その過程では、なかなか見ることのできない人との関係性を体験できました。

たまごの会時代（80年代）はまだまだ有機農産物は世間的に認知されていなかったわけですが、今では、メディアから有機栽培という言葉が流れない日はないようになってきました。八郷にも農協に2000年代から有機部会が出来たように、時代の要求が追い付いてきたのでしょうか？　とはいえ、未だ、数パーセントの流通量でしかありませんが。そのおかげで、長井家の生活も成り立ったわけで、今までやってこれたという側面もあります。

現在は「たまごの会」から「暮らしの実験室」に名前が変わったように、若い？？生活者達の企画・提案が、町政からも評価されるような新しい価値観の模索や要求が出始めているようで、多少関われたらと楽しみにしています。

長井 英治
1954年生まれ、千葉の農家に半年研修、知人のいた八郷の精神病院の山仕事に半年従事。テレビでたまごの会を知り訪問、のち研修生。分裂後スタッフになり、85年に八郷町鯨岡に定住。田、畑、養鶏、個別宅配便が主。この頃無肥料。

こんな世界が創れるんだァ〜

――長井 裕美（1982〜1985）

私は「たまごの会」として10年を迎えようとしていた頃の農場に足をふみ入れました。親戚関係で農場スタッフだった長井英治氏に「遊びにおいで」と誘われたのがキッカケです。畑仕事は気持ち良く、その後のごはんとビールの旨さといったら…。「こんな世界が創れるんだァ〜」

高校生の頃から自分の手で自分の生活を創る事を主軸にした生き方を夢見ていた私には本当にラッキーな出会いでした。その後長井氏にスカウトされて同じ八郷町内で一農家として生活して30年になりました。

農場（及びたまごの会全体）は社会問題を学べる場のハズですが、私はもっぱら〝おいしい物〟ばかりをすすんで学んでいました。

東京会員さん作のベーコン、宇治田さんのスモークチキンやキムチ、飛田さんのごはん（…）をタネにしたパン、鈴木夫人のサラダ、安藤さんのケーキ、工藤さんのカレー、最高！なのは配送車で伺った時の東京会員さん宅での朝ごはんと昼ごはん！

実家の母の食事も大変おいしいと感じていた私ですが、農場の食事は素材の味が明確な香り豊かなもので脳内に幸せオーラ♡が満杯になる感じでした。

おいしい、楽しい、学べる、集える、出会える、頑張れる、農場♡、ずっと続いていってほしいと応援しています。

長井 裕美
会の畑部スタッフのダンナに呼ばれ遊びに来ていました。竈で炊いたごはんに感動！　味噌作り、田んぼ作業、各種お祭のヘルプ、白菜キムチやスモークチキン作りも体験。その後、ダンナと八郷にて農業を続けています。一男一女の母ともなりました。

思い出すままに

——合田寅彦（1973～1982）

小田急線鶴川駅の前の、まだ駅前が整備されていない草むらの広場に自家用車が何台も待機して、深夜バスに乗る客を誘導していたら、改札口を出てきた高松さんがニコニコしながらこちらに近づいてきた。河内農場からの帰りだったのだろう、毛がむしられた鶏をぶら下げて…。「たまごの会」との最初の出会いである。

1970年に東京陸運局が神奈川中央交通に3倍料金の深夜バス運行を認可したことに反発した鶴川団地の住民が、毎夜11時から12時過ぎまで深夜バスをボイコットすべく自家用車を連ねてバスの客を乗せていたのである。

高松修さんは鶴川5丁目団地、私は同6丁目団地と道路を挟んだ別の住民だったが、68年の入居以来団地自治会による地域活動で旧知の仲だった。

この運動はその後エスカレートして、路線バスの向うを張って8人乗りのワゴンでの「鶴川自主運行バス」として深夜のほかに朝夕も走ることになる。回数券や時刻表も作って。私も中心の一人として運動を担っていたのだが、これが11年も続いたとは、いまでは考えられないエネルギーだ。生活者が互いの「明日」を信じあえた70年代の協働の思潮がなさしめたことなのだろう。

高松さんは自動車免許を持っているのに事故を起こしたとかで、いっさいハンドルを握らない。彼の人なつっこい誘いに乗じて、私は彼の運転手をさせられ「新農場予定地」をもっぱら奥多摩方面で探すことになる。小菅村や道志村など泊りがけで行くのだが、さしてアテがあるわけでもない。どうやらイワナやワサビで一杯やる高松さんの遊びに付き合わされた格好である。

その後、八郷に土地が見つかり農場建設が進められるのだが、その作業に会員が心一つになったのは、農場の出来上がりの姿を記録映画監督の松川八洲雄さんが墨絵で表現してくれたからだ。なにごとも文字や言葉でなく絵でものごとのイメージを表せたらどれほど人の心を一つにするか。後年、魚住道郎さんも自分の構想を絵で表していたけれど、あれはいい。

食品公害や慣行農業へのアンチとして消費者自給農場たまごの会が生まれたのだから、地域社会では〝異物〟の存在だ。むしろそれを誇示していたと言えよう。その頃、学校給食を拒否して子どもに弁当を持たせる運動が東京で起こっていて、それに倣っておそらく農場でも明峯哲夫さんの朝子ちゃんが弁当持参で登校したのだろう。柿岡小学校の担任（女の先生）から農場に電話がかかってきた。「給食があるのだから弁当持参は困る」とでも言ってきたらしい。電話に出た明峯さんからの報告。「烈火のごとく怒ってやりました」と。まさしく地域での異物であることを宣言した場面であった。また、八郷地域の空中散布でも町役場に押しかけ町長に中止を直談判した。農場に土地を貸してくれた高橋義一さんのムラの中での立場が思いやられた。

それからさして年をおかずに、農場の宿舎兼納屋が火事になった。寝タバコが原因ではなかったか。ムラの消防団が駆けつけて消火にあたってくれた。〝異物〟であっても地域の中では救援の対象だったのだ。

年を重ねる中で、農場スタッフに明峯、三浦、鈴木の夫婦のほか、魚住、南雲の二つのカップルが誕生する。当然子どもが生まれる。都市会員は女性が多いけれど、農場はどうしても男が幅を利かす小社会だ。子育ては女性の肩にかかってくるものの、当然ながら母親一人一人の感性によるところが大きい。では、農場はその感性を素直に発揮できる環境にあるだろうか。母親は無理して男の論理に従ってはいまいか。母親同士のストレスはどうか。

農場から見て柿岡消防署の信号の坂をのぼって

突き当りがまつやフードセンター。それより100メートルほど手前の左側路地の角に、今は取り壊されてないが移転したあとの吉川外科医院の建物があった。病院だからかなり広い。私は吉川医院を訪ねその建物を借り受けることにした。奥さんのことを考えて三浦和彦さん一家を住まわせようと思ったからである。それに、初めて農場に足を向けた都市会員の仮の宿舎としても。実は、私の中には柿岡という街の中にたまごの会の出先を作ろうという意図もあったのだ。ただ、当時農場には建築に携わるスタッフが3人いたし、世話人の中にも建築家がいて、農場内に建てるいわゆる自主路線が声高だったので、論争するのも消耗と思った私は自分の案をあっさりと取り下げたのである。

自主路線といえば私にもそれがなかったわけではない。今は「たまご米をつくる会」が耕している八郷高校下の谷津田で、都市会員による「自主耕作米」と銘打った米つくりをしたのである。ここでの自主は、建築班の主張する自主ではなく、鶴川住民による自主運行の自主である。高松さんの奥さんや湯浅さんの奥さんなど女性軍が主流だったように思う。

高畠有機農業研究会とのかかわりは、橋本明子さんがご亭主の仕事の都合でロンドンに行くというので、私があとを引き継ぐことから始まった。高畠の農家だって各自卵くらいは自給すべきだ、と農場から鶏を運んだ記憶がある。

会員に届ける高畠有機米のほかに、ブドウやリンゴの提携が仕事だ。当時高畠有機農研では、白根節子さんを中心とした「所沢生活村」や「横浜安全食品の会」とも提携していたと思うが、米価闘争を経験してきているだけあって、政治意識が高く自立した農民像として映った。米の自主耕作とは別に毎年高畠にも会員を募って田の草取りに行った。思えばそんなエネルギーがサラリーマンの私の体にまだあったのだ。

所沢の会員と併せると援農はかなりの人数に

なった。宿泊場所の和田民俗資料館での高畠農民との夜の交流会は楽しい思い出である。援農と配送で10年間に20回以上足を運んだのではないかと思う。

たまごの会の分裂は発足8年目だったろうか。農村にあって異物的存在であることに意味をもち、かつ都市生活者にとっての前線基地とこの会を捉えるアジテイターの才に長けた明峯哲夫さんと、八郷の地に有機農業の郷を作ろうとする素朴実践派の魚住道郎さんと、そのどちらに都市生活者の未来を託すかの分裂だった。農場スタッフはそのいずれかに付いたのだが、実際のところ、後にそのスタッフが農場を離れて八郷で一家を構えている姿を見ると、いずれの側も立派な百姓になっている。たまごの会は〝異物〟どころか見事な花をここ八郷の地に咲かせたのだ。

私は、たまごの会から分かれた「食と農をむすぶこれからの会」に身を置き、日をおかずして東京町田の団地から一家を挙げて八郷へ移り住んだ。百姓根性も技術もないくせに、18年勤めた出版社をあっさり辞めたのだから、お目出度いにもほどがある。強いて言えば、国民の税金で国立大学の農学部に籍をおかせてもらいながら、学生運動に明け暮れて授業にさっぱり出なかったことの罪ほろぼし意識が、不似合いなそんな道に向かわせたのかもしれない。

なお4年後には、同じ「これからの会」に加わった橋本明子さんもご家族で石神井団地から私と同じ集落に越してこられた。

「これからの会」の農家会員は、たまごの会時代から縁ができていた宮川定義、桜井文雄、鈴木英也、広瀬平一郎、広瀬正俊、桜井正男さんの6軒の野菜農家と酪農の野口武夫さん。実は私も農家会員の一人だったのだが、私がいて口を挟むよりも純粋農家だけで運営した方が自立心も培われるしよかろうと途中から抜けたのである。ただ、八郷の農家の場合、高畠町の農家のようにとことん議論して質を高めていくという組織運営に馴染まなかったためであろう、都市会員が地区ごとに個々の農家を選ぶというかたちに変わることになり、「食と農をむすぶこれからの会」は皮肉にも「これまでの会」として終わることになった。現在は個々の農家が細々ながら受け持ちの都市会員のところへ野菜を送っている。

八郷へ越してきて10年ほど経ってからだが、大学を出て最初に高校の教師になったときの教え子の亭主が東京の私立高校の教師をしていた縁で、夏休み体験学習として確か8年ほど毎年男子生徒を数名わが家で預かったことがあった。有数の進学校だから、体験リポートも要領よくまとめられていた。後に大学の農学部を選んだ子もいたと聞いている。

私の裡に潜在している罪ほろぼしの意識が、八郷移住から20年の後に、わが合田農園をスワラジ学園へと変身させるのだ。

私と同じ年に八郷に移住してきた筧次郎さんやお隣さんの橋本明子さん、水戸農業高校の原田一夫さんなど八郷在住の有志10人で、伝統的な百姓暮らしの技を学んでもらう法人格のない文字通り日本一小さな私立学校を立ち上げたのである。「スワラジ」とはインド独立運動の指導者ガンジーの唱えた〝自立〟を意味する言葉である。

友人や親戚など発起人350人から学校債券を募り、わが農園の敷地内に65坪ほどの男女共用の寄宿舎を建て、〝学生〟とスタッフが寝食を共にした。農業の技術指導はもっぱら伝統的百姓の技を磨いてきた筧さんで、百姓落第の私は牛、豚、鶏など家畜の担当だ。なお、16年間常磐線で東京の小学校に通っていた家内が教員退職後に学園の生活面と経理を担ってくれたのがありがたかった。

カリキュラムには畑での実習のほかに、炭焼き、陶芸、農家のお年寄りによるワラ縄つくりなどもある。入学式から、途中に大学の先生の講義、そして修学旅行まであるという、まさしく学校のミニチュア版だ。

学園時代の5年間に18歳から62歳までの男女〝学生〟30人、その後スタイルを変えた就農支援セミナーハウス「百姓の家」での〃住人〃61人がそれぞれ全国に巣立って行った。ほかに公開セミナー参加者が述べ120人ほどいただろうか。そこでの出会いでカップルも住人同士が8組、住人と外部が10組誕生した。「〃婚活〃施設としてはまあまあだな」との陰口もあるらしいが。

八郷でのそんな生活を30余年してきた私だが、古巣であるたまごの会農場（暮らしの実験室）が気にならなかったわけではない。現在の若いスタッフが新しい都市生活者を引き寄せて、古典的なイデオロギーに囚われない多様な発想で農場を運営している姿はほほえましいかぎりだ。農場スタッフが八郷で就農しているスワラジ学園の卒業生たちと一緒に地域おこしに力を発揮しているし、今や有機農業運動の牽引者である魚住道郎さんに続き、かつての農場スタッフ長井英治さん、宇治田一俊さんが八郷で、また私と配送の相棒（「とら・かつコンビ」と言われた）であった市川克久さんは鹿児島で立派な百姓になっている。JAやさとには有機部会も出来、有機栽培に取り組んでいる農家はたまごの会時代からの農家・広瀬平一郎さんを筆頭に、八郷内だけで70軒に達しようとしている。たまごの会自給農場が八郷に出来て40年。八郷は今や埼玉の小川町、山形の高畠町と並ぶ日本三大〃有機の郷〃になったということであろう。

ただ寂しいのは、たまごの会のかつての都市会員（大方は高齢者だろうが）の顔がここ八郷でとんとお目にかかれないことである。高度成長期に働いていた世代だから今の若者に比べたら貯蓄が断然多いはずと睨んでいる私は、農場内に美しい花壇に囲まれた高齢者向け別荘を都市会員が共同出資で建ててはどうかと思っているのだが、残念ながらその動きはない。農場に身を寄せるからといって働く必要はまったくない。往時に十分エネルギーを注いだ場所なのだから、この際若者の働いている姿をにこやかに遠目で眺め、八郷でのゆったりとした時間を過ごせばよいのである。たまごの会創設者の一人である和沢秀子さんもそんな想いで一時期農場に身を寄せていたのではなかったか。

そのような発想が今の都市会員の誰からも出ていないとなると、分裂時のたまごの会継承組都市会員が果たして本当に農場を新時代の自分たちのシンボルと思っていたのかどうか疑いたくなる。つまり、自給としての農場に寄り添うというよりも、農場を単なる農作物の供給の場と考えていたのではないか、と。

なにか皮肉を述べているように感じられるだろうが、そうではない。かつて一緒に農場を作ってきた懐かしい仲間と、人生の最期を八郷で一緒に過ごしたいと思うその一念からの発言と受け取ってほしいのだ。

合田寅彦
大学卒業後、教員、編集者を経て八郷で帰農。スワラジ学園理事長、スワラジセミナーハウス管理責任者。NPO法人囲碁国際交流の会代表理事。著書『筑波山麓ムラ暮らし』宝島社。編著『追想　高松修　有機農業運動の一つの軌跡』ゆう出版。

提携と提携米

——橋本　明子（1972～1982）

長年住んだ東京を離れて、八郷へ移ってから、27年になる。それまでサラリーマンだった夫の信一は、体力のあるうちに畑をやるんだと仕事をやめた。娘の泉は大学の最終年度を、八郷から東京への通学をみこんで、取得単位を極力すくなくしていた。私はといえば、これまでに培ってきた自分の考え——生活はできるだけ自給的に、今までの経験をいかして有機農業の畑をつくり、自給に余裕ができれば希望する人たちにもわける、さらに仲間とはじめた提携米運動も続けていくこと、と欲張りな課題を、八郷に腰をすえてやっていこうと考えていた。

八郷では、土地の入手から、家の建築、畑の手配、野菜の作り方など全てにわたり一緒に有機農業にたずさわってきた広瀬さん、桜井さん、鈴木さんら、それに近所の人たち、さらに私たちより前に八郷に移住していた合田さん、魚住さんたちにすっかりお世話になった。

家は念願の木造、国産の木を使い、サッシはやめ、屋根に温水器をのせた。井戸をほり、風呂は薪、暖房も薪ストーブと、できるかぎり、自然の恵みを受けるように考えた。畑はそれまで合田さんが借りていた我が家に隣接する1枚を譲り受けて耕すこととなった。

畑は裏のふじ山に続く緩いスロープで、南面しており、石ころもあるかわり、土にはミネラルが豊富に含まれていて、作る作物には、おのずからなる甘みと味の濃さが備わっていた。おいしい、とほめられると、いっそう力がはいる。信一と私は、鍬と鎌、草刈り機1台で精一杯はたらいた。筑波山を見上げながらの仕事は、本当に楽しい。50歳を過ぎてからの畑仕事は、すぐに疲れるのだが、私たちは急がず、急ぐこともできず、疲れると、草むしりなどほかの仕事をやって、マイペースをつかんでいった。

種袋ひとつを播けば十分、という生産量でも、たちまち自給にはあまる。信一は、仕事を辞めるまえから、同僚に「おれが百姓になったら、作った野菜を食ってくれるか」と打診してまわっていたらしい。みんな、いいよ、いいよ、と気軽にうけあってくれていた。それで、ほんとうに手元に野菜の箱が届いたとき、いちように驚いたのである。まさかほんとうではあるまい、と思っていたという。それまで有機農業の野菜にふれたことのなかった10世帯が、最初の提携先であった。

野菜の名前、食べかた、保存のしかた、ひとつひとつの説明からはじめた。なかにはそれまで、毎日だった野菜の買い物を週1回にかえ、冷蔵庫を活用したり、保存食を作ったりする生活にどうしてもなじめない人がいて脱落となった一方、ずっと食べ続けてくれるファンもできた。今は、双方とも気心の知れたともだちとなっている。

一方、提携米はといえば、八郷へ移る前年に、東京で仲間おおぜいと、提携米アクションネットワークを立ち上げていた。米の生産、流通、消費に携わる人・グループで、「日本の水田を守ろう基金」を作り、米を出荷するグループ、食べるグループと個人が集まって、米の直接受け渡しを実行したのであった。当時は米は国の専売で、民間で自由にやりとりできなかったので、この行為は食管法違反だと大騒ぎになったものである。

しかし、提携米のメンバーは、減反を柱とする国の食糧政策こそまちがいであると、一歩もゆずらなかった。この動きはやがて、国を相手どっての減反政策差止等請求事件の裁判を起こすところに繋がっていく。

さらに食べるものは世界のどの地にいても自給が基本と、八王子で「食糧自立国際シンポジウム」を開き、アメリカ、タイ、台湾、韓国、ブルキナファソ、日本と6カ国の代表が集まり、食糧は基本的に自給し、過不足の場合のみ融通しあうとし、食糧を営利目的に使わない、という、基本を申し合わせたのであった。

この年に私たちの一家は八郷へ引っ越したのであるから、私は、家族をはじめ、友人、知人、大勢の仲間たちの協力と助力なしには何もできなかったのである。私たちの家は、後ろは山だが、前は4メートル道路に面していて、道をはさんで見渡す限りの田んぼ。まさに田んぼの中の一軒家なので、その先の丘の上の集落からは、家の様子がよく見える。「橋本さんちは、旦那が家にいて、嫁は外へ出てるんだよ」とは、村のひとたちの噂話であった。

ハードワークの裏付けとなるお金は自前であった。永年のボランティア活動の資金はすべて信一の懐から出ていた。私はお金を使うのに忙しかった。私に、「よくご主人が気持ちよくお金を出してくれるね」と言われたことは何度かあったが、さして気にとめていなかったのが事実である。が、八郷へ移って交通費がかさむのには参った。生活費のうちで一番の負担は東京への交通費、という移住先輩の話が身にしみた。一方、普段の生活には現金の必要が驚くほど少なくなっていったのは事実である。現金がなくては手にはいらない衣類は、なぜか欲しくなくなった。きれいな洋服よりも、周囲の風景のなかにいるほうが、よほど心に満ちたのだった。が、活動に関わるお金ばかりはどうしようもない。決まった収入がなくなっても信一は私に変わらずお金を出しつづけてくれた。感謝のほかない。二人して自分たちの信念を追求してきたのだといえば、かっこよすぎるだろうか。

やがて、冷夏となって、米がとれず、国中パニックにおちいった年がきた。不足が予測されていたのにもかかわらず、たんぼに稲を植えることを許さない減反政策は続行だったため、米不足は天災でなく、人災であるとの批判が起こったのは当然である。減反政策に反対してきた生産者、消費者を結集して、減反政策を中心とする国の農業政策に転換を要求する裁判をよびかけたところ、全国1300名の原告を得て、農業問題ではかってない集団訴訟となった。

提訴から判決までの8年の間、私は八郷から東京へかかさず法廷の傍聴にでかけ、弁護士さんとの打ち合わせには、食事係の一員として、リュックと両腕に作った食べものをめいっぱい詰め込み、やはり東京へとでかけたのである。弁護士さん3人にはほとんどボランティアくらいのお礼しかできなかったのだが、私たちの作る有機食材の手づくりごはんをこの上ない楽しみとしてくださったので、作る方も楽しかった。

判決では減反差し止めは退けられ、棄却となったが、国の不当性をつく裁判では却下がほとんどのところ、棄却にもちこめたのは一歩前進、と弁護士さんは評価されたのがせめてものことであった。

農業の生産を守ることは、環境を守る仕事と直結する。八郷の山々、畑や田んぼ、森や丘、流れ下る川、あちこちの人家。それらが四季おりおりのたたずまいで、私を包み込む。畑にかがみこめば、作っている野菜よりも先に、むれる雑草が出迎えてくれる。

その幸せが奪われたのは、福島原発事故の放射能汚染によってである。自然環境の恵みをめいっぱい活用しての有機農業は、もう成り立たないのではないか、との絶望におそわれた。私たちの小さな規模の複合農業では、堆肥もほとんど手作りである。落ち葉も山の土も薪や草を燃やした灰も使えない、となれば、堆肥は購入するのか。私は、残っていた堆肥のほかは、堆肥なしの栽培とした。食べてくれる消費者は半減したので、とれる野菜の量が少なくても、困らなかったのである。

　原発事故では、有志と放射線量を計測する機器を購入、野菜などがどの程度汚染されているかをはかり、一方、畑は魚住さんに深耕してもらってセシュウム値を下げるなど、みんなで情報を交換して、少しずつながら、心配を取り除いてきた。

　事故から4年がたって、周辺のセシウム値は下がってはきている。が、薪ストーブの灰はいまだに高い数値である。今さらながら、私たちの住む環境全体が汚染されてしまったこと、そのなかで、私たちは、住み続けていかねばならないことを自覚するばかりである。

　そんななかで、わずかに心やすまるのは、遺伝子組み換えに反対して、大豆畑トラストを、消費者と八郷の桜井さんとで立ち上げて、大豆をつくり、味噌をつくり、永年にわたること、八郷で有機農業を営もうという若い人たちが大勢いること、である。

　私は、今まで通り、傍観者でなく、現実を直視、常になんらかの行動をとる人間でいたいと思っている。

橋本 明子

１９８７年、提携米アクションネットワーク結成。有機米の直流通をはじめる。１９８８年東京から八郷町へ移住。有機農業をはじめ、消費者35世帯に供給。１９９４年減反政策差し止め訴訟を国に提訴。２００１年棄却で終わる。現在、提携米研究会共同代表。

3・11が起きた

――山本 治（1975～1994）

「たまごの会」の農場が、四十周年になったという。私達夫婦の最初の子が、去年40回目の誕生日を迎えた。

「世間は農薬や食品添加物まみれで、子供達にたべさせるものが無い」と「たまごの会」に入った。「たまごの会」を知り、農業を知り、東京での勤めをやめて、八郷で有機農家になった。

3・11が起きた。

「父さん母さんが作る米や野菜は、放射能が強く、あなた達の孫には食べさせられない」と子供達の一部が去った。

山本 治
東京会員の田んぼ係、豚係を担当。1994年に八郷移住。

やさとの山と農場をつなぐ

――清水 雅宏（2010～現在）

私が初めて農場に来たのは2007年のやかまし村イベントで、その時には今こうして移住するとは思いませんでした。最初に来た時に何て居心地の良い場所なんだ！と思いました。大きなテーブルをみんなで囲んで食べるごはん。ワイワイガヤガヤ大皿から料理をとり、農場で採れた野菜を頂く。ごはんがこんなにも美味しいと思った事はありませんでした。

しばらくして2010年にツリーハウス作りイベントのリーダーをさせて頂く事になり、頻繁に農場に行く事になりました。月一回のイベントで毎回沢山の参加者と一から考えながら作っていく体験は、刺激的で思いもよらない方向に進行して行く事もありましたが、最後まで自分たちの手で作る事が出来た経験がとても良かったです。

この時、地元のつくばね森林組合に材料の丸太を買いに行ったのがきっかけで、その時いた職員さんにてぐすね引かれて?・家と仕事を紹介して貰い、順調に移住をする事が出来ました。

やさとで自力建築をしている人との出会いも移住を決めるきっかけの一つです。家を建てるってそう簡単なことじゃ無いと思うのですが、でもそれをやっている人に会うと、こんな楽しいことを人にお金払ってまでやって貰うのはもったい無い！って言う感じが伝わって来るんですね。与えられた（買った）物に囲まれていると、すぐに捨てられたり、出て行ってしまったりするんじゃないかっていう気持ちになります。「好きな物に囲まれて住む」っていう言い回しがありますが、むしろ好きな物の中に住むって言う方が自分には合ってるんじゃないかと思ってます。まだ実現出来ていないですが、ここはじっくり計画して、東京オリンピックが来る頃?までには何とか想いを形にしていきたいです。

農場との関わりは、これからもどんどん地域に向けたものになって行くと思いますが、私ができる事と言えば、山からの事でしょうか。農業と林業を繋いでいるのは里山です。やさとの山はてっぺんまで利用出来ますから、こんな恵まれた場所は無いと思ってます。やさとと農場がどう変化して行くか、そばで見つつ関わり合い、良い感じの距離感で行こうと思います。

昨年、40周年を記念してタイムカプセルの木箱を制作しました。それぞれ思い思いのものを入れて、20年後の2034年にタイムカプセルを開けますが、この記念誌も入れる事になってるので、その時自分が今ここに書いた想いがどう変化しているかもとても楽しみです。

清水 雅宏
ある番組で、宮崎駿監督が「めんどくせぇなぁ」と言いながら、作品を制作しているのを見て、この言葉の中に大切な事が沢山詰まってると感じ、真似する様になりました。言う度にやる気が出る不思議な言葉です。

創立40年は凄い

——小山 省悟（1979）

思い返せば36年ほど前、私ども（小1男児）三人は、たまごの会（特に魚住さん）にお世話になり、八郷に引っ越して来ました。私共が俗に田舎を目指したのは、本来人はコンクリートに囲まれた中では本質的喜びは得られない、その証拠に人は休みになると自然の中に行くのです。

以前から自然を敵にするような東京は嫌いでした。そのような思いの中、オイルショックが日本を見舞いました。街のネオンは消え、テレビの時間規制。そしてトイレットペーパーや砂糖、手当たりしだいの買い溜め。何から何までの便乗値上げ。政府は自制を促したのですが、市民は端から国など信用しておらず、自衛的買い溜めは止まりませんでした。

東京はスーツ姿にネクタイ。ミニスカートにハイヒールは似合う所ですが、自給自足の自立文化を捨てた所。〝自立思考無くして文化無し！田舎には自立の種は有る！〟縁を得て、八郷に引っ越してきました。

私は大工なので農場の改修工事もさせてもらいました。豚舎・鶏舎の屋根の葺き替え。会員棟の改造。加工室のメンテナンス。近くは友人・中村譲氏と燻製小屋を作ったのは楽しい思い出になってます。鶏の事では今でもお世話になってます。

「たまごの会」から「暮らしの実験室」と名は変わりましたが（質も変わったのでしょう）、農場の創立40年、この歴史は多くの若者の希望と汗で引き継がれて来たのです。中には「会」の悪い面を半面教師として学び巣立っていった人も多くありましたでしょう。が、私のように、ふらり「アノー…」と来る人を受け入れる力を持てるのも「会」（団体）なればこそ、多くの人の力添えになって来た事と存じます。私どもは近くに在るだけで今も心強く思ってます。

農場の人が入れ替わっても、「会」として一貫して流れる精神は、金権至上主義からの解放。金儲けの為なら半ば毒をも食べさせる社会。人の犠牲の上に成り立つ社会に対する反逆でしょう。勇気有る者の有機農業、持続可能社会へのチャレンジの象徴としての農場、そして40年の歴史、凄いことです。

「世に地獄は有った」と語るのは長年有機農業を行って来た知人です。「福島の事故後は安心して食べられる物が無い。孫の食事に毎日毒を加えて与える事になるとは。地獄だヨ。何も気にせず食べられた事がどれほどの幸せな事だったか。3月11日以前が今さらに〝天国〟だったと思う。」〝原発さえ無かったら!!〟と自死に追い込まれた人が居ます。「今は実りの収穫も心から喜べなくなった。情け無い……」と言葉を詰まらせます。

東海第二原発運転差し止めのデモにかって東海村まで農場の人と参加したのも2度、3度。原発は有機農業に対する敵、大きな壁です。怒りを新たに戦っている事に感謝します。

暮らしの実験室と名を変えた頃、農場に喫茶コーナーが出来、イベントの企画も多くなり、新たな楽しみが現われて来ました。

人とは何か？の問いに、先人は、ホモ・ファーベル（作する人）、又、ホモ・ルーデンス（遊ぶ人）があり、私のお気に入りです。

〝限り有る命でしかありえない人生、有限なるが故に今を楽しめ〟とは学校で教えてもらった人生課題。農場の皆様の竹をバンバン燃やすキャンプファイヤーにツリーハウス建築プロジェクト、そして異文化交流を伴う八豊祭。ジェネレーションギャップは伴うものの笑顔の集いは見ているだけで嬉しくなります。

今後共ヨロシク

創立40年・凄い！！

小山 省悟

筑波の地に引っ越すことを決意。たまごの会農場に居候させてもらい、今の地も紹介していただき今日にいたります。職業は大工ですが木工品を作ったり、花も育てたり、自分の力を信じ、暮らしています。

Ⅳ 会から生まれた活動

エネルギーに溢れた農場。そこでたくさんの人が出会い、新たな繋がりが生まれてきた。その中から生み出され、自分の生き方を決めることになった活動についてのリアリティー。

「たまごの会」そこから私の40年…辿り着いた今

――長尾 すみ江（1975～1982）

2014年11月、久しぶりに本棚の奥にあった『たまごの会の本』と『たまご革命』を取り出した。私の住んでいる多摩ニュータウンの街づくり専門家会議の企画するサロンで《多摩ニュータウン　私の「食」と「農」そして今》と題して話す機会があり、改めて今の私の活動と「たまごの会」との関係を考えてみる必要があったからだ。久しぶりに開いた本の中身の濃さにはしばし引き込まれる思いであった。それぞれ個性的な書き手から届くもの、そして随所に書き込まれたイラストの面白さ…、そこかしこに若い頃の懐かしい顔がある。まるであの三間四軒での議論の声や音楽、喧騒が聞こえてくるようだ。

つくづく力のある人たちが集まっていたのだと改めて実感させられた。そこの隅にリアルタイムで居合わせることが出来たことを〝シアワセだった…〟といえば大げさだろうか。当時私は20代半ば、団塊世代特有ともいえる社会的関心が高く、その具体的アプローチの対象としては願ってもないたまごの会の存在であった。

エネルギーに満ち満ちていたあの頃を、今懐かしい思い出だけにするつもりはない。むしろあの時代の中で出会った者たちそれぞれが、その後どのような時を経てどんな今に辿り着いているのかを知りたい気がする。

現在、私は多摩市内で3つの店を運営するNPO法人あしたや共働企画で働いている。ここではハンディある者もない者も地域で共に働く事をめざし20年近くが経過した。現在、会が運営している自然食品店「あしたや」の店内を見回した時、40年前近くに私も関わったたまごの会とのつながりやそこから派生した関係の商品の多いことに改めて驚かされる。

暮らしの実験室やさと農場のたまご、宇治田農場のたまご、鹿児島渡辺バークシャー牧場の黒豚、鈴木良一農園の野菜、高畠四季便りの会の米、納豆、水車村紅茶、低温殺菌みんなの牛乳等どれも今の店にとっては欠かせない品の数々である。あしたやの商品それぞれに物語があることを願って品揃えも心がけてきた結果でもあるが、若いスタッフや顧客に何故これがここにあるのか…を語りたい思いがする。

私にとって大事なことは、みえるモノとしてだけでなく、今から40年前にたまごの会に出会った経験が自分自身のその後の暮らし方や仕事、出会いなどまさに「生き方」にどんなに色濃く影響しているかを考えている。

当時の関わりとして、体によいものを手に入れたい…という思いが主ではなく、そこで謳われて来た〃都市の消費者が自らの畑を耕し、鶏を飼い、豚を飼い、自ら運び、食べる〃というたまごの会のそれまでになかった先鋭的な実践の面白さに惹かれ、若くエネルギッシュな私はのめりこんでいったのだ。そこには当時いくつもあった単なる健康志向の生産物を手に入れる運動とは違う、過激で濃密な世界があったと思う。何が激しくて濃いのか、今もって忘れられないエピソードの数々が鮮明に思い起こされる。

何もなかった多摩丘陵地帯を切り拓き〃新しい文化的街暮らしができる〃と突然たち現れた巨大な団地群、多摩ニュータウンという街の中でたまごの会的暮らしをすることはどのような体験であったのか。

街の創成期、今では希薄となった地域のコミュニティも確かにあった時代であり、週に一回八郷から届く野菜を団地の一角で盛大に広げ、人数分に仕分けする。その団地に越したばかりの私が当番になった最初の荷受の日、豚の頭が届いた。団地の1階下に置かれたプラスチックのコンテナに収まっていたその豚の顔は今でも忘れられない。目を閉じた淡いピンク色の豚の顔はまつげをつけ、とても静かで存在感があった。団地中の窓から好奇の目を感じた日だった（コンドヒッコシテキタヒトハドンナヒト!?)。図書館からドイツの料理本を借りて豚の頭を煮込みパテを作り、脳みそを食した。これが過激で濃密でなくて何というのだろう。

また、八郷に通い何百羽の鶏を絞め解体もした。頚動脈を切り鮮血迸る鶏も次第に静かになる。大きな釜の熱湯につけ羽根をむしることを延々淡々と続けて、多摩ニュータウンの団地に帰ってくる。リュックから荷物を出して片付けている際に、むしった羽根が一枚出てきた時の、背筋がぞくっとして、それこそ全身ざわざわと鳥肌立った感覚も忘れられない。

この時の体験はその後、色々な場面でものを考える上で貴重なものとなった。

農場という空間と住まいである都市の団地という空間で遮断されているものが何であるか、自然の中の命のありようと自分の暮らしの中にある自然について いつも考えさせられてきた。多摩から八郷、3時間半の近い距離でありながら両者を隔てるものをどのように近付けていくことが出来るのか、その後の様々な活動にも常に命題を与えられたような気がしている。

「農」が一見遠くにあるようなこの街に住みながらも、「食」を通して、いつも自然と生命を身近な暮らしに引き寄せようと自分のエネルギーを費やしてきた。そのことは今考えてみれば豊かさとは何か…という問いにもつながっていったのだと思う。

私は自らが食べて生きていく意味に無関心ではいられない。私は一体どんな物を食べていきたいのか、またそれを取り巻く社会情勢についても無関係ではいられない。40年前にたまごを通して社会に問いを投げつけた時よりむしろ状況は厳しくなっていると感じる。今、たまごの会編『たまご革命』を読み直してみても当時書かれたいくつものテーマはそのまま今日のテーマであり、「すこやかな生命は反原発から」というページはその後に起きた現実の中で胸に迫るものがある。

NPO法人あしたや共働企画も自分自身を含め社会の価値観を問い直す作業でもあったと思う。今の社会のあり方を変えていきたい…その理念を支えるエネルギーの基となった考え方のひとつは明らかに社会を変える気概に満ちていたたまごの会での経験でもある。

あの時代、あの農場で激しく議論していた人達。もう会えなくなってしまった人の声も顔も今でも鮮やかに思い出せる。40年たった今も私にとってその後の人生をより豊かで面白いものにしてくれたたまごの会、そしてそれを提唱してきた諸先輩たちに改めて感謝をしたい気持ちで一杯である。

長尾 すみ江
26歳の時「夢を買うとたまごが付いてくる」と話すY氏の言葉に乗せられ、すぐに入会。以来次々とオモシロイ人たちと出会い、よく学びよく遊び今に至る。40年間多摩市在住。NPO法人あしたや共働企画理事。

たまごの会から紅茶に出逢った

——寺本 怜子（1972〜1982）

筑波山を望む八郷にたまごの会が基地をつくってから早や40年になるという。辺り一帯は豊かな農村地帯で、果物でも野菜でも大抵のものはすべて穫れる。豊穣の地に平穏に暮らしてきた村びとたちは天に向って挑発するような尖った屋根の出現に何を思っただろうか。それはお天気つづきの後に襲ってきたちょっとした嵐のようなものだったのか、それとも喉につかえる異物のような存在だったのだろうか。

周囲の自然や風景とは溶け合わず、都会人の傲慢さの表現とも思えるあの建物造りに、考えてみれば私も参加していた。例えば、基礎枠を作り、セメントとバラスに水を混ぜてバケツで運んで流し込む。その中に気泡が残らないようにと、握りしめた手のひらが痛くなるほど力いっぱい棒で突いて空気を追い出す。専業主婦には味わえないあの頃の非日常の高揚感を、その後何十年を経てもコンクリートミキサー車とすれ違った折などに思い出した。そしてたまごの会に出逢ったおかげで人生間違ったかなとちらりと思う。学校を休ませて子供を連れ歩いた。長男は捕まえた青大将をポケットに忍ばせて家に持ち帰り、次男は農場帰りの満員の常磐線の中で蛙を離して親を慌てさせた。子供たちも同じように人生を狂わせた。それでも3人とも手が後ろに回りもせず飢え死にもせず、何とか自力で食べてくれているのは有難く、育て方を間違った親としてはそれだけでホッとする。

その後世話人の一人となり、毎月開かれる各地区代表の世話人会議の末席に加わったが、所謂社会通念とはまるでかけ離れた議論が常に丁々発止と白熱化して、実に面白かった。財務面でも、先ず最初に何をやるかで沸騰してそのための費用が計上される。必要経費調達を図るのはそのあとでのことだ。あるとき、青葉区に住んでいた今は亡き世話人の一人に、「あなたの言ってることは高々正しいってことだけじゃないの！」と叱責されてビックリ。私は正しいことは良いことだと信じていたのだけれど～。そのときまで私は迂闊にも正義はひとの数だけあるということを知らなかった。

分裂のときは財務だった。若気の至りで竈の灰まで半分にするのだと原則論を振り回したが、長い歳月は対立点も何処か遠くへ追いやり、農場派として残った人たちに対して今はただ懐かしさだけがいっぱいだ。

これからの会になってからは野口武夫君の6頭の乳牛と取り組んだ。石岡保健所に牛乳取扱者としての資格を問われて、行政とのやり取りに苦労しながら勝ち取った日本一小さな市乳製造販売業者の免許状が誇らしかった。おかげで、インキュベーターを持ち込みシャーレに培地を入れて菌を培養した。大きなバケツたっぷりのお湯でタオルを絞り、牛のおっぱいを丁寧に二度拭きすると、細菌は殆どいなくなる。見た目の清潔感と細菌数が見事に連動することが新鮮な驚きだった。
外部との契約担当にもなり、山形県高畠町有機農研の農家へりんごやぶどうを分けてもらいにトラックの助手席に乗り込んで足繁く通った。40年前の高畠はビニールハウスも殆どなく、四方を深い山々に囲まれて朝の陽の光とともに濃い霧の中から次第に浮かび上がってくる集落は幻想的で例えようもなく美しかった。彼らと一緒に鉢巻を締めて霞ヶ関の米価闘争のデモにも参加した。

緑茶を契約していた静岡県藤枝市の臼井家を訪れたときも、景色の虜になった。東海道の春は早く瀬戸川沿いを進むと広い空を背景に色とりどりの花が咲き乱れ、春爛漫の言葉通りの景色に心が躍った。支流に入ると急に高度を増して渓谷となり、夏にはモリアオガエルが木の葉に卵を産み蛍が飛び交う沢を越え、さらに九十九折（つづらおり）の道を登り、小さな谷川が合流する所に、その場所はあった。初夏の茶摘みの頃、傍らの天を突く杉の巨木は絡まる藤のあでやかな紫の衣装を纏った。そこから急斜面の、当時は未舗装のデコボコ道を少し登ると前後左右視野いっぱいに、整然と並んだ茶畑が目に飛び込んでくる。ここから紅茶が生まれたのだ。

たまごの会が臼井太衛氏と出逢ったのは1975年春に大分で開かれた三一書房の『講座 農を生きる』の執筆者集会でのこと。その縁で彼の茶畑を借り受け、高松氏の施肥設計で、畑管理や労務費用等から算出した値段で緑茶の共同購入が始まる。5月、最初の茶摘みに参加した私は日本の原風景のような美しい景色に魅入られ、通い続けることになる。

世は高度工業化社会を邁進し、70年代に入って原子力発電が本格稼動を始めていた。遠浅の海が埋め立てられて石油コンビナートが林立し、空気は汚れて都市の夏の空から天の川が消えた。そのような社会の有りようへのアンチテーゼとしてたまごの会を中心とした都市住民が、臼井家の庭先きに水車むら会議を設立。シンボルとして茅葺古民家を移築し、日本の水土蘇生を誓った。名前はこの川筋に多くの水車が廻り村びとたちの営みを支えてきたことに由来している。

いま、臼井家の対岸にある紅茶小屋（工場）と茅葺民家の建つ敷地に渡るつり橋の傍らに、たまごの会の石塔が自然の風景に溶け込むように建っている。上部が小さい祠のように刳り抜かれその中に同じ花崗岩のたまごが置かれて、たまごには斜めにうっすらと割れ目が彫られている。割れ目について製作者の地元彫刻家杉村孝氏が、たまごの会にこめられたエネルギーが今にも殻を破って社会に向って飛び立とうとしている姿……というようなことを語っていたのを思い出す。石塔が出来上がった頃、たまごの会は分裂のごたごたの真最中であった。最初八郷の地に置かれる計画だった石塔は、たまごの会から産み出されたエネルギーに最も相応しいところとしてこの場所に置かれることになったのだった。

その活動のなかから水車むら会議紅茶事業部が生れた。81年頃から試行錯誤を繰り返し、85年に出資金を募り紅茶小屋を建て、三重の川戸氏の15年間眠り続けていた製茶機械一式を譲り受けて本格的紅茶製造態勢に入る。最初の製品50数キロ。今から思えば枯葉のような紅茶だった。それを都市の人びとが支えてくれてその後の30年がある。

明治7年（1874年）外貨獲得の目的のために明治政府によって始められた紅茶製造だが、増量用の中・下級紅茶としての需要しかなかったために、紆余曲折を経ながら第二次大戦を経て、1971年の完全輸入自由化によって息の根を止められた。何時の時代にも変わらぬ猫の目農政や海外市場の動向に振り回されて、農民たちにとってそれは悪夢のような出来事だったに違いない。此処滝の谷沿いの深い林のなかにも当時はまだ頑丈なコンクリート造りの紅茶発酵小屋が残っていて、苔生した暗い内部にはナメクジが這っていた。

農民たちの怨念にも似た苦い思い出を露ほども知らない都会の衆は無邪気に国産紅茶の製造を目論み、それに臼井氏が乗ってくれた。もし彼が、戦後の農地改革で温存された山林地主ではなく、日々の生活で精一杯の一介の農民であったら、そんな都会衆の〝オアソビ〟に付き合う精神的経済的余裕などはなかっただろう。

紅茶の製造は、萎凋、揉捻、発酵、乾燥の4工程である。緑茶（煎茶）との違いは発酵にある。茶葉は摘採された瞬間から自らが持っている酵素によって自家発酵を始め、次第に変色していく。緑茶はそれを止めるために出来るだけ速やかに蒸気のなかをくぐらせて発酵酵素を不活化させる。そのため緑茶は緑色のままなのだ。

第一工程の萎凋は、摘採後葉を広げて風を通し水分を飛ばす作業である。その間にも発酵が進み、次第に紅茶らしい芳香を放ってくる。葉が萎れ茎が曲がり、水分含有量がおよそ50%前後になると、揉捻機に移して適度な圧力をかけて揉む。揉まれて細胞膜が壊れて発酵はさらに一層進み、熱も発生してくる。茶褐色に変色した葉を取り出し、広げて適当な温度まで放熱させながら発酵のポイントを見極めて乾燥機に移し一気に乾燥させると出来上がりだ。

書けば簡単そうだが紅茶造りも奥が深い。30年もやって来たのにまだ第一歩を踏み出したばかりのような気さえしてくる。揉捻時の投入量と圧力と時間のバランス。比較的生長した葉っぱに焦点を合わせて圧を掛け過ぎると、芯に近い柔らかいミル芽がすり潰されて粉になってしまう。発酵点の見極めはさらに難しい。頂点は恐らく秒単位ではないかと思われる。発熱し芳しい匂いを放ち良好な調子で進んでいると喜んでいたら、突然香らなくなりアレヨアレヨという間に冷たくなっていくのだ。だから発酵の頂点に達する直前に乾燥機へ投入しなければ、過発酵になってしまう。紅茶のおいしいとされる成分は凡そ７００あるといわれているが、過発酵になるとそれらがさらに分解や結合など複雑な過程を繰り返して雑味のもとになっていく。緑茶製造の中揉機を転用した乾燥機にも問題がありそうだ。香り成分の存在はｐｐｍやｐｐｂの単位であり、乾燥に時間がかかり過ぎると香りが飛んでいってしまう。

また、当然のことながら茶畑の施肥など土壌管理はきわめて重要である。肥料をどのようにするかは製造工程の巧拙よりも品質への影響は大きいかもしれぬ。世界救世教の流れを汲む組織から無肥料自然栽培の茶葉での製造を長年委託されてきたが、それは第1工程の萎凋の段階からすでに爽やかな香りが強かった。作物は肥料を多投すると、収量は増えるが限度を超えると味は悪くなる。特に窒素の過剰は茶葉の場合、表現が難しいが舌に残る重苦しい甘さが増し、さわやかな香りが薄れる。

2001年国は有機JAS制度を開始したが、天然物と名のつくあらゆる産業廃棄物を農業の分野で肥料として使用させようとしているかのような感がある。トウモロコシやヘイキューブなど飼料は殆どが輸入である。それで育てられた家畜家禽は大量の糞尿と同時に屠場由来の血粉や骨粉等を排出する。動物たちは抗生物質や精神安定剤投与を前提に過密状態で飼育されているが、有機JAS制度を見ると、肥原料の履歴は問わず、使用薬物等の内容も一切不問だという。おかげで国のお墨付きの有機質肥料は容易に安価で手に入るのだ。ここ数年、市場に有機を名乗る比較的安値のお茶が増えているのも頷ける。これら大量の農畜産廃棄物がすべて土壌に投入されて川や海を汚し、環境を破壊している。

また、お茶栽培の歴史を見ると、明治、大正、昭和と時代を下るにつれて特に窒素質肥料が倍増していく様子がわかる。理由は収量を上げるためと味に甘味・旨味を求めたからだ。私たちたまごの会を経験したものは、肥料を多投し窒素過多で育った農産物は色濃く硝酸態窒素の苦味がして日持ちせず溶け（腐り）易いこと、反対に自然農法など生物にとって栄養素を最小限度に抑えたものは時間が経つと萎れはするが溶けにくく、歯応えはあるが決して筋っぽくはなくおいしいことを知っている。特に緑茶や紅茶は香りを大事にするものである。もともと茶樹はツバキ科の仲間で直根性、樹高は5mから10mに達する。現在静岡県で9割、全国平均7割以上の栽培面積を持つヤブキタはクローンで、いまは殆ど挿し木で増やされている。これは桜でいえばソメイヨシノと同様である。古来、日本人が喫茶に求めてきたものをも併せ考えると、自然に近いものが良いのではないかと考えている。初夏の新緑薫る山あいの鶯が啼きわたる茶畑の爽やかで素朴な空気と香りをそのままに、人びとの食卓に活力と憩いを届けることが出来たらどんなにいいだろう。あれやこれやで私たちの紅茶はまだ道を究めるには遠く、夢はさらに未来へと続く。

しかし、私たちの紅茶が全国に先駆け、パイオニアとして国産紅茶を復活させたことは紛れもない事実である。原発事故前、水車むら紅茶は年間7トンを超える生産量を誇った。私たちが点火した炎は燎原の火のように広がり、いまでは200箇所以上にも及ぶ紅茶製造所があるという。

先日何処かの県知事はテレビで地元産の紅茶を飲んで見せた。NHKも、1970年に森永紅茶の販売停止に伴い、涙を呑んで操業を打ち切った川戸氏の地元三重県亀山での国産紅茶復活の風景を採り上げた。これもまた、たまごの会の力の発露といえる。40年は過ぎてしまえばあっという間だが、第二の産業革命ともいわれるIT産業の広がりによって1990年代以降急速に進んだグローバリゼーションのもとで社会も経済も私たちの生活も大きく変わった。人間を取り巻くすべて、食も農も社会も地域も地球環境もすべてのものを視野に入れた「有機的」いう言葉が変質し、いまや有機農産物はコマーシャリズムの対象物となってしまった。いのちの源である食べものと分かち難く地域に在った農業がさらに遠くへと追いやられて行き、食べものは食品工業へとかたちを変えた。

さらに3・11大震災によるフクシマ原発事故は子々孫々に取り返しのつかない負の遺産を残した。箱根の山を越えた放射能のせいで、静岡県を逃がれて鹿児島県を中心に九州へシフトしたお茶関係の需要は戻ってきそうにもない。福島沖には汚染水が止まることなく流れ続けて世界中の海を汚そうとしている。そして、これまで70年間も戦争に巻き込まれずにきた幸せを捨てて戦争のできる国にしたくてたまらない幼児性の強い輩が権力を掌握してしまった。消費税アップと円安とインフレのトリプルパンチで低所得者層や年金生活者は泣いている。経済格差は拡がり、働く人の4割を占めるといわれる平均年収200万円以下の非正規雇用者がますます増えていく…。

ゴマメの歯軋りを繰り返し、蟷螂の斧を振り上げても、少しでも庶民が生き易い世の中にするために、八十路に向う人間も生きている限り闘わねばならぬ。それがあのときたまごの会に出逢ったものの務めだと思っている。

寺本 怜子
社会の高度成長期に3人の子育てが重なり、食べものが工業製品化していくことに危機感を感じていた時、山岸会式の規格外卵を共同購入していた和沢さんたちと出逢う。爾来食べものを通して社会の有りようを問い、戦争を熟知する世代としてその悲惨さを訴え続ける。

「たまごの会」と『不安な質問』と私

――まつかわ ゆま

たまごの会、40周年ですか。ということはあのころ私は14～15歳。中学から高校に入るあたりですね。当時、農場の面々は20代の半ば。今考えてみるとそんなに私と年の違わない人たちです。そんな農場の若者や父母よりもう少し若い大人たちに一人前に扱ってもらえたのもうれしかったのだと思います。農場建設が進み、ちょうど大学浪人中の一年間は『不安な質問』の製作が大詰めを迎えていたころで、そうでなくとも収入の低い我が家にほとんど収入がなく、おかげで大学の二年目は学費免除になりました。

という思いをして作られた『不安な質問』ですが、最初は会の中から批判も出たと聞いています。「これでは「たまごの会」がどんな会なのかわからない」。タダシイ反応です。松川八洲雄にPR映画を発注したクライアントはほぼ同じ反応をしたものです。けれど現在、『不安な質問』は松川八洲雄の代表作の一つとして、日本のドキュメンタリー映画のベスト10のうちにあげる映画研究者もいるほどの〝人気〟作になっています。例えば、国立近代美術館フィルムセンターの研究員、岡田秀則さんが2007年に『現代思想』10月増刊号に、日本ドキュメンタリーの10本の一本として『不安な質問』をあげてくださったその記事を一部引用しておきましょう。

「人間が抱いた観念が、現実の世の中で実践へと動き始めることを一つの「運動」と呼ぶならば、『不安な質問』はその「運動」を日本でもっとも可視化することに成功したドキュメンタリーかもしれない。(中略)美術映画に定評のあった松川の経歴を考えれば、内容としても異色である。通常は、PR映画という枠組みの内側に留まりつつも、軽妙なアイデアと大らかなユーモアを常に携え、個々の作品に詩的な感性を刻印し続けた。(中略)「たまごの会」の農場は、試行錯誤の結果ますます運動体としての深みを帯びていく。確かに、生活の必要ではなく理念から生まれた「土の匂い」は、いかにも農民らしからぬ彼らの外見からして微笑ましく見える。だが、いざその農産物が都会の消費者に支持され、トラックで運ばれてゆくに至って、松川の鷹揚としたユーモアが映画を包み、背筋がスーッと伸びていくような感覚が満ちてくる。観念と日常生活が鮮やかに接着する瞬間にカタルシスが走る。(後略)」

「都会の消費者に支持され」というあたりは「産地直送」だと思っているようで違うなとは思いつつ、なるほどそういうことか、とうなづいてしまう松川八洲雄監督の紹介です。松川八洲雄という映画作家は、まず編集のイマージナリーさと詩的なナレーション、どんな作品にも込めた自らのテーマ性や美学などが評価されています。カメラマンや音楽家とのコラボレーションについても幸運な作家でした。『不安な質問』は自主製作であったために、スポンサーの意向を気にせず（といっても、松川映画のプロデューサーたちに言わせると、「松川さんはいつもスポンサーの意向はほとんど無視して作るので、スポンサーとの板挟みになって大変だった」そうですが）、好きなように作ることができ、お気に入りのスタッフたちも面白がって参加してくれたので、心置きなく自分の作品として作り上げることができたのです。そう、つまりスポンサー（？）であるたまごの会の、意図したかもしれない「たまごの会紹介映画」ではなく、松川八洲雄作品にしてしまったのですね。

記録映画とドキュメンタリー作品

『不安な質問』は79年の作品ということになりますが、70年代というのは、水俣や三里塚を始め、様々な社会問題がおき、それに対して市民運動が盛り上がった時代でもあります。その市民運動には、集会の時に上映して運動の状況を説明しカンパや支援を募るための「記録映画」がつきものでした（私はこのような「記録映画」を「集会映画」と名付けています）。例えば小川紳介監督の『三里塚』のシリーズなどはその代表です。けれど、今資料を調べてみても「作品として」残っているものはあまりありません。それはこういう「集会映画」＝「記録映画」は監督が「作品」として作ったものではなく、事実の記録と報告をするためだけに作られた物であったからです。それは使命を果たしてしまえばそこでおしまい。仕舞い込まれて古びていくだけです。

けれど、監督の主張や思想・美学、それを私は「真実」と呼んでいるのですが、事実から真実を描き出した映画は「ドキュメンタリー」という「作品」になり、繰り返し見ても発見がある「作品」になるのです。『不安な質問』は松川八洲雄監督の「ドキュメンタリー作品」として、今見ても、おもしろく、発見があり、様々な人に普遍性を持って見てもらうことができます。たまごの会の組織や歴史や規模ややっていることはよくわからなくても、その目指していることやそれがどんな意味を、あの時の〝今〟

に対して、さらに21世紀の〝今〟に対しても持っているか、つまり、「意義」についてはいつも新鮮に伝わってくる「作品」になっています。映画の中には亡くなった明峯さんも、内田さんも、義子さんも、高松さんも、みんな、居ます。亡くなった人たちやあのころの自分や出来事を見るホーム・ムービーのようにノスタルジーを求めて観ることもできますが、それだけではなく今に生きている映画なのです。だからたまごの会や70年代からの消費者運動、市民運動などを知らない人にもおもしろがってもらえるのです。

父と母と配送作業と

もともとたまごの会に熱心だったのは母・「義子さん」であり、父・「八洲雄さん」は母を「たまご商人みたいなことしてみっともない」と思っていたと書いています。そんな父でしたが、農場を自分たちで建設しようということになり、松林の丘を開墾することから始めようとなって、これは一応撮っておこうと農場建設予定地に通い始めます。学生の時に2×4（ツー・バイ・フォー）というアメリカ開拓時代にも使われた方法で自分のアトリエ（私が小学生になるまでそこが私たち一家の家でした）を建てたことがあるという経験をニシキノミハタに、オソレオオクモ建築学専門の先生や学生に交じって建設に興じていた時期を経て、今度は土器が出土、ここから本格的にたまごの会に参加していくことになります。

母は母で、加工部長と称して豚肉などの加工を習いに行き、ハムやベーコンを農場で作り始めます。それはあたかもローラ・インガルス書くところの『大草原の小さな家』の物語のようでした。『不安な質問』には母が登場するシーンが三つあります。冒頭の世話人会で居眠りしているところ、最初に松の丘に農場予定地を見るシーン、そしてなぜかファッショナブルな黒いフェイクファーっぽいブルゾン姿で燻煙箱からベーコンを取り出すところ。どう考えても、作業に似合わない格好です。このちぐはぐさがまた、たまごの会の面白さでもありました。のちですが、エコやサステナビリティなどから有機・無農薬とか不耕起農業などに興味が広がっていった彼らに『不安な質問』を見せたのです。父は「異化効果というもんだ」とふくれていました。

しかし改めて考えてみると、当時の農場のテーマソングのようだった「ラブユー東京」の歌詞はまさにたまごの会と70年代終わりの時代との関係を歌っているものだったと思います。「幸せ」とは東京でホワイトカラーの仕事についてお金をたくさん稼ぐことだという「夢」を持って東京に出てきた人たちが、そんな「幸せ」は幻想なのだと気づいていくのが、この時代でした。農業もアメリカ型の大規模集約農業が進められて、農薬や化学肥料をばんばん使い収量を増やすことに夢中になっていたら、それはちっとも日本の農業のためにも、食べる人や作る人の体のためにも、土のためにもならないのだということに気づく人たちが出てきたのが、この時代でした。高度経済成長期まで信じていた「幸せ」はすべて　♪シャボン玉のようぉぉぉなぁ〜♪　幻想だっ

に、簡単に言えば、運動としてしっかり活動すべきという派と楽しんでやっていこうよ派に分かれてしまったのも、このちぐはぐさが予感させていたことだったのかもしれません。

たまごの会は「つくり・運び・食べる」会で、運ぶというのもなかなか楽しい作業でした。高校・大学のころの私は運転はできないけれど、配送車には何回も乗り、間違いなく荷物を各地域におろしきることに喜びを感じていたのを覚えています。たいてい最後になるとおろし忘れた荷物が保冷車の中に残っていたりするのですが、私が配送車に乗った時はそういうことがない、というのがひそかな誇りだったのです。各地域で出してくれるご飯やお茶がまた楽しみでしたね。

『不安な質問』の中では配送車が走るシーンに「ラブユー東京」が流れます。その選曲がなぜかわからないと、私の若い友人には言われました。2001年の9・11に対するアフガン攻撃以降始まったピースウォーク仲間で、反戦をきっかけに集まった仲間

たわけです。♪おぱぁかぁさんねぇ、あなたぁだけを、信じぃた私♪　とそれに気づいた消費者たちと、新しい農業を、新しい日本を、新しいあたまとこころと手で模索する青年たちが出会って作られたのがたまごの会だったのだと、私は思っています。

四つの結

『不安な質問』のラスト、エンドクレジットのそのまたあとで、画面いっぱいに今まさに産み落とされんとする卵がとらえられます。間宮芳生さんの「ずんずく風流音頭」の流れる中、産み落とされた卵の表面はすぅぅぅっと乾いていきます。この、カメラマン瀬川順一さんが粘りに粘って撮った産卵シーンをどこに入れるべきか、父は編集をしながらうんうんうなっていました。そこで私が「最後に入れればいいじゃん」というと、「そんな簡単なもんじゃないっっ！　知ったような口をきくなっっ」と怒るので、「だって、その前に三浦さんが「たまごの会」は結晶の核みたいなものだって話をしているじゃない。結晶の核ができて飽和溶液の中で結晶が大きく育っていく、そんな核みたいなものになればいいって。その核が産みだされたってことだと思う」と言い返しました。父は黙っていました。そして出来上がったのが、あのラストシーンです。父の「ドキュメンタリーを創る」という本には『不安な質問』について四つのラストがあると書いてあります。「起・承・転・結」の「結」は一つでなければといいながら、この映画は結を四つ持っていて、それが最後に集約されるのがこの卵なのです。第一の結は、農場に陣取った人々が屋根に上がり移動するカメラに手を振り、その屋根の上には赤い旗がへんぽんと翻る、父曰く「戦艦ポチョムキンが革命に成功して他の船といきあうシーンのイメージ」に汽笛が鳴る、というシーン。第二の結は三浦さんの結晶の話。第三の結は無人の農場を一羽の鶏が力強く歩き回っている、父曰く「ユートピアの廃墟のイメージ」。それは金網越しにカメラを凝視する幼女がふっと視線を点に向けるところでカットされます。

ここにエンドクレジットが入って、最後の最後に第四の結。産み落とされた卵、です。このラストを見たとき、してやったりと私は思ったものですが、父はそれについて何も言わず、まるで自分一人でそこに持って来たかのように書いています。まったく……。

２０１５年は母が亡くなって25年、２０１６年には父が亡くなって10年。たまごの会が始まったころは中学生だった私も２０１５年55歳になります。父母がたまごの会に参加し始めた年頃もとうに過ぎてしまいました。それでもたまごの会が生み出した結晶は今もあちこちで新しい結晶を育てているのだと思い、私たち一家がその一員であったことを私は誇らしく思います。

まつかわ ゆま
九品仏世話人・松川義子と『不安な質問』監督・松川八洲雄の長女。１９６０年生まれ。たまごの会には１９７２年ころから参加。たまごの会と関連深い都立大を卒業、現在は映画評論家に。大学院で父に関する博士論文を執筆中。

たまごの会の経験を今どう活かしているのか

——三角 忠（1976 ~ 2001）

２０１４年10月、30年ぶりに東海原発反対闘争に参加した。

この30年間、ヒロシマ・ナガサキ・オキナワ・ビキニを中心に２０１１年３・11フクシマを加え、反戦・反核・反原発に取り組んできたが、反原発の初心に返って、東海村の闘いに久しぶりに参加して本当に良かった。

日本に最初に「原子の火」が灯ったのは１９６６年東海原発である。最初のこの原発はすでに老朽化も進み、現在「廃炉」が決定している。だが東海村には、第二原発と核開発関連施設が次々と建設された。臨海事故をおこしたＪＣＯをはじめ、三菱、住友金属鉱山、東京大学の研究炉もあり、文字通り、原子力ムラなのである。

1974年にたまごの会はやさと農場を造った。「松林に生命（いのち）もらって」。東海原発が稼動してから8年後のことであった。「自らつくる」拠点のやさと農場が東海村からちょうど50キロ地点にあることは、当初から少なからぬ会員が自覚していたが、直接的にたまごの会有志が東海原発反対闘争にかかわったのは、たしか1983年、全世界的な反核・反原発運動の昂揚があり、日本でも伊方原発反対闘争として、大きな闘いのうねりがあった時期である。

多くの農場スタッフと共に私も参加した。農薬を使わないわがたまごの会がモットーとした「自らつくり、運び、食べる」という消費者自給農場がまず、直近の東海原発をなくす闘いぬきに成立しえないと痛切に感じたからだ。

たまごの会が有志の取組みとはいえ反原発運動に関わったことを今でも誇りに思う。

私は闘争中も含めて38年間三一書房を自分の職業上の拠点とし、「農」を人間のもっとも基本的な営みとし、実践する立場から、「講座農を生きる」全5巻、『たまご革命』も手がけてきた。

今、三里塚農民・市東孝雄さんが耕している父祖伝来の農地を国・NAAが成田空港を無理矢理完成させるために農地法を悪用して取り上げようとしている。その暴挙に対し「農地は命」「たとえ1億8000万円の補償金を積まれようとも、大根1本を100円で食べてくれる消費者に感謝し、この地で耕しつづける」という市東さんの農民魂に共感し、「市東さんの農地取り上げに反対する会」を私の中心的な活動のひとつとしているのもたまごの会の経験があるからである。

一方、争議解決後、東京水道橋に開設した「編集工房　朔」に依りながら、『原子力マフィア』をはじめ「核と人類は共存できない」基本的考え方に立っていくつかの本を刊行してきた。最新作『終わりなき戦争国家アメリカ』を5月末発行した。

ここまで来れたのも、たまごの会の初心を忘れず、愚直に「土・人権・生命」を耕してきたせいだと思っている。

その成果の一つに朝鮮学校での旧正月もちつきにここ2年参加協力していることがある。

わが田で収穫されたもち米を東京阿佐ヶ谷の朝鮮第九初級学校のもちつきに提供し、ついでに八郷から臼・杵を運んで、当日、全校生徒70人弱の小さな朝鮮の学校で、保護者も交えて一緒にもちをつく。

朝鮮語の掛け声がまわりから起こる。いま、日本を覆おうとする朝鮮・中国・イスラムへの排外主義はどんなに在日・滞日の外国人を絶望に追い込んでいるのか。でも、この餅つきは私にはそうした「新たな戦前」を許さない確かな力となって響いてくるのである。

1991年から独立して「八郷米の会」を立ち上げた。今年で24年になる。昨年の苗作り失敗にめげず、今年も農場にいる鈴木文樹さんの暖かい協力と、農場の地主・高橋利久さんのアドバイスをもらい、田づくりに励んでいる。

初期に活躍した高松修さんが亡くなってから10年以上過ぎたであろうか。つい最近明峯哲夫さんも亡くなった。これらの人々の初心の激を忘れずに、「土を活かすことが、原発をなくすことにつながり、本来の人間の営みを取り戻す」という目標に向かってこれからも歩んで行きたい。

三角忠
1943年東京生まれ。三一書房入社。編集部在籍38年。『講座 農を生きる』全5巻、『たまご革命』他編集。最大の関心事、農の視点から日本を捉え直すこと。アジア民衆から日本を視ること。会で担った役割、「みずから運ぶ」自主配送運転手、「みずからつくる」自主耕。

V それぞれのたまごの会／暮らしの実験室

会員は、農場や居住地域を舞台として、さまざまな活動をその時代背景のなかでおこなってきた。今に生きるその記憶をたどる。それぞれの人にとってのたまごの会、暮らしの実験室、そして農場とはなんだったのか。

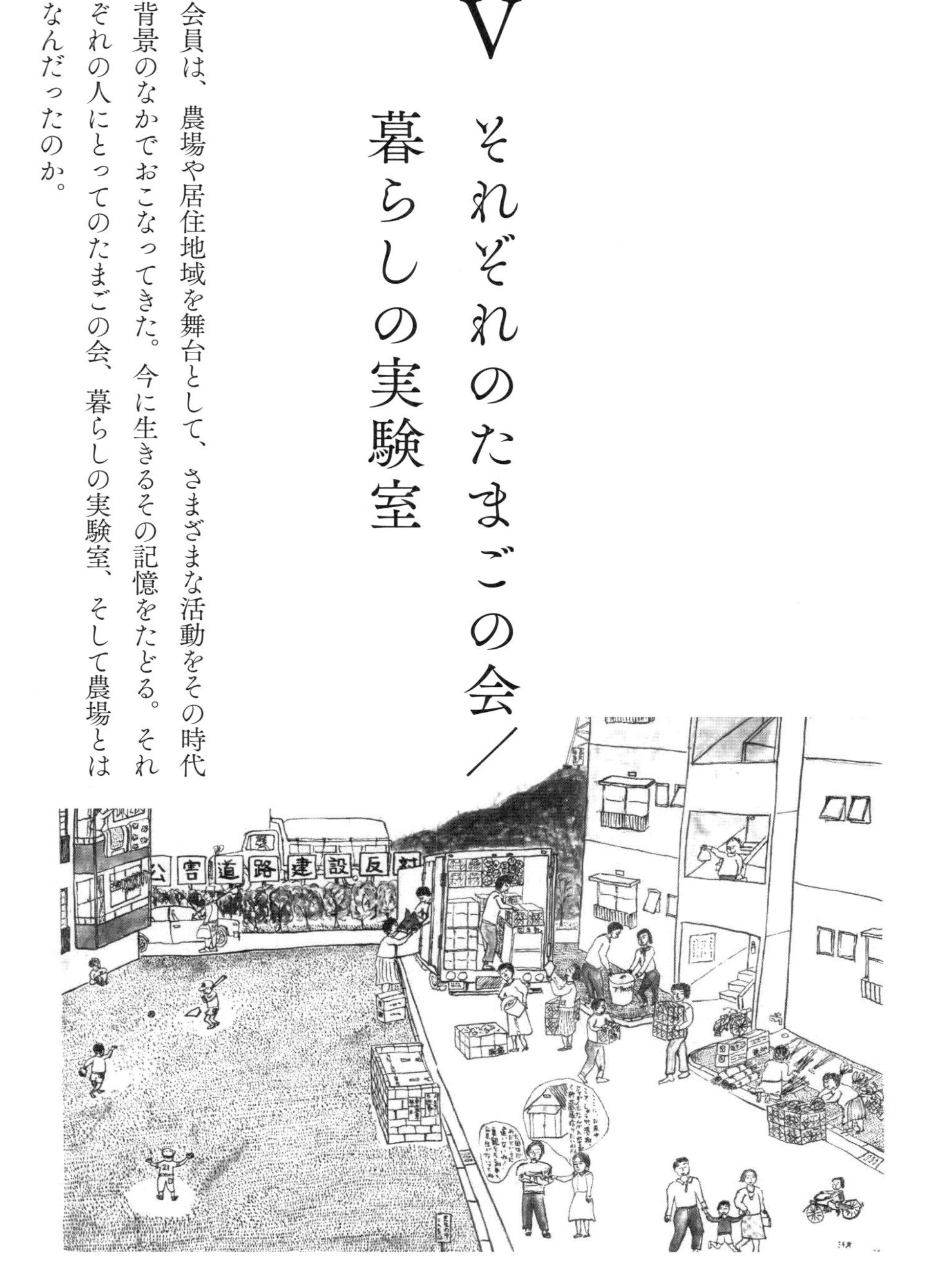

私にとっての「たまごの会」

――湯浅 欽史（1972～1982）

そう、前半生40年間を東京都立大学土木工学科教員に辿りつくまでの道程として、後半生の再出発点を得た処、とでも言えようか。

山岸会・河内養鶏場で植松さんから近代栄養学と真逆の養鶏法を示され、たまごの会の創設になったのだが、いまではそれが自己身体管理の基本になっている。それはまた、大学闘争以降、良心的研究者像を否定して、近代科学技術への内在批判を志したその先に、微かな可能性を感じさせるものであった。

送られてくる過飽和な茄子を食べつづけたり大量のレタスを炒めて減らしたり、自分たちの畑を持てばそれが自然のリズムである。それとは逆に献立を考えてから食材を入手する生活は、イキモノとヒト、ヒト（生産者）とヒト（消費者）の関係を貨幣で分断する商品流通によって可能となる。

「つくり・運び・食べる」活動によって、人の生活を切り分けて操作対象とされることへの違和感、切り分けられた部分部分を入れ替えることへの違和感、人の生活の一体性を知らされた、すなわち、たまごの会の鶏卵を食することは、それに適合的な生（せい）のワンセットがあることを。送られてくる偏った品目の野菜を食卓に並べるには、それに相応した親子関係・夫婦関係が求められる。

物から事へ、「食べもの」から「食べること」への重心移動。何を食べるかよりも、何時何処で誰と食べるのか。そこから「関係を食べる」といったフレーズが生まれ、「農薬の有無ではなく○△さんの作物」という判断基準、安全論争も熱く交わされた。毎週運ばれてくる食材は、だから、関係を体現しているのであり、作る人と食べる人が協働する流通形態（構造）の重要性が実感された。関係性を地球儀にかぶせると、アフリカの饑餓と日本の飽食がメダルの裏表だと視えてくる。

自画像を描きたいという三つの作業――自主制作

絵本『たまごの会の本』、商業出版『たまご革命』、記録映画『不安な質問』―が70年代末にほぼ同時進行した。自らの姿を鏡に映すことによって、胚胎していた気分の溝が深まり、1982年の〝大分裂〟に至ったのだと思われる。片方が他方を〝叩き出す〟のではなく、ほぼ半々の会員が「竈の灰まで」分け合って、私たちは農場を出て、200メートル先に「食と農を結ぶこれからの会」を始めることになる。

この先は余談なのだが、1軒の酪農家の乳牛6頭の生乳を全量引き取り、市乳免許を取得して（148頁下段参照）、首都圏の会員に運び続けた7年間、その実務を担った。待ったなしの生鮮食品・牛乳を、閉じた会員で「つくり・運び・飲む」を事業として成り立たせた経験、その拡販座談会のテープを起した『牛乳から見えてきた世界』6000部は、私の文章の最多頒布数である。

【追記】分裂交渉の相手方だった井野博満さんとは、狭山事件の鑑定作業を当時も継続し、現在は反原発の作業で毎月のようにお会いしている。また、先日は越生斎場にて明峯哲夫さんの荼毘に参列できたこと、不思議な機縁である。

湯浅 欽史
疎開生活とフランス留学がベースに。会計・機関紙・配送などの実務。松川義子と映画『不安な質問』を制作。82年分裂で「食と農をむすぶこれからの会」、市乳免許を得て野口牛6頭の全量引き取りで「これから牛乳」の殺菌・瓶詰・配送。89年の解散に注力。

血となり肉となり脳みそとなり…

――井野 博満（1974年～現在）

40年間、たまごの会の農産物を食べ続けて、私の体の細胞は、ほとんどが八郷農場の産物で構成されているのかと思う。身体組織だけでなく、脳細胞も、たまごの会で考えたことや経験で満たされている。もちろん、これは誇張してのことで、本当は、それ以前の生い立ちや青年期の過ごし方にも依存しているのだが、実際のところ、たまごの会で学んだことの影響は、その後の人生でとても大きい。

何を学んだか？ 私は、理系の学生・研究者・大学教師として金属材料の研究や教育に携わってきたが、その一方、科学や技術の現状への批判や政治的・社会的活動もおこなってきた。それには、60年の安保闘争や60年代末の大学闘争（学問のあり方が問われた）の影響が大きいが、たまごの会に加わったことで、それらの経験が一挙に自分の生活のあり方という問題に結びついた。

しかし、金属材料の研究と生活領域のこと（たまごの会で活動し、八郷農場の農産物を食べること）がすぐ直接結びつくわけはない。そういう二つが分裂して一人の人間に共存している状態を僕らは「二元論」（二元的生き方）と呼んできた。自分の研究が直接、社会を良くすることに役立つ（そういう研究をすべきだ）という「一元論」に対比して使われた。さしずめ、明峯哲夫さん、惇子さん、三浦さん、魚住さんなどの農場スタッフは、大学での農学のあり方に疑問を感じて八郷農場に入ったのだから、「一元論」の実践者ということになろう。建築の卒論で農場建設に携わった永田まさんや南雲さんも似ている。

東京の会員の多くは、まあ、「二元論」、つまり、仕事は仕事、たまごの会は面白いからやる、という加わり方だったと思う。たまごの会への参加を、自分の仕事（研究・教育）をどうすべきかという全生活のあり方の問題として考えていたのは、湯浅さんほか少数だったと思う。

私は、今、社会的活動のほとんどは、原発問題に終始しているが、私の専門である金属の研究と原発が結びついたのは、ある意味、偶然だった。「放射線照射によって金属のミクロ組織がどう変化するか」という問題は、私の研究テーマの一つだったが、「原子炉圧力容器鋼材の中性子照射脆化」という現実的課題がこのテーマの間近にある応用問題だと自覚したのは、恥ずかしいことに、80年代になって圧力容器の安全性が社会的問題になり始めてからだった。直接のきっかけは、東海第二原発差し止めの裁判に証人として申請されたことだった。その後、照射脆化について、まじめに文献に当たり、学生と一緒に実験やコンピュータ解析もおこなった。まがりなりにも「一元論」を実践できることになった。

有機農業と脱原発とは相性がいい。各地の活動家には有機農業業界の方が必ずおいでになる。生活のあり方として有機農業に関心を持つ人は、生活や農を脅かす原発の存在に無関心ではいられないということであろう。

40年の歴史のなかでたまごの会は二度ほど分裂したが、1982年の分裂の際の相手方だった湯浅さんとは脱原発の活動で毎月のようにお会いしていて、「…われてもすゑにあはむとぞおもふ」が実現されているのは幸せである。魚住さんや合田さんは地元で東海第二原発訴訟に取り組んでおられるし、三角さんもなにやら活動しているらしい。まあ、おおすじ、同じような思想傾向だったのに、どうして分裂したのでしょうかねえ？　今の農場スタッフや「暮らしの実験室」会員にはそのようなきざしがないことは、素晴らしいことですね。

井野 博満
町田市玉川学園在住。玉川学園地区世話人として、たまごの会の財務や養豚など組織運営全般に関わってきた。

《食》が《いのち》をはぐくむ

私が「たまごの会」から学んだこと

――佐藤　宏子（1972〜2005）

ときどき農場に連れて行っていた次女が昨年40歳になりました。娘の来し方と重なる農場の歴史を考えると感慨もひとしおです。

八郷に農場を創ろうという壮大な《夢》が語られるようになった頃、私は、三番目の子どもを妊娠していることに気づきました。「流産したら大変」と外出を控え、当時八王子地区の世話人だった高田由紀子さんに、農場建設のための作業や会議に専心していただけるようお子さん二人をお預かりして、自分の子どもと一緒に面倒を見る役割を担いました。

八郷町の篤農家高橋義一さん所有の山林の松の木を伐採、その「松の木の命をもらって」創設されたのが「たまごの会」八郷農場です（『たまご通信』にたしか「松の木の命をもらって」と題して、和沢秀子さんが感動的な文章を書いておられた記憶があります）。

末の子が少し大きくなって、また、農場や各地の会合の場に出かけるようになったのは、高畠有機農研との提携の農場側の窓口役を仰せつかったからです。高畠での作付会議、高畠の生産物（リンゴ・ブドウなど）の搬送などでトラックの助手席に乗って、何度農場―高畠間を往復したことか！　三〇代半ばから四〇代半ばくらいまでの私は、体力があったんだなぁと、懐かしく思い出します。

無農薬で狭山茶を栽培し、その普及に頑張っていた「お茶の後藤園」の後藤賢治さんとの提携の窓口を務めたこともあります。無農薬でもこんなに美味しいお茶が作れるのか、と、力士のような大きな手で淹れてくださった後藤さんのお煎茶に感動して、各地区に後藤茶のリストを届けて注文を取り、品数や代金の集計をしたりしました。

野菜のレシピを考える役割

「たまごの会」では配送車で運ばれてくるまで、どんな野菜がどのくらいの量で届くかわかりません。トマトがどっさり、白菜がどっさり、なんてことが珍しくはありませんが、入りたての会員のなかには、「毎日おんなじもの食べられないし、何を作ったらいいの?」という声もあったとか。それで、農場スタッフの大原由美子さんの発案だったと思いますが、生産物に添えて発行する『農場週報』の最後に、その週配送する野菜のレシピを載せることになりました。そのレシピを考える役割が、なぜか私のところにまわってきました。私はお料理上手ではありません。ただ、目の前の食材を固定観念にとらわれず、おもしろがって「変身」させるのは得意です(ということは、ときどき得体の知れないものを食べさせられることもあるんだよ、という家族の呟きが聞こえてくるような……)。

今なら、使いたい野菜の名まえを入力すると、《クックパッド》が何百種類ものレシピを紹介してくれますが、当時はまだパソコンが各家庭に普及していませんでした。

農場から今週はこれとこれの野菜が届きます、と連絡が入ると、大急ぎで、なるべく皆さんが思いつかないレシピを考え、手書きで時にはへたなイラストも添えて農場にファックスします。レシピといっても、調味料は「お好みで味見しながら作ってください」と、すこぶるおおざっぱなものでしたが、何年もたってたまたまお会いした会員のかたから、「宏子さんのレシピまだ取ってあるんですよ。ときどき思い出して作ってるんです」といっていただき、わぁ、あんな稚拙な手書きのものでも少しはお役に立ったんだ、とうれしくなりました。

「たまごの会」の皆さんと出会ったのは、私が二〇代から三〇代に入ったばかりの未熟な頃でしたが、何事にも誠実に情熱的に立ち向かい、行動に移す先輩会員の姿に心うたれることがしばしばありました。鶏や豚やもろもろの野菜の「いのち」をいただいて、自分は生きているのだ、子どもたちを育てているのだ、と感謝する心は、「たまごの会」から教えられたものです。皆さんに出会えてほんとうによかった、すてきな想い出をたくさん持てて幸せです。

私たちの想い出を「今」に繋いで、「暮らしの実験室やさと農場」を盛り立ててくださっているスタッフ、現会員の皆さん、ありがとうございます。

佐藤 宏子

元・八王子／めじろ台地区会員。週報レシピ担当。高畠係。後藤茶注文係。学研「コース」編集部を辞めた後、フリーの編集者・ライターを続けて、現在は情報誌『知遊』でインタビュー構成記事を執筆。後期高齢者（75歳）になりました。

市民と全共闘運動がコラボして

――内田 良子（1973 ~ 1981）

春浅い3月15日、立教大学で行われた「明峯哲夫を語る会」に出かけました。受付に立つ明峯ファミリイ、農場で太陽と風と土のなかで無邪気に遊んでいた朝子ちゃんや晶子チャンが見違えるように美しく成長して笑顔で応対してくれました。二人をみてどれくらいの時間が過ぎ去っていったかを思いました。たまごの会を人格的に代表していた明峯哲夫が〝時代を駆け抜けて逝ってしまった〟ことを実感した瞬間でした。

たまごの会の活動から離れて、ずい分経ちました。懇親会の会場にはなつかしい顔があちこちに見受けられました。たまごの会の同窓会のように和やかな集いになりました。子どもが幼かった頃の思い出の扉が開いて、当時のことが、昨日のことのように甦ってきました。

春うららかな日、子どもの手をひいて農場に近づくと、遠くに白い蝶々が群れ飛んでいる一角がありました。緑のキャベツ畑にわきたつように群がる白い蝶々と青く澄んだ空、まるで絵本の世界のような景色です。

ほどなく世話人をしていたわが家に農場からたまごと野菜が配送されてきました。キャベツは紋白蝶の幼虫が食い荒らし、レースのように筋が残った葉っぱで覆われていました。緑のフンをおとして虫喰いの葉をはいでいると、青虫がしぶとくひそんでいたりしました。虫酸が走るほど虫の苦手な私にとって、無農薬の有機野菜を調理するのには、ある種の覚悟がいりました。農場のまわりの農家はみんな農薬を使うので、虫たちが命からがら移住して来るのでした。

春たけなわの夜遅く、寝こみを襲うようにけたたましく電話が鳴りました。飛び起ると農場からの連絡網です。夜盗虫(ヨトウムシ)が大量発生して、畑の緑を丸坊主にして大行進をしているので、虫退治に来てほしいという連絡です。夫も私も明日は仕事の予定が入っています。「どうしようか」と顔を見合わせた夜のことが忘れられません。「石岡まで電車に乗って虫退治に行くなんてありえない!」と心で呟きながら「何とかしなくては」と思う世話人の心情。たまごの会の世話人というのは、なかなか苦労の多い仕事でした。

もの心ついた息子は玄関先に積まれたたまごをみて育ちました。父親のネクタイを首にまき、大学にもっていく重いカバンをひきずりながら「ぼく、大きくなったら、たまご屋さんになる」と言いながら、たまご屋さんごっこをしていました。

たまごや不揃いの野菜たちに加えて、時折たまごを産まなくなった廃鶏もやってきます。肉も硬く歯がたたないといえば大袈裟ですが調理の腕が伴なわず、難行苦行でした。廃鶏肉だけでももて余しているのに、好奇心の旺盛な夫は、会員の家庭から出た残飯を農場に搬送して、それを餌にして育った豚の頭をもらい受けました。肉は料理上手の松川義子さんや温ちゃんがハムやベーコンに燻製してくれました。豚の頭を調理するために、わが家は大きなずん胴ナベを買う破目になりました。義子さんに教えてもらったレシピでフランス料理のテリーヌづくりに挑戦することになったのです。

日頃、台所に入って料理などしたことのない夫が、材料を買い揃え、なれない手つきで大奮闘していました。幼い息子が何をしているのかと台所へやってきて、タライに鎮座していた豚の頭とバッタリ鉢合せ、ショックで固まってしまいました。テリーヌはレストランでたべるよりもはるかに美味しくできあがりましたが、予期せぬ出会いがトラウマになった息子は、しばらく台所に寄りつかなくなってしまいました。

内田雄造と明峯哲夫の出会い

たまごの会の活動は、幼かった子どもの成長の思い出と重なります。東日本大震災の年に急性心不全で他界した雄造が、子どもを抱いて農場に通い、農ある暮らしを生き生きと楽しんでいた日々がなつかしく甦ってきます。

雄造は人生の後半、中越地震で壊滅的な被害を受けた新潟県の旧山古志村の復興計画に取り組みました。一度は全員離村した人々が、「山古志へ帰ろう」と願う気持ちを束ねて村づくりをしました。村に帰った人々が高齢化し、人口が減少していくなかで、農ある暮らしを持続可能にしていくために、明峯さんの「たまごの会」の経験と知恵が必要だと働きかけ、ともに山古志復興に取組みました。

二人は60年代後半、全国学園闘争を全共闘として斗い、たまごの会で出会いました。全共闘運動の活動のスタイルをたまごの会という市民活動のなかで実践しながら、二人は思想的にも肝胆相照す仲となり、生涯に亘っての友となりました。

一足先に旅立った雄造の許に、時折ピンクのフリージアの花束をもって訪ねてくれた明峯さんは時代状況が大きく動くたびに「雄造さんだったら何と言うだろうか」と想いをめぐらせると語ってくれました。その明峯さんも又、踵を接するように旅立ってしまいました。奇しくも二人ともに68年の生涯でした。

二人は若き日にたまごの会で得た多くの出会いと経験を財産として「農民とともに」「住民とともに」持続可能な運動を続けて旅立ったのだと思います。

内田 良子
上目黒地区の世話人として参加。メンバーは保育園の子育て仲間でした。夫の雄造がまちづくりをライフワークに東洋大の教員をしており、農場建設には学生を4代にわたって棟梁として送り込み、人買いの内田といわれていました。

やさと農場に関わってきて

——杉原 せつ（1975〜現在）

東京日本橋、下町のどまん中生まれの私は、父の食道楽に影響されて、舌はかなりの食べ物の味を植えつけられていたと思います。然し、戦後、映画の世界に入り、食べ物らしいもの、飲み物らしいものはほとんど口にする機会もなく長いこと過ごしてきました。そして、体がへばりはじめた時期、たまごの会に出合いました。その頃、農場の動物の建物は鶏舎だけで、豚も屋外、牛も屋外でした。私の入会当初はそんなにむずかしい考えもなく、唯、末端で安全な食を手に入れれば上等と思っておりました。ところがです、いろいろとあった末、遂に石神井地区の世話人にまでなるはめになり、さて、それからが大変です。

たまごの会のものは安全で美味しい…。確かにその通り、然し毎週毎週届く山のような品の数々…、それ等をお当番二人と、会員10世帯前後の荷分けをしなければなりません。玄関先の車庫の中は正に一寸した野菜市場、それもお天気ならいざしらず、雨の日などは大変でした。殊に月一回の肉のある日は、また、これ一軒一軒世帯数に合わせて切り分けねばなりません。切り分けたものは外に置いてある冷蔵庫へ一時保管するのです。時に豚の頭もやってきます。これ又大変！団地の方の一部屋をお借りして、私が結局一人で仕上げまでかかわることになりました。兎に角、豚の頭の料理など誰も手がけたことなどないわけですから当り前と言えば当り前。然し、その料理の美味しかったこと、会員の皆さんが舌づつみを打って絶賛しました。

この他、時に手がけなければならない、配送をしてきて下さった方の食事当番。これ又、心をこめて作りました。又、時には自分が配送車に乗って各地区まわりをすることもありました。

こうしてたまごの会に入会して以後、体の休まる暇とて少しもありませんでした。然し、安全な美味しい食を求めて、それと志を同じくした大勢の方々と本当に一つになって過ごした自分の半生を振り返った時、よくやれたものだと、そして、よくやってこれたものだと只々感無量です。

杉原 せつ
職歴＝記録映画・脚本・演出。たまごの会に入会したことにより今までと違った多種多様の人材にお目にかかれ、又、安全有意義な〝食の問題〟について深く、誠に楽しく体験でき、よかった!!と今、人生を振り返っています。

もうひとつの私の学校

――上野 直子（1976～現在）

「たまごの会」に入会して38年になるでしょうか。

朝田さんが世話人として10人からひとりあたり10万円（私の記憶）の出資金を集めて高島平団地に新地区を発足させました。早速、農場の階段壁にオレンジ色のペンキを塗ったことを憶えています。

世話人会には、よく出席しました。議論好きな方が多く、発言が私にはとても新鮮で魅力的でした。何も飾らない直な発言。こんなことを人前で発言して、それが印刷物（通信）になってしまっていいの？と思いながら会場の隅で耳を澄ましていました。実行を伴う提案をして世話人会で認められると、誰でも実行主体となれるという運営方法も民主的で納得できました。

高島平地区は初期に同じ棟の一階の深沢勝子さんが荷受や配分を一手に引き受けて事実上の世話人役を務めて下さった時期が5年間位ありました。雨の日は部屋にビニールシートを敷き、20～30箱もある泥が付いたコンテナを中に入れて、世帯別に仕分けしました。農場の収穫物は全量引き受けるのが原則でした。夏に大量に来たキュウリの塩漬け保存、豚の頭をメインにしたパーティー、嫌な顔ひとつせず先頭に立って深沢さんが仕切ってくださいました。台風のなか保育園のお迎えを頼んだ会員までいたりして親戚のような地区でした。深沢さんをはじめ、「たまごの会」に入らなかったら出会えなかった優秀な主婦の皆さんとお付き合いできたことも財産です。

自らつくり・運び・食べる、がスローガンだった「たまごの会」。

高橋米と農場米の手伝いで田植えや稲刈り・稲架掛け・脱穀をしたこと、配送車の助手席で辻堂から八王子まで荷物を運んだこと、一週間レタスと人参だけですごしたこと、残飯を冷凍して農場に戻したこと。みんな楽しい思い出になってしまいましたが、すべての経験が今の私をつくっていることを感じながら暮らしています。議論の場で自己主張できるようになったのも、過熱した場で冷静を保っていられるのも世話人会に出席していたおかげです。「たまごの会」に入るまでは、これという課外活動をしていなかった私にとって、「たまごの会」はもうひとつの学校でした。

上野 直子
旧高島平地区会員、旧光が丘地区世話人。1990年～2003年、中央会計会員部門担当。元私大教員。

常陸風土記の世界に浸って

——木村 高明（1979～現在）

1971年、大学闘争の余波で就職口を塞がれていた時、大学同期の藤田昭雄君に紹介された出版社に共に入社し、しばらくは組合活動等に明け暮れておりました。30代半ば、娘二人が小学校に上がる頃、「たまごの会」の存在を教えてくれたのも藤田君で、彼との出会いがなかったら僕の人生は全く違ったものになったはずで、彼には心より感謝しています。

JR常磐線に乗って利根川を過ぎ、水田の風景を車窓から眺めながら、いつも「常陸風土記」の世界に浸っている自分がありました。石岡駅からバスに乗ると鹿の子遺蹟や削られた龍神山の側を通り、柿岡で下車。神社を通り越すと筑波山を背に田んぼの向こうに農場の建物がポツンと見えます。当時の印象としては、落武者が群雄割拠するまさに夢の〝梁山泊〟そのものでした。夜ストーブを囲みながら激論が交わされ、ある時は警察に追われた闘士が隠れたり、自分が職を失ってもいつでも安らかに過ごせる場所としての農場がありました。

〝消費者自給農場運動〟「つくり、運び、食べる」をスローガンに2トントラックを運転して、都内10地区を回り、食べ残しの冷凍生ゴミを回収し、豚、鶏のエサや肥料にするというなんと気の長い事を続けたことでしょう！ ある時、巨大な豚の頭が我が家に届き、一晩冷蔵庫に保存した翌朝、子供達が扉を開けた途端、悲鳴を上げたのも今は懐かしい思い出です。高島平のお米屋さん（大島さん）達と船塚山古墳や恋瀬川（なんと素敵な名前でしょう！）流域の古墳、神社巡りも忘れがたく、「米作り班」として御田植祭、収穫祭など企画し、子供たちのリコーダー演奏行列や泥田んぼ相撲大会など今は遥か昔の映像が甦ります。

「ふみきコラム」毎回楽しみに拝読しています。農場も世代交代がなんとか実現し、若者たちのウーファーやヒッチハイクなどで国境を越えての農場との関わりができたこと、うれしい限りです。過去40年、農場と関わったすべての老若男女の皆さん！ありがとう！

木村 高明
九品仏地区会員として、松川さん、田川さんらと活動。配送車を時折運転したり、米作りに精出す。（株）ダイヤモンド・ビッグ社（出版社）で営業&編集。登山、シルクロード旅行、坐禅、碁、仏教研究等に関わる。

玉川学園地区のことなど

——井野 史子（1974〜現在）

食は命なり。私はたまごの会から続いて暮らしの実験室の生産物でこれまで生きて来たとの思いを強くしています。旅に出たとき出される卵はどうしても食べる気になれません。通信とともに送られてくる品物たち、箱を開けると飛び出してくるみずみずしい輝きを放つ生産物にまず感激。楽しいニュースがまた一層勇気と楽しみを与えてくれます。

さて、今は昔。本当によくやったね、若いからできたのね、という感想。毎週、農場から配送車がまわって来て、ルートの関係で朝食はたいてい私の家でした。ガスでご飯を炊いていたので、おこげが美味しいと言われましたっけ。宇治田さんがきんぴらとひじきの煮物がうまいと言ってくれたのを思い出します。高橋利久さんが泊まったこともありました。

玉川学園地区の会員は、最大15軒で、遠くから取りに見える方もいました。勤めの帰りに電車で取りに来て、小田急線・山手線・東上線に乗って自宅に帰るという方もいました。TさんやHさんは小田急沿線に住んでおいででした。

たまプラーザ時代は、世話人の小山黎さんと豚の小冊子をつくり、挿絵を描きました。『たまご通信』やチラシのカットも描きました。20周年収穫祭のときには、図々しくも私の絵をセリにかけ、農場建設資金としたこともありました。

昔は今。隣近所にたまごの会を通じて親しくなった方々がたくさんいて、我が家の両隣は玉川学園地区ができたときからの会員です。折にふれて、あれこれと話ができるのは楽しいですね。老後の安心につながっています。

そもそも、第2子をつくろうと決めたのは、農場開きに出かけ、元気いっぱいの鶏の姿に感動し、こういう農場からの食べ物で子供を育てられるのならば安心だと思ったからです。今につながっていることは間違いありません。楽しみも苦労も。

井野 史子
1983年にたまプラーザから引越して、ご近所への挨拶には農場の卵を持参してオルグ活動。玉川学園地区ができた。

20年ぶりの農場にて

——田中 まよみ（1985～現在）

昨年、たまごの会農場の40周年記念会出席で、20年ぶりに訪れた農場は、変わらぬ威容・威厳で、私を迎えた。

食堂の土間に一歩踏み入れると、かつて、ここで遭遇した色んなことが、言い古された言葉だが走馬灯のように思い起こされた。

30代、40代の子育て期。二人の子は、幼年期と小学期。懐かしい日々。夢中であった日々。家族で参加した田植え、草取り、稲刈り、収穫祭。夫と息子は、配送車の助手席に乗って地区回りもした。

個性豊かすぎる会員さんとの世代や地区を超えての交流。「農」や「食」に真摯に向かい合っていたスタッフとの出会いと別れ。農場は、一介の主婦の私に、少しは、世の中に、社会に、目をむけるようにと、教えてくれた。今も、ちゃんと、その教え、

守っています。（笑）

初めて、農場に行った時に、野菜は野菜として、卵は卵として、豚は豚として、その命を全うしている、と思った。そして、今もなお、その事が、続いている。

若いスタッフさんや新世代の会員（家族）さんの気を負わずに軽やかに、「農」や「食」に向かっている姿は、羨ましくもあり、頼もしくもあります。これからの皆様のご奮闘に期待しています。

田中 まよみ

八王子地区の世話人をしていました。子どもが小さい時は夏に草取りに行き、夜のおしゃべりが楽しかった…、若かった…、ほたるが飛んでいて、佳きふるさとと思います。

50坪の農的暮らし

―佐野 利男（1981〜1996）

わたくしは現在、埼玉県新座市というところに住んでいます。平林寺という、外周一回り3キロという大きな寺のそばで、武蔵野の雑木林がそこここに残っています。数年前建てた家の目の前の畑を50坪ほど借りており、冬の長ネギと白菜、それとそら豆に限れば100％自給です。たまごの会のころから、猫の額ほどの土いじりは始めていましたが、今では、庭のバラなど花壇の手入れと畑の世話で仕事が休みの日は、ほぼつぶれるほど入れ込んでいます。

とある会員さんが、「男は30歳超えると食いしん坊派か女性に入れ込む派かに分かれる」と迷言を吐かれていましたが、わたくしは相当の食いしん坊派になったようです。思えば、30数年前、八郷農場の長ネギの香り高い味わいに、「今まで食べていたスーパーの野菜はプラスチックみたいだ」と愕然としたのが、「事の始まり」でした。

いったん、うまいものを口にしてしまったものだから、もう引けない。今にして思えば、相当アンバランスなエネルギーがかかった気はしますが、まともでうまいものを、たまごの会から入手することになったわけです。今はちょっとまともな食材を入手するのがそれなりに大変だった当時――「自然食」なる言葉が普通に流通していたころ――とは隔世の感があり、その辺のスーパーですら、それなりに生鮮野菜や調味料など、ノンケミカルのラインナップも普通にみられるようになってきました。自分だけまともなものを食べたいという排他的な考えは居心地が悪い。みんながそこそこまともなものも選択できる途が広がった今は、当時に比べれば、方向として悪くはないと言えるでしょう。

有機農家をやっている友人の子どもが、「小さい時からうちの野菜食ってるから、その辺の野菜食えなくなっちゃって。そんなもの知らなければ気にならず食えたのに」と言っていましたが、それは確かにいえますね。だから50坪の畑、ってことになっちゃったわけです。まあ、おおよそ死ぬ間際まで、食はついて廻ること。ソ連崩壊で国内が大混乱の当時も、かの地の民は、都市住民でも郊外に自家畑があったので何とかしのげた、という話を聞いたことがありますが、可能な範囲で土いじりする場を確保することは、意味のあることだし、まずは楽しい。飯の種にしないで済むなら、農、という営みは奥が深いし、飽きることがない。昨年は国連・国際家族農業年だったというのに、日本の農業政策は正反対を向いたシフトのまま。マイクロ・キッチンガーデンは、楽しいだけでもない意味を持つのかもしれません。

あと数年は「刑期」があるけれど、刑期満了＝定年退職したら地域の耕作放棄地に近い畑を借りて、知人の運営する認知症関係の施設のキッチンに農作物をプレゼントするボランティアをしたいと考えています。昔から、ケアに関する「業界」は、良心的に運営しようとすると、いつも青息吐息になりがち。

道楽じじいの野菜がタダで提供されれば、少しは楽になるだろう、というわけ。

まあ、こういう展開は、たまごの会を通過したからこそなのでしょう。時代と構成メンバーの属性が相まってか、「人工的」というか、ある種の不自然さも抱えたグループ活動だったとは思いますが、八郷農場にかかわるもろもろは、それでも十二分に楽しかったたですね。そして、そこを通過したからこその今の「半農半X」生活があるんだと思います。

たまごの会の会員だった皆さんの農的暮らしは今、どんなでしょうか？

佐野 利男
労働組合専従職を務め、あと3年で「刑期満了」予定。「好きなものはおいしいもの、嫌いなものはまずいもの」という食いしん坊なので、毎日、何を食べたかの食日記は20年近くになった。物事のたとえをみんな食べるものでしてしまう、とよく指摘される。

農場と私

——岡田 泰子（2009～現在）

「たまごの会」のことは、古くからの会員だった姉から聞いていました。その野菜がどんなにおいしいか、農場の動物たちやミソ作りがどんなにおもしろく、子供たちも楽しんでいるか等々。でも野菜を受け取るにはどこかへゆかなければならず、他にも色々手間がかかるとか…。では私はとてもできないと、街の自然食品店を利用していました。その私が農場に行くようになったのは、我が家の周囲でおこったトラブルで神経が参り、家から離れたい、と思ったことがきっかけでした。

姉に連れていってもらった農場は自然豊かでなんとも気持ち良く、そこにいる人々はやさしく、かつ自然体で、実に心休まる所でした。それから、野菜の出荷を手伝わせていただきに金曜日に通うようになりました。当時覚えることができた方々は、鈴木さん、イバさん、奈々さん、彩ちゃん、泰ちゃん、チャンドリーさん達でした。

すぐに事情で農場に通えなくなりましたが、代わりに野菜便を隔週でとることにしました。食べてびっくり、姉の言葉通りそのおいしさ!! 青菜にこんなに味が有るなんて! 大根、ニンジン、ごぼう、いも、皆柔らかくて甘い。いかにも「幸せに育ちました」というような野菜達。泥がついていたり、虫が一緒にゆだったりすることは全く苦になりませんでしたが、処理の手間がかかることは、忙しい時には少しつらかったな。卵がまたおいしい。卵本来の深い味があって、いやみがなく、市販の物と全く違う。豚肉も味が濃いこと!

加えて毎週の週報が実におもしろい。鈴木さんのエッセイにうなずき、考えさせられ、レシピを試してみ、農場の生活の場面場面は興味深く、スタッフや研修生の方々の人柄にほほえみ…。当時はたまにしか農場に行かれませんでしたが、行くと、その場所、作業、農場の方々によって体も心もほぐされ、命が少し新しくなるような気持ちがしました。(毎回の食事が又おいしかった!)

そのうちに〝大豆プロジェクト〟が始まって参加させていただき、農場に通う回数も増えてきました。主人もたまに参加し、作業を手伝って鶏糞をいただいたり。スタッフの方々や農場に集う若い方々とも少しずつ親しくなれ、有機農業の一端を体験でき、おいしいおミソ作りに関われ、色々な経験ができました。収穫祭はいつも楽しみでしたが、40周年の時には、映画『不安な質問』を初めて見て、「たまごの会」創設の頃のことを知り、なんとすごい事をやっていたのだ!と驚嘆しました。徹底した話し合い、男女を問わない力仕事で農場を作ってしまう、値段を会員が決める!?配達も会員がする!? 心底感嘆しましたが、一方、これでは続かないかもしれない…という気もしました。今の様な楽な体制になって初めて、私も参加できたという面もあります。

農場のすごい所は、変化しながら、大切なところが変わらず、今まで続いているという事でしょうか。

若い人々に受け継がれて、40年存続しているこのような集団は、めったにないのではないでしょうか。折々に力を尽くした方々、農場を存続させて下さった鈴木さんにイバさん、現在のスタッフの方々、歴代の研修生の皆さん、農場にかかわった全ての方々に心から感謝したいです。

私にとっての農場は、〝ぜいたく〟とも思える野菜・卵・肉がいただける所であることと同時に、生命の原点とつながれる場所であり、「そこにあの人々がいる、あの場所がある」と思うことが心の支えの一点になっている貴重な場所です。これからもかよわせていただきたいと思います。農場よ永遠なれ！

岡田 泰子
生物というもの、及びその環境に関心。1947年生まれ。元高校非常勤講師。

やさとはすべて山の中である

――朝井 由記（2008～現在）

やさとはすべて山の中である。『夜明け前』の時代であれば崖の道や恋瀬川の岸を渡らなければならなかったのであろうが、日本一の塔が見下ろす都心に住む私にも、電車とバスで2時間ほどである。兎角行き過ぎた利便性の弊害に目を瞑るならば、何とも便利な世の中である。

現在「暮らしの実験室」と名を変えたこの農場に通うようになってから今年で10年目。

角が立つほど智に働いたわけでもなく、情に棹さし流されてきたわけでもないが、社会人2年目の憂鬱を抱えこの地にやってきたのがはじまり。そんな自分にとって、その時に感じた土の温かみが今も忘れられず、これが私の心を惹きつけて止まないこの土地への原体験である。もっとも、しばらく通う内にいわゆる「朝井式」と呼ばれる滞在スタイルを身に着けた私にとって、今となっては実際に土に触れる機会はそう多くは無いのだが…。

「10年」、言葉にしてみれば一瞬だが、生きてみれば意外と長い時間を過ごしてきたわけだが、この地に流れる時間の様に、ゆっくり少しずつ農場との関わり方は変化してきたように思う。当初は「やかまし村」等のイベントへの参加、休暇をのんびり過ごす為の滞在とやや受動的な関わりが多かったが、最近ではラーメンや蕎麦のワークショップの主催、祭りの運営への参画、この農場からアイディアを得たビジネスプランの作成、この場所で出会った友人との会話から至った狩猟免許の取得と、活動の幅が広がると共に能動的な関わりが多くなってきている。

これらを可能にしてくれているこの土地の懐の深さを改めて実感すると共に、この地に惹かれて集った人々との出会いが無ければ、こういった関わり方は生まれなかったと思う。農場を運営しているスタッフや研修生、イベントの参加者、農場の会員達、お祭りの運営委員等々、様々な魅力に溢れた人々との出会いには本当に感謝している。

もちろん出会いばかりではない。ここを巣立っていったスタッフや研修生、Wooferとして国内外から来ていた旅人等、様々な人々との出会いと別れ。この農場は人生の止まり木として40年、色々な人を迎え入れ、そして送り出してきたのだと思う。出会いは永遠ではないが、心の中に残る人々とやさとの風景が余韻となって心に刻まれている。自然との出会い、人との出会い、長い関係の中で紡いできた輝きも、一瞬の出会いの中にある煌めきもまた良い思い出である。

さて、次の10年どんな物語が私を待っていてくれているのであろうか？　今年は山間の耕作放棄地の開拓という、これまた魅力的なものが私を待っているという。幽人と対酌できるかは定かでないが、いやはや、やさとは全くもって私を飽きさせない。

朝井 由記
会社員、初心者猟師。

VI
ある断面／エピソード

のうじょうでの日々
4歳から小学3年生まで

――広瀬 朝子（1974～1980）

私は1970年に明峯哲夫、惇子の長女として生まれました。74年から80年まで八郷農場に暮らしておりました。

2015年3月現在44歳で石川県金沢市で夫、中一の息子、小四の娘と4人で暮らしております。夫と二人でレンコン、さつまいもを作る専業農家です。

遠い昔のことで記憶の正確さに不安もありますが、のうじょうでの生活を思い出す時、色々なことが頭に浮かびます。

私達家族が住んでいたのは鶏舎横の作業場にある箱のような部屋と、そのあとは食堂に向かって右にある棟の一階の部屋でした。一階の部屋では弟、妹たちと寝ていた部屋の壁にクレヨンで落書きをしました。部屋のひとつは父や母の本がたくさん本棚に並ぶ書斎のような場所で、こたつがあって父とこたつに入りながら私は絵を描いたり父になぞなぞを出したりした気がします。

豚舎の脇に生えていたウルシにかぶれたこともありました。赤い茎や葉っぱがきれいで宝を見つけた気持ちで葉っぱをつんでいたらそれを見た母親がひどく慌てていました。その後顔も手もパンパンにかぶれました。

食堂での夕飯の後大人たちがお酒を飲みながら大声でしゃべっている中、妹と二人でおもちゃのマイクを持ちピンクレディーの歌を振り付きで披露していました。

会員のお兄さんお姉さんらが来てくれるのがとても楽しみで、相手にしてもらえないのに一生懸命後をついて回りました。豚舎の奥の林でみんなでテントで寝たこともあった気がします。ある時には（クリスマスだったかな？）ある会員の方にリカチャンハウスをいただいたこともありました。親に頼んでも買ってもらえるはずもない憧れのリカチャンハウス!とっても嬉しかった。

柿岡小学校に通う道(あぜ道)ではよく蛇に遭遇しました。川には大きなオタマジャクシもいました。ガマガエルのオタマジャクシだったのかなあ?筑波山に登って食べたインスタントラーメンのおいしさ。イケガヤさんに連れて行ってもらったプール。ナガタマさんと通ったピアノ教室。遊びに行くのが楽しみだった優しい弓掛さんのおじさんとおばさんの家。学校のお友達とは道に生えていたミントをつんで「目薬」と言って目の周りにこすり付けたり、作業場に積んであった袋によじ登って遊びました。

お友達のうちとの違いが恥ずかしかったり、給食を食べずにお弁当を持っていったりするのが本当に辛かったけれど、それでも何人かの仲良しがいて学校から帰ってしまえばのんきに遊んでいたのだと思います。親に内緒で駄菓子屋さんで買い食いをしたり(すぐ見つかる)、悪いこともたくさんしました。のうじょうで親やたくさんの大人、子供と暮らしていたことが今の私にどんな影響があるのか、ないのか、はっきりと言葉に出来ないことは残念ですが、少なくとも私の子供時代は案外幸せなものであったと思い返します。それはとてもありがたくうれしいことです。

広瀬 朝子
1970年生まれ。明峯哲夫、惇子の長女。杉並区西荻窪にて「ごはんや」の店主を経て結婚を機に金沢に移住して13年目。夫と義弟の三人で農業を営む(蓮根、さつまいも)。二児の母。

創立40周年に添えて
～その後の歩み～

――湯浅　凡（1973年9月～1977年3月）

たまごの会創立40周年おめでとうございます。私が柿岡を離れてから38年になりました。

東京に戻ってからは何とか都立高校の二次試験に合格、２年遅れで新しい高校生活をスタートしました。当時は第二次ベビーブーマーの受け入れのために高校増設が行われており、入学した高校はその一つの新設校で、私は新設の5期生で一学年の同級生が３００人ほどの「マンモス校」でした。そのため高校のランクとしては底辺校で、私と同じように別の高校を中退して再入学した、という友人も何人か在籍していました。在学中は主に生徒会活動と音楽部での合唱に明け暮れて、教師、友人に恵まれた三年間を過ごしていました。

精神分析

三年生となり、進路を決める時には子供の頃から学んでみたいと思っていた心理学のある大学を考えましたが、大学進学者が毎年数人という高校。大学選びをしていた時に、父親から一冊の本を薦められました。それは岸田秀の『ものぐさ精神分析』でした。それを読んでみると、「自分がいつも思っていたり考えていたりしたことはこれだ!!」と目が覚める思いでした。一念発起して受験勉強を開始し、補欠でしたがなんとかすべり込んで大学生活が始まりました。

入学したのは和光大学人文学部人間関係学科で、私自身は二年遅れの「現役合格者」でしたが、ゼミに集まった同級生には浪人で入学した人が多く、友人達からは「二浪サミット」といわれていました。大学ではもちろん岸田先生の研究室とゼミに所属し、精神分析（主にフロイト）を専攻していました。

合唱

二年生の時に部活で交流のあった他の高校の卒

業生から、「自分の作曲した歌を歌うアカペラの合唱団をつくりたい」という話が舞い込みました。その話に飛びつき、高校時代の友人達とそこへ参加することにしました。しかし、定期的に集まれる人数は段々すくなくなり最後は10人ほどでの活動となりましたが、30年近く活動が続きました。

誘ってくれた友人が早稲田大学の学生で、ある時構内を歩いているとアカペラコーラスのサークル設立のチラシを目にしたのをきっかけに「参加してみないか」と誘われました。面白そうだ、と同じ合唱団のもう一人のメンバーと一緒にサークル設立に参加しました。当時は創立を呼びかけた鈴木三博氏のグループとその知り合いの他の女子大の3人の女性のグループと私たちの3つのグループだけの小さなサークルでした。その名前は「ストリート・コーナーズ・シンフォニー」といいましたが、我々が卒業して2~3年ほどしてそのサークルの出身者が「ゴスペラーズ」としてメジャーデビューを果たし、今では100人規模のサークルになって居るようです。密かに「ゴスペラーズ」が世に出られたのは我々の活動の賜物と自負しています。

エンジニア

4年初めの時に目的であった東京都の教員採用試験を受験しましたが、教科が「社会科」ということもあり倍率10倍以上という壁に阻まれて合格できず、卒業後に浪人を決めて再挑戦をしました。しかし、やはり結果は不合格。翌年も受験をするかどうするかと考えながら、その秋から都内の10人ほどの小さなソフトハウスでプログラマーとしてアルバイトを始めました。

ちょうど時代はパソコンが世に出始めたころの80年代で、とにかく手に職を付けておこうと思ってのことでした。翌年の春に社長から「社員にならないか」と言われ、教員採用試験を続けるかどうかと考えた末、受験勉強を断念してその会社に入社することにしました。とにかく早く独り立ちしたいという思いもあったこともその理由です。入社の翌年に結婚し念願だった「独立」を果たしその会社に9年間在籍していました。

しかし、90年代に入ってのバブル崩壊で一時は30人以上いた社員が辞めていき、十数人になってしまいました。その時に協力会社の要員として同業他社で仕事をしていましたが、会社の先行きに不安を覚えたことで、その会社への転職を決断しました。

新しい会社で10年経った時に社長が大きな案件を持ってきました。しかし150人程の規模の会社で全てを出来るような内容ではなく、予算をみるみる食いつぶし訴訟沙汰になるかならないかという状態にまでなっていました。その時に上司で取締役だった人が何度も社長を説得してそのプロジェクトを終わらせようとしたのですが、結局社長はその話には耳をかさず、プロジェクトを続けようとしていました。

それをみた上司は会社に見切りをつけて、長年取引のあった知り合いの会社へ移ることを決め、私を含めて10名程でその会社へ移ることになりました。

ソフト開発の世界では「プログラマー35歳限界説」という言葉にもあるように、40代、50代になるとそれなりの技術とスキルがないと現場の開発作業を続けることは難しくなってきます。私も30代後半から40代始めには管理職として一時現場を離れ部門管理や営業を経験してきました。しかし、もともと「営業」という仕事をしたくなかったがために教員や「物作り」の仕事に携わりたいと、この世界に入ったのですが、現実はなかなかそうは行きません。

幸い、今の会社に移ってからはシステム開発の現場を続けていられますが、やはり体力的、精神的に若い頃のようには思うようにいかないことが多くなってきました。そんな私も既に50代で、そろそろ退職後の準備を始めないと、と考える日々です。

湯浅 凡
東京都国立市中在住（井上すずさん宅の2ブロックほど離れたところになります）。妻と長女（20歳）と同居。仕事はシステム開発のエンジニア（ＳＥ）。

「命がけで食え」

――和沢　秀子

遠い昔になりました。農場で知り合った子どもらが自分たちで計画を立てて、3泊4日の合宿をやった事があります。息子は中学一年生でした。松川エマちゃんや湯浅論君がいて、息子にとっては憧れの先輩たちでした。合宿が終わって帰宅して玄関へ飛び込むなり、「生きている事がわかったよォ」と叫びました。「どんな事でそれがわかったの？」と聞きましたら、「だって腹ァへるんだもん」「アハハハハー」と私は笑ってしまいました。

石油タンパク反対のデモに、農場のスタッフ達が参加した時の事、私も息子をつれて行きました。初代スタッフの三浦さんが鍬をかついで行進していたのを、警官にとがめられて、ダメと注意を受けました。「これは僕たち百姓の命なのです」と三浦さんはきっぱりと言いました。すぐ後ろに息子が居ました。

農場を作って8年そこそこで会は分裂しました。修羅場の様な親たちの動きを、目のあたりにしていた息子は、「農場は大人だけのものじゃないのに」と恨めしそうに叫んで、それ以後、農場へは一歩も足を向けようとしませんでした。

私が10年間すごした八郷から東京へ帰って、孫が2人になった息子家族の食卓に、農場の野菜やたまごが並ぶようになりました。食べた事のない野菜もあり、孫たちは時々とまどっていました。

「食いものはちゃんと食べろ、命がけで作ったんだから、命がけで食え。セーノッいただきます」

孫たちも両手を合わせて「いただきます」。そばに居た私は（命がけで食えとは大げさな、冗談かナー）などと思いながらも、ぐっと詰まってジワッと目に涙がもり上がったのでした。

1932年生まれの高森です

――高森 百合子（1975〜現在）

たまごの会に入れて頂きましたのはデモがきっかけでした。デモといってもその頃住んでいた国立市内と立川にかけたあたりを10人くらいで歩くだけのものでした。「立川基地反対、昭和記念公園反対…」。終わって、何か言いたいことは？といわれて、私は「今日子どもが学校で天皇が何とかいう話があった、と言ったのですが、天皇制にどう向き合うのかを決めるのは、これからの子どもたちなんです」と言ったのです。そしたら井上スズさん――たまごの会の発起人の一人でいらした――が、声をかけて下さったのです。

たまごの会は松の木を切り倒すことから始められたのですが、私が入った時は大変な作業は大体済んでいた様で、私は食べるだけの会員になりました。当時はつくり、食べるだけでなく運びも会員たちでやっていて、私は乳母車を引いて世話人のお宅に通いました。

横浜に引越してからはバスを乗り継いで、リュックで運びました。そのうち、手をひかれてデモを歩いていた息子が、こっそりバイクに乗るようになっていて、それからは〝たまごの日〟は息子の仕事になりました。30キロものじゃがいものカマスを5階まで運んだり、配送車にものせて頂いて、高畠にもおじゃまさせて頂いたりして、「ガキが生まれたらたまごの会に入る」などと言っていた息子が、なぜか福島のとなり、仙台に住むようになって、間もなく大災害に遭ったのですが、それでも二人の子を育てながら、東北の地仙台に根をはろうとしています。

たまごの会では食に係る大事なことを学ぶことができただけでなく、多くのラジカルな得がたい人たちと知り合うことができまして、大変幸せでした。

近年は若い方に代替わりしましたが、たまごの会には魅力的な方ばかり集まってきて下さるようで、楽しく嬉しい限りです。

農場に行きたし、されど農場はあまりに?遠し、の歳になってしまいましたが、これからも農場の作物を頂いていきたいと願っています。

高森 百合子

家を故郷を奪った原発を又動かし、沖縄を踏みつけ放題にしている政権。子どもの貧困まで蔓延しているというのに、なぜ政治家は途方もない歳費や、何に使おうと自由などという別収入を手にいれられているのだろう。

タマシイのフルサト「たまごの会」九品仏

——阿部 秀寛（1975 ~ 1984）

今はもう35年も前のこと、己が愚行のまいた種、一人暮らしが始まって、薄暮のころの寂しさに、つい足を向けるのが九品仏。まあお上がりよと迎えられ、出てくる酒飯は温かく、つい長居も夜半まで、話す話は埒もなく、義子（27頁参照）が語る地下室で、開くお店の酒と飯、ケーキコーヒーの品定め、経営が成り立ちませんと、返しも間抜けで若かった。八州雄が居れば映画芸術プロの話、己が暮らす六帖間じゃ思いもよらぬ贅沢さ、お二人に助けられ道も踏み外さずにすみました。

あれは何年の事でしょうか。分裂交渉という大きな仕事を勤め上げ、やや落ち着いた「たまごの会」10周年記念行事にも呼び出され、何の縁故か「茨城・青い芝の会」の人たちの参加があり、その応接を池谷さんとやったのだけれど、重度の脳性マヒの身体障がい者の参加に「たまごの会」一般会員は対応できず、完全に無視の状態になってしまった。誰も話しかけないので、青い芝のメンバーの周囲には空間が出来て全くの異形異物が置いてある。後に知った言葉で言えば「態変」でした。それどころか担当の僕も対応ができない、どうしたら良いか分からない。これではいけないと話しかけると、「あいうえおの文字盤」を指さして「これは何ですか」などと質問されるのですが、その遅いスピードに耐えられない。スモールイズビューティフル、スローはOKなはずなのに、神経ぶち壊れる感じで「負けた」と思ったのでした。

青い芝の人たちは、明らかに運動的に戦術的に平然と身体をさらしている。お前たちの理解や共感など期待していないよと言った態度で。僕の想像力や生活世界では思いの及ばない存在に出会った訳です。在日問題で韓青同だつたっけ?批判された左翼が撃沈したことがあったと記憶しているけれど、それと同じ…自分の問題構成に大きな欠落があるそこを指摘されて沈没した。

「青い芝」の障がい者は平然としていたけれど、今風に言えば介助に来ていた「常磐炭鉱労組」?の活動家はその有様に池谷さんを殴り、メガネが飛んでしまい、何とかなだめるというひと騒ぎがあったのです。大仏空、岡村青と何とか思い出した名前には恥ずかしながら障がい当事者はいません。この出来事は僕の思う「たまごの会」の「文化大革命」「想像力」に限界があることを感じさせることだったのです。原理的には「安全な食べ物」観が排除している「遺伝的な障がい」や無自覚な「優生思想」の問題に考えが及んでいなかったのだと思うのは大分後の話です。

とにかく、そこを問題にするほど僕は真面目じゃないから、登山の世界に精進することで、出来事は記憶の小さな断片として埋もれていきました。「時は流れて」カレーを食って、苦味の効いたコーヒー飲んで、人生は過ぎて行った。

1991年春には職場の都立大学が南大沢に移転して、誘いもあって稲田堤に転居、当時の言い方をすれば知的障害者のグループホーム「野の花ホーム」の運営委員になりました。そこで障がい者支援のボランティア業界に新規参入したわけです。障がい者の恋愛、結婚などの「性問題」を課題とする運動に、「止めときな」と言う声を無視して、怖いもの知らずに参加して、パンドラの箱のふたを開ける、寝た子を起こす、そりゃもう大変な事態になったのだけれど全部省略…その後1996年かそれより後だったかも知れないけれど、川崎「青い芝の会」の人に偶然お会いすることに、1984年の出来事の古い記憶のごみの山、思わず拾っちまったのが運の尽き、苦海浄土の朋輩に同行するのも恥ずかしや、「たまごの会」のあの時の因果を果たす延長戦、逃げるすべなき歴史の道理「歴史主義の必然」で御座います。

先走った話を少し戻すと、1994年の正月に僕の状態を見た湯浅さんの勧めで精神科受診、同年1月19日「うつ病」の診断「うつ病人」となる。障がい者支援業界のマインドがわかっているので、不安感は少なく、個人的支援も手厚かったため生き残る。ここは障がい者支援業界参入の思わぬ「賜物」で助かった、普通は自殺しているのです。1996年から1998年まで「激うつ」ですごす。この頃は記憶がほとんど無い、幽冥界をさ迷った厳しい時期。「いのちの電話」個人版を作り湯浅さんは緊急対応担当、思えば随分世話になっている…。

たまごの会は団地が命、たまごの会の地区は団地が多かった、つまり組織の基盤は団地居住者です。中年単身男性は不動産屋でも嫌われて、1994年「諏訪2丁目住宅団地」の中古を買って晴れて団地住民になりました。「たまごの会」会員より20年遅れの自己所有の団地居住者です。2000年3月、勤続29年9か月で勧奨退職制度を利用して「都立大学」を辞め、その後、精神障がい者手帳3級取得、敢えて言えば、なかなかなれない「障がい者」になることができました。

同年5月　諏訪2丁目住宅管理組合理事に就任、ほぼ10年勤務し、２０１０年「諏訪2丁目住宅管理組合建替え決議」を成立させる事務を行う。自称：防衛・外務・法務担当です、仕事した・・・生涯で一番仕事しました。この間に諏訪2丁目住宅(１９７１年入居６４０戸の団地)にも「たまごの会」の地区があり、坪井さんが世話人だったことを知りました。

団地業界では有名な「諏訪2丁目住宅団地」の建替えも長い話で語るには手に余る。その過程で住宅の構造・間取りが家族・子育て・ジェンダーを規定していく。住宅にはそんな力がある、「逆でしょっ」て言いそうだけれど実は住宅が規定していく、そんなことが分かるまで勉強もしましたし面白かった。建替え決議が成立したら、鈴木成文のゼミにいた内田雄造さんとお会いして、自慢話を目いっぱいしたかったのだけど、決議の前に亡くなられてかなわなかった。

話を障がい者業界に戻すと、２００２年ころから、自分を含めて団地内の精神障がい者の存在に気が付き、管理組合の対応を引き受けました。また友人となった障がい者の支援をかれこれ12年ほど・・・刑事事件の被告側証人や身元引受人のような仕事を行いました。判決の説明で「幸い地元には阿部さんという良き理解者がいるので…」と裁判官に褒められるというオチがついてしまった。救援業界での刑事処分や裁判の知見が大いに役立つことになり、この経験が「触法障がい者地域定着支援」の政策動向とつながり、関連の研究会に参加しています。今は２０１４年4月より施行の「生活困窮者自立支援法」の政策動向に関心を持つているところです。

独立自営個人商店的な営業で「社会的排除・包摂」の実質的な問題解決に関与するも成果はまだ無い。何これ?…つまり個人的にある障がい者の施設入所の画策や小さな事件の無力な心配、高齢の親の嘆きの聞き役をしています。行政のやり残した説明やご案内を補てんするわけ。長い経過で行政や社会そのものを信頼していない親にそれとなく現在の障がい者の支援構造を理解してもらう、そんな仕事を勝手にやっている。法的根拠もなく間違えれば単なる迷惑となる、目に見えるような成果はない、崩れていく砂山の砂を手で押し返す、そんな目途のない仕事がこの業界の仕事の特徴です。この覚悟のある人が業界人で、僕もそうなろうとしているのですが…その前に自分が…。

2012年より長尾さん（144頁参照）が理事をしている「あしたや共働企画」に就労継続支援B型で就労。今年67歳では就労継続支援は不要だ、家に居ろ、という考えは有るけれど、単身孤老のわが身には刺激と責任が生まれる職場があって人間関係があるのは、命を守る大事な手立て。就労継続支援事業で僕のために施設に補助金が毎月10万円近く出るという、とても有りがたい身分でいます。明峯さんが逝った68歳が一つの峠、そう思って生きているところです。

阿部 秀寛

九品仏の松川義子の部下、農場派形成を最初に提案した3人の一人で、分裂交渉委員会のメンバー、これは結構大変でした。今は障がい者支援・少々地方自治体政治。

豚のこと

――井野 博満

農場の豚肉は本当においしい。最近はさまざまなブランド肉をレストランなどで食べることもあるが、農場の豚に匹敵する味だと思ったことがない。私が法政大学に在職中の9年間、夏のゼミ合宿は毎年農場でおこなっていたが、学生たちの感激は、「こんなうまい豚カツは食べたことがない」ということだった。

安い豚肉はエサや飼い方のせいか、いわゆる豚臭さが鼻につく。農場の豚は、鹿児島で飼われてきたバークシャー（黒豚）と昔の養豚王国・茨城県で主に飼われていた中ヨークシャーにこだわってきている。その品種の良さに加えて、農場でのていねいな豚への接し方・飼い方が美味しさの秘密ではないかと思う。ベーコン作りも私は何回か楽しんだ。これも最高の味わいだ。素人でも美味しく作れるのは素材が良いためだ。

記憶に残っている豚にまつわる話をいくつか書いてみよう。

養豚事始め

農場で豚を買うことを決めたのは、1975年か76年頃だったと思う。当時、大ヨークとかランドレースという大型の品種が主流となり、茨城県などで飼われていた中ヨークシャーは絶滅寸前と言われていた。たまごの会では、粗食に耐えるこの豚を飼おうということになり、農林省の種畜牧場が中ヨークの仔豚を2頭売りに出すという話を聞いて、買い付けに行くことになった。豚委員長という有難い役職を貰っていた私は、農場で養豚担当の永田まさゆきさんにくっついて隣町でおこなわれるセリに出かけた。

セリは、階段教室のような会場にバイヤー（近隣のお百姓さんたち）が腰かけ、手元にあるボタンを押して、一頭ずつ引き出される仔豚を競り落とす仕組みである。押す人が一人になったところで買い手が決まる。待つことしばし、お目当ての仔豚が引き出されてきて、私たちはボタンを押し続けた。ところが、ほかの仔豚たちは1万円なにがしかで競り落とされるのに、電光掲示板の数字はぐんぐん上がり続け、3万円を超えたところでやっと止まった。その途端、どっと笑い声が起こった。永田さんと私は顔を見合わせたが、次の1頭も同じぐらいの価格で競り落とした。素人の私たちが中ヨークを買い付けるという話が伝わっていて、だれかにいたずらをされたらしい。

私たちは少ししょげて、山道を豚を積んで帰ってきたが、農場に着くと明峯哲夫さんが、よくやった、無事に帰ってきてよかった、とねぎらってくれた。がたがた道を長時間運ぶと豚は「トン死」することがあるらしい。

その少し後だったか、八郷の道を高松修さんと車で走っていたら、四つ角で巨大な豚を積んだトラックと出くわした。あれはどういう豚だと高松さんが車を降りて尋ね、屠場につれてゆくところだと知り、「あんな立派な母豚を廃豚にするのはもったいない、農場で飼いましょうよ」と有無を言わさず買い付けてしまった。その豚は、もうだいぶ弱っていたのか、しばらくして仔豚を生む前に死んでしまった。世話人の責任だ、その肉を食べろということでたくさんの臭みのある肉が送りつけられてきて往生した。高松さんは、橋本明子さんに「気まぐれに行動するから駄目なのよ」と怒られていたが、そういう好奇心のままに行動するのが高松さんの好さだった。その無茶がなければ、今に残る仕事はできなかっただろう。

天皇家の豚

映画『不安な質問』には、鹿児島の渡辺養豚場から種豚が届く「黒豚来航」という場面があるが、数年後、「金二」と名付けられたその種豚も死に、二代目を導入することになった。鈴木文樹さんにくっついて波止場で黒豚の到着を待った。船からまず溌剌とした元気そうな豚が降ろされ喜んだが、たまごの会に来る予定の豚は次のやや落ちる愛嬌のある顔をした豚だった。鈴木さんが「換えてくれない？」と頼んだが、「あれは那須の御料牧場に送る豚だから駄目だ」と断られた。安く譲ってもらったのだから仕方ないとはいえ、豚に差別された気がした。

天皇家が農薬を使わない有機農法の野菜や肉を食べていることはよく知られている。黒豚がひろい林の中を駆け回っている映像を見たこともある。その御料牧場も、3・11の福島原発事故で大量の放射能を浴びたはずである。那須近辺は新幹線沿いに北からの気流の直撃を受け、高濃度汚染地域になった。事故直後、原子力資料情報室にはベルが鳴りやまないほど電話での問い合わせが相次いだが、そのなかに宮内庁からの放射能レベルについての問い合わせもあった。やはり政府発表は信用していないようだと笑いあった。

翌年初夏、那須塩原にあるアジア学院を訪問する機会があったが、放射能レベルは時間当たり1マイクロシーベルトを超えていた。福島県外であるゆえに対策もお座なりだという話も聞いた。野菜への放射性物質の移行は小さいと言われているが、そこで働くアジアからの留学生の被ばくは大丈夫だろうか。御料牧場の豚はどうしているだろうか、天皇家はその豚肉を食べているのだろうか。

東京農大富士農場

宇治田さんがやめた後の会の運営は、東京の会員も生産計画にタッチしなければと、高橋勇さんや私で雛の買い付けや種豚探しを手伝ったことがある。鶏は、産卵率は低くても肉が美味しいと高橋勇さんこだわりの名古屋コーチンの雛を入れた。臆病だがとてもきれいな雛だった。しかし、鳥インフルエンザ騒動のあおりで、名古屋の種鶏場から茨城県には雛を売らないと次からは断られ、なんだこれは！と腹が立った。

さて、東京農大の富士農場でバークシャーを飼っていることを知り、伝手を頼って種豚を買い付けに行った。1回目は、確か、鈴木文樹さんや田村奈々さん、永田塁君ほかのメンバーで、箱根の温泉に一泊して富士山の西側ふもと（富士宮市）にある富士農場へ車を走らせた。ここで飼われている黒豚はイギリス直系のバークシャーとかで、渡辺養豚場のアメリカンバークとは系統が違い、純系だという説明を受けた。ということで貰い受けた仔豚は、塁君がチャーリーと名付けた。どういうわけか種付けが下手で（嫌いで?）、苦労したとのこと。母豚の方が二回りも大きく、チャーリー君には同情する。

2回目は、いよいよ農場が人手不足になり、石神井の田中典明さんの車に私が同乗し、道志村にある日野の会員の畦地豊彦さんの別荘に泊まった。退職金をはたいて建てたという畦地さんの仕事場である。その夜、田中さんは囲碁を私は将棋を畦地さんと楽しんだ。数年後の雪の日、そこで急逝した畦地さんとの懐かしい思い出となってしまった。

帰路は、こちらの窮状を察し、富士農場の養豚担当の職員の方が軽トラで仔豚を八郷農場へ運んでくれたが、不覚にも農場に近づいてから道が分からなくなり、迷惑をかけてしまった。思えばいろいろな方の世話になった。

これは、たまごの会が先ゆかなくなりつつあった「低空飛行」の時期であったが、その危機感の中で、私がもっとも主体的に生産計画に関わった時期でもあって、思い出深い。当時は、鶏の羽数や卵を産み始める時期、種豚・母豚・肥育豚の数をほぼ正確に把握していたと思う。今は、鶏の羽数や豚の頭数もさっぱり知らない。農場に人が（研修生含め）何人いるかも分からない始末！

消滅しそうだった「たまごの会」

——中村 安子（1979〜現在）

我が家がこの会に入会したのは78年か79年頃。とにかく恐ろしい勢いでガリ版の手書き文書が絶えず届いていました。読みたくないよこんなにたくさんと思っていましたし、内容が全くわかりませんでした。

農場では中心的なメンバーが三間四軒の大テーブルに座り、その人たちを囲んで文書によく登場されると思われる人々が大声で討論していました。新参者には参加する余地はなかったのです。多分、農民になりこの国の農業を変えるか、都市住民でありながら自給農場を維持するか、という問題に農場の人間関係が深くかかわり、ぐちゃぐちゃにこんがらがっていたのです。第一次分裂というものを目の当たりにしました。

長男が生まれた71年、森永砒素ミルク事件という生命を脅かす事件があり、インスタントラーメンなどの人体への害が世の中に広まって私もうすうす気がついてはいましたが、ミルク事件でいよいよ我が身に降りかかってきました。安全な食を求めての入会（たまたま夫が和沢さんと知り合いだったので）。

その後何度もの分裂を経験しましたが、常に農場を維持する側に残り続けて今日の農場の隆盛を心地よく享受しています。いまは農場には行く機会は減ってしまいましたが、80年代、90年代を通じて特に夫はよく配送車に乗っていたので、会員さんとも農場ともとても近いと感じていたものです。配送車で各地区を廻り荷物を降ろし、最後の地区世話人さんの家で朝ごはんを頂きながら話をするという配送車業務は、休日がなくなることで、育児中の身にはきつくて私自身は一度しか経験していないのですが楽しい大切な思い出です。

職場では育児休暇を求めて運動をしていましたが、実現までにはまだまだ時間が必要だったし、週休2日制など夢にも思えなかったころ、「農場へ行く」「農場がある」ことは、とても心豊かに過ごせたものです。擬似的であれ農場では誰もが対等でした。都会の関係は消えて平等な関係が維持されていましたから。それは農場で働く人々のさまざまな問題、特に生計を立てる将来性（経済性）を棚上げしたまま農場が存在しているのではありますが。そして問題はかなり悲惨な第二次分裂へと発展（？）せざるをえませんでした。

第一次の元気のよい分裂とは異なり、この時期は思い出したくない時期ですが、広報を担当しており、『すくらんぶるＥｇｇ』を発行しました。ここにあるのは２００３・４・１のNo.33なので、その前に32号発行したことになりますがはっきりしません。農場から離れたくない一心でした。この間私にはたくさんの会員さんとの交流が生まれ、少しだけぶら下がり会員を脱した時期でもありました。『すくらんぶるＥｇｇ』の廃刊はいつだったのか、何故だったのか覚えていないのですが、２００５・7・2発行では改めて『とりあえず　すくらんぶるＥｇｇ』No.１となっていますので、その後もしばらくは続いたのでしょう。パソコンが広く普及し、プリンターも性能がよくなり、農場の人間関係もすっきりして、広報誌はのりと鋏で作るものではなくなりました。

ともあれその大事な農場から人がいなくなってしまいそうな恐ろしい時期がありました。

急遽、文樹さんを頼ることにして無人化は防ぐことが出来ました。どうしたら人に来てもらえるのか、みんな八方手を尽くしました、私は足立区のハローワークにも出向いて探したものです。農場に人の声がしないなんて、笑い声も怒鳴り声さえない農場は最早私たちの農場ではないのです。

文樹さんが言い続けている農場神社論、とてもよくわかります。

そこで我が長男の明を投入することにしました。子ども時代から慣れ親しんでいた農場は文樹さんと二人で働く楽しい場だったようです、２００４年9月から厳冬期を越して、２００５年5月ころまで滞在しました。

その間、精力的に人探しは続けられ、ついにエース茨木さんが登場したのでした。それからは「暮らしの実験室」として今日の若者が集う農場として隆盛を誇っている通りです。

農場よ、永遠に！

中村 安子

「たまごの会」創始者の一人和沢秀子さんの紹介により。２００３〜２００５年、広報係。

金ゴマの包み

——舟田 千紘（2008〜現在）

ある日の野菜セットを開いたら、そこには小さな金ゴマの包みが。同封されていた説明書には「貴重」「高級」という文字が並び、なんだか急に気が引き締まる。なになに、「洗いをかけただけなので、必ず炒ってお使いください。そのままだと香りがしません」か。へぇ、そうなんだ。試しにそのままで2〜3粒口に入れてみると、確かに拍子抜けするくらい無味無臭。よし。じゃあ早速炒ってみよう。フライパンでいいのかな。強火じゃ怖いけど弱火も心許ないな。フライパンと火の距離とを気にしながらしばらくシャカシャカ。心なしか色づいてきた気がする。そこで味見。あれっ、今かすかにゴマの風味がしたような。よし、もうちょっと。シャカシャカシャカシャカ。音、見た目、香り、少しの変化も見逃すまいと、今や私の全神経はフライパンの中で動き回るゴマに集中。でもやっぱり最後は舌に頼り、何度も少しずつ味見をして、よしできた！炒りあがったゴマを口に入れると、ふわぁっと、あの甘くて香ばしい風味が鼻に抜け、何とも言えず幸せでした。

私にとってやさと農場とは、こういう経験をさせてくれるところです。

食べるものや着るもの、遊ぶものは全て誰かが作ってくれていて、その過程になにがあるかを知らなかった私。そしてそれらを得るにはお金という方法しかないと思っていた私。やさと農場に関わるようになってからは、そんな私の中の常識が少しずつ変わっていきました。自分が他の生き物を殺して生きているという事実を目の当たりにすることになったり、自分のふがいなさ（薪が割れないとか…）とも向き合うこととなったり、衝撃や失敗もありますが、農場を通じて経験することで素直に学ぶことができました。そして自分で生活を作り出すことのおもしろさにも気づくことができました。ゴマを炒ることもその一つです。

今年から、農場の近くに住むことになります。やさと農場を愛する一人として、これからは私も近くで農場を支えていけたら…というのはおこがましいですが、ますますこの場を楽しんで、学んで、そして暮らしを実験していきたいです。

舟田 千紘
イベント「やかまし村」で初めて農場に訪れ、その場の持つ包容力と集う人たちの豊かさにすっかり魅了される。2010年からは運営委員、2015年には農場スタッフと結婚。東京に通勤しながら、石岡で暮らしの実験中。

農場滞在記

――鈴川 克仁（2012～現在）

私が暮らしの実験室の野菜と卵を食べ始めたのは、一昨年（２０１２年）のお試しキャンペーンからです。以来、会員となり、毎月2回の週末の配送を楽しみにしています。

何度かお誘いはあったものの、直接農場に伺う機会はありませんでしたが、今年、イベントに参加することを思い立ち、ならばと思い、その前に5月に農場体験で伺ったのが初めてのやさと訪問でした。ではなぜ、ならばと思ったのか…。

皆さんご存知の通り、暮らしの実験室はスタッフと研修生が衣食を共にしながら豚、鶏、野菜を育て、会員の元に届ける生業の場でもあります。自分は今回イベントでお祭りのように参加することについて、果たしてスタッフの思いはどのようなものなのか、触れてみたいとも思ったのです。

今回2回目となる滞在は夏休みをあてました。夏の期間の一日の動きは、まずは朝5時に畑に行き、作業を行います。大凡2時間作業をし、7時頃一度戻り、各自で朝食。その後、豚舎に行き、清掃（糞尿出し、藁、大鋸屑敷き）、餌やりを行い、また畑に向かいます。11時に戻り、週の食事当番（食当）に作って頂いた昼食を食べ、しばし自由時間（大体は休憩しています）。15時より豚の餌やりを行い、17時過ぎまで畑作業となります。19時頃また食当の方のご飯を頂き、その後は自由時間となります。

週末にイベントがあれば、参加者受け入れのための清掃や住居の用意、買い出しなども行います。滞在中は豚の屠殺場への搬送、その後の解体作業もありました。また今回鶏については、時折卵の選別を行った位でしたが、そちらの世話も担当スタッフが毎日行っています。

畑作業の基本は草抜きです。普段事務仕事をしている自分にとって、しゃがんだままや中腰の姿勢は非日常の体勢であり、まぁそれなりにかなりの苦痛でもあります。真夏の日中ですから日差しも強く暑いですし、湿度が高いと汗も乾かず、それ程動かなくても、「あぁもう嫌だ」と思う位の疲労はします。人間、辛いことを行うと、誰かに労ってもらったり、良くやったと評価してもらいたくなるものですが、この草抜きはまぁ農場にとってはルーチンワークであり、決して特別な仕事ではないのです。従って、ひたすら地面と草と作物に向かい、ただ草を抜く、という禅的な行いに昇華させてみることにより、自分を納得させていきます。

農作業にはもちろん作物の収穫もあります。週一の発送日の朝は全員で鋏を持ち、ちょっきんちょっきん、ものによっては土を掘り収穫を行います。ただ自分にとっては収穫自体はそれ程喜びにはなりませんでした。喜びとなるのは、収穫したものが口に入り、旨いっ！と感じた瞬間です。こちらのスタッフ・研修生のみなさまですが、良い素材が身近にあるだけではなく、その素材をいかに旨く食べることができるかが幸せ感に繋がることが分かっているからでしょうか、料理・調理についてはかなりの腕前（ただし農場で扱っている食材に限るかも）で、出て来るもの全てが食べると幸せ感一杯になります。こちらの幸せな食事をするために農場体験、滞在を是非お勧めします。

滞在の目的

週報のふみきコラム執筆者の鈴木さんともお話しましたが、というより、この夏の滞在の目的の一つが鈴木さんとお話しすることでもありましたが。今回自分が経験した、〝草抜きの苦痛とそこから得られる旨いとのリアルな幸せ感〟が今の社会では生きていくのに必要でなくなっていて、いわば与えられた売り物の言葉によって作られた生活の中で、「自分は幸せ」と思わされている、または幸せを感じることなくただ生きている社会が作られているということに、他人事ながら憂いを感じてしまいます。

仕事柄、人が生きる目的は何か、というような問いを投げかけられることが多いのですが、その答えは至ってシンプルで、よーくよーく考えれば、例えばすべての法律も選挙の結果もこの答に則って決まっているのが良くわかります。鈴木さんとお話しして、もし生きる目的が分からなくなっている方がいたら、農場に滞在すると、少しは取り戻せることに繋がるかなとも思いましたので、その様な方がいましたら、スタッフと相談の上で…。

さて、偉そうに〝草抜きが旨いとの幸せ感〟に繋がっているなどと書きましたが、週末に送られてきている箱の中の野菜や卵には、私が農場で体験した農作業の何倍も何倍ものスタッフの労働が詰まっていることに気づかされます。そうなると、私の場合は、ありがたいとか、感謝とかの感情より先に、見ているだけで旨味が増してくるのですが、皆さんはどう思われるか伺ってみたい所です。

鈴木さんとは、ビジネスの基本について、や、人の生き死について、や、身体性について、や、もちろんこれまでとこれからの農場についてのことなど、なんだか色々なことについてお話させて頂きました。

その中で大きく心に残ったのは、「農業は楽しい」の一言でした。現在のスタッフ・研修生のみなさんがこの農場に関わった理由は、色々な面があるかと思いますが、今ここに関わり続けている理由は、この「農業は楽しい」ということが、与えられたものではなく、自らの身体で発する言葉になっているからかなと感じています。

今回の滞在では、自分はまだそこまでは感じることができませんでした。恐らくですが、その感じを得られることができてから、ようやく最初の疑問のイベントに対するスタッフ・研修生の思いが身近に、自分の中から出て来る言葉になるような気がしています。

調子に乗って、もし自分がこちらでイベントを開催する機会があるとしたら、ですが、やはり農場の食材の味をどのようにしたら最大限幸せに味わうことができるかという料理教室をシリーズで季節ごとに開催したいですね。このアイデアは鈴木さんともお話ししたのですが、講師は一番食材のことを知っているスタッフ・研修生のみなさんに是非お願いしたいです。

鈴川 克仁
やさと農場の会員となってからは3年、通うようになってからは1年の新参者です。ひたすらやさとの美味しい食事に誘われて通っています。

1本の樹に呼ばれて
——塚田悦子（2010〜現在）

私がやさと農場に出会ったのは2010年のツリーハウスを造る企画に参加した事がきっかけでした。当時流行りのSNSでイベント企画を見つけ参加したのですが、共通の友人がいたわけでもなく、農というものに興味があったわけでもなく、ツリーハウスに関してもまったくの素人。おまけに、自分のテリトリー以外では結構な人見知りなので、今思い出してもよく参加する気になったものだと自分でも思います。それだけ、当時の自分自身は変わりたいと強く思っていたのですが、やさと農場はそんな私の予想を大きく上回る…、というよりは当時の自分では予想できなかった方向へ変化をもたらしてくれました。

私の想像していた変化とは、ツリーハウスの知識を吸収して、それを一つのツールとして活用することを目的としてイメージしていたのですが、実際に感動し心動かされたことは、関わるみんなのアクティブさや思いやり、ホスピタリティ、前向きな心、自ら進んで場を楽しむ心、芯の強さ。

そして私に起きた変化は、そんなたくさんのプラスオーラに囲まれ、一気に心が洗われて世界が明るくなった感覚でした。

こんな風に生きていきたいという憧れが生まれ、ツリーハウスが出来上がる頃には、はっきりと価値観が変わっている事を感じたのでした。そして何より感謝している変化は〝暮らしを楽しむこと・大切にすること〟に気づかせてもらった事です。

忙しい生活をしていると、つい日々の暮らしのひとつひとつをおざなりにしてしまいがち。

でもどんな形であれ、人が生きていく上で暮らしは営むものだから、そのひとつひとつを楽しむと日々は輝いて感じるものだと、やさと農場に関わる事で気づくことができました。

特に農場スタッフのみんなは〝暮らしの実験〟を実践していて、その肩肘を張らず、喜びを感じながら実践している姿を見て、感想を聞くだけでも勉強になり、刺激を受けて日々奮起のきっかけをくれる心の支えとなっています。

やさと農場に通い始めて5年。そろそろもっと暮らしを大切にした生き方にしていきたい。最近はそんな思いがより強くなってきました。どうしたら自分の理想に近づけるのだろうと、つい悶々としてしまうこともあるけど、そんな道程も楽しむことを忘れず、心がけていきたいと思います。

私にとって、やさと農場は恋人のような場所です。40年前にこの場所を作ってくださった皆さんに、そして今日までこの場所を作り続けてくださっている皆さんに心から感謝しています。ありがとう◎

塚田 悦子
現・暮らしの実験室運営委員。ツリーハウス制作イベントからやさと農場に通いだす。主にイベントヘルプ要員。得意分野は会場装飾。お酒とアウトドア好き。

Ⅶ 最近の『農場週報』から

週報の人気連載「ふみきコラム」から農場論を掲載。そのほか、現スタッフそれぞれの特色がよく出た記事、研修生冬馬君の1年間の歩みをたどる研修日記を抜粋して掲載。

ふみきコラム

――鈴木 文樹（1978～1987，2003～現在）

〈農場についての断章〉

お墓の話しが何でそんなにおもしろいのかわからない

たまごの会の分裂「騒動」も一段落し、そうは言っても先はまだ視界不良といった1983年前後の頃だったと思う。つい先日亡くなったA氏と、これも今年亡くなったN氏、区役所の職員をしていたY氏、それと自分で時々私的に会合しあれやこれやのおしゃべりをしていたことがあった。皆もう30代後半で「けっこうなトシになってしまった」という気分があったのだろうか「ミソジ（三十路）の会」と名付けていたが、何か特別な目的があった訳ではない。

今思い出したのだが、これはおそらく分裂の時「農場派」の中におかれた「理論整理部会」の流れを汲んでの会合だった気がする。「理論整理部会」というのは「農場派とは何か、何をめざすのか」ということをもう少しはっきりことばにしようとして、たまごの会に置かれた部会だった。分裂の渦中、「契約派」の主張はいわゆる有機農業運動路線でそれはポピュラーで誰にもわかり易いものだったが、では「農場派」は何をしたいのかという一番大事なところが一向明確ではなかったのである。そのことが「分裂」をわかりにくいものにしていたし、農場の進むべき方向も定まらなかった。フラストレーションもたまる一方でボクも何やら書きまくっていた記憶がある。今になって考えればそれはそんなに性急に答えのでるものではなかったとはいえるけれども。

しかし他方当時は「理論」や「正しさ」のもついかがわしさに対する警戒心も強かった。それは70年前後の「政治の季節」を経験したものとして、多くのメンバーが理論や正しさがもたらす悲劇を沢山見たり経験していたからである。そこで理論を「整理する」だけならいいだろう、会に対して理論や方針を提起するのではなく整理するだけなんだからということで（実に苦肉な言い訳だが）「理論整理部会」というのはできたのである。どんな活動をしたのかはもう記憶にない。そして分裂騒動が一段落してしまえば緊張感もなくなり自然消滅したのだと思う（そして最初の約束通り、何の理論も方針も残さなかった）。その流れで気心の知れた4人組が（そう確か四人組とも自称していた。むろん当時中国で話題をさらっていた四人組から来ていたのだが）おしゃべりを続けていたのではないか。

どんなおしゃべりをしたのかももう忘れた。ひとつだけはっきり憶えているのは「お墓の自給」というテーマでえらく盛り上がり、また笑ったことである。これは区役所の職員だったYが持ち込んだ話題で、彼は職業柄都会のアパートで独り暮らしの老人が孤独死した現場に立ち合うことがあり、その悲惨な経験から「自分の人生を生まれてから何年というだけでなく、死の方から何年と考えることも必要」だとして、お墓の自給（つまりは老後の自給）を持ち出したのである。彼は当時まだまだ保守的だった葬送の世界に対抗した「葬送の自由」という話題やまだ珍しかった「自然葬」の資料などを集め、ボクは「散骨」などということばもその時初めて知ったのである。お墓の話しが何でそんなにおもしろいのかわからないが、皆大いに笑って語らった。たまごの会時代のおしゃべりであんなに楽しかったことも笑ったこともない。

今ボクは性懲りもなく「平成のウバステ山構想」を打ち上げ、老後の自給を宣教している最中なのだが、ボクの中ではひょっとしたらあの時の楽しいおしゃべりと笑いがまだ鳴り響いているのかもしれない。

明峯氏が普通の葬儀は望まず、散骨を希望したというのを聞いてふとそんなことを思い出した次第である。２０１４／９／27

コミューンは失敗を宿命づけられている

１９８０年3月30日、農場で開かれた「たまごの会世話人会」は古い会員には「サンサンマル」と呼ばれ特別な想いと共に記憶されている。その後の分裂紛争の号砲となった世話人会として。農場40周年の記念として古い資料を展示することになり、ひっぱり出された中にその議事録があったので、人につられてつい読んでしまった。ボクはその2年ほど前から農場に出入りするようになり、その年のはじめにスタッフ希望を出していたのだが「スタッフは減らす方向」という意見もあり棚上げになっていた。3・30の世話人会はその前から何やら不穏な気配があり、おそらく「この世話人会で決めてもらわなければもうチャンスはない」とボクなりに判断したのであろう、当日の議題に押し込んでもらっていた。会議の冒頭、いくつかの反対意見があったが、たまごの会の将来を賭けたメインの議題があとにひかえていたので、「とりあえずOKにして本題に入ろう」みたいなところで承認された。そこを議事録は「80年度方針決定後スタッフ解除ということもありうることを前提に」と記している。個人史としても記念碑的な世話人会だったのである。

会議を主導した一部の人たちは（一部といっても半分位の世話人や農場スタッフが含まれていたが）この会議で「たまった膿を出しきって解体的再生をしよう」と申し合わせていたのではないかと思う。「言うべきことは言おうヨ」と。しかしそれを知らない他の世話人やスタッフにはびっくり仰天の中身だったのである。会議は農場内の人間関係の問題に至ってピークに達する。

このあたりから会場は騒然としてくる。農場スタッフから次々A夫妻批判の発言が続き、場はA夫妻糾弾集会の如くなっていく。その場にリアルタイムで居た者としてはひとりひとりの顔や声音が昨日のことのように思い出されて懐かしくもある。中身はまぁ今更どうでもよい。どこにでもあるといってしまえば終わりのような話しだ。A夫妻のキャラがたちすぎていたのであろう、悪意はないのにひどい言い方をされて災難なことでした。問題があったとすればそもそも共同体（コミューン）を作り、共同性をテーマにしたこと自体にあったというべきだろう。

今、関川夏夫の『白樺たちの大正』（２００３）を読み返している。武者小路実篤らの実験的コミューン「新しき村」の顛末が大正という時代の気分とともに小説のように再現されていて興味が尽きない。宮崎県の山間地に建設された「新しき村」では1年目から人間関係をめぐる混乱や追放が続き、「たまごの会」を経験した者としては手に取るようにわかり実におもしろい。たまごの会の3・30は農場建設から5年目であるから、よくもったと言っていいくらいである。

またこの本ではじめて知ったのであるが、中国の魯迅の弟、周作人が数日だけだが村に滞在したことがあり、新しき村に大変興味をもち、その後北京に小さいながらも村外会員の「支部」を作ったというのである。そして１９２０年若き日の、まだ共産党創立以前の毛沢東は周作人を訪ね「新しき村」についての話しを聞いた。周恩来もまた周作人の新しき村の精神についての講演を聞き、おおいに興味をもったという。むろん2人はその後急速にマルクスレーニン主義に傾斜していくことになるのであるが。毛沢東はその前後の一時期「新村」を夢想していたということだ。彼は40年後、新中国成立後の１９５７年「人民公社、好」（コミューン、いいね）と言って文革の嵐の中、全中国を人民公社化してしまうのであるが、そこに若い日の小さな経験が影響していたのかどうかはわからない。人民公社はあまたのコミューンの例にもれず、何億人という規模で失敗し、その反動であろうか「理想より現実」「金がすべて」という赤い資本主義の帝国となって今があるのであるが。

自由、平等、贈与、相互扶助のコミューンは失敗を宿命づけられている。しかしコミューンの夢なく生きることもまたあらかじめ失敗を宿命づけられていると言えるのではないか？　２０１４／10／25

実体としての農場など実はどこにもないのである

テーブルの上に農場の古い写真が乱雑に広げられていたので久しぶりにじっくり眺めた。どれも写真としてみればありきたりのスナップ写真にすぎないが、農場のその時その時を確かに切り取っている。もうほとんどが過去の人だが（死んだと言う意味ではアリマセン）その多彩な顔ぶれに驚き、そしてそのほとんどを自分が知っていることにまた驚く。それは自分の人生とこの農場のかかわりの深さを示してもいる。

この農場には実に多くの人が来たし、また去って行った。農場スタッフだけを指折り数えてもかなりの数になる。研修や長期滞在を含めれば尚のこと。世話人やコアなメンバーとして農場と深く関わった都市会員を加えれば、その数は相当なものだ。会員としてあるいは短期滞在やイベント参加者などを含めれば数知れない。この農場の一番の特徴はと問われればこの関わった人の多さであり、人の流動性にあるといえよう。ひとつの農場が40年続くというのはそれだけでも大変なことだしたいしたものだ。だが、40年続いたということ自体は必ずしも珍しいこととは言えないかもしれない。しかしこれだけ人が入れ替わり立ち替わりしながら尚農場がここにあるというのは極めてレアな事例と言えるだろう。

40周年などというと私たちはついひとつの組織なり実体としての農場が40年続いてきたと考えがちである。だがそれは違う。実体としての農場など実はどこにもないのである。分子生物学者の福岡伸一氏は生物の本質として〝動的平衡〟という概念を提唱している（『生物と無生物の間』、『動的平衡』等）。生物はリアルな実体としてそこに存在しているように私たちは思ってしまうが分子レベルでみると、細胞であれ骨であれ何から何まですごいスピードで入れ替わっており、その流動と平衡こそが生物の本質だというのである。そのアナロジーでいえばこの農場の特徴もまた動的平衡にあるといえるかもしれない。多くの人が来て、また去る、その絶えざる流れの中でその時その時にからくも現出する現象としての農場。ボクはかねてより農場は「場所」でありひとつの「容器」だと言ってきたがたぶん同じことである。あるいはまた「たまごの会には人の数だけた

まごの会がある」という言い方をすることもあるが
それもおそらく同じことだ。

それはまた農場に来た人が最初に感じるという「自由の気風」とも関連しているはずだ。ここは農場メンバーが自由な空間にしようと意識しているから自由なのではなく、開かれた「場所」動的平衡というこの農場のありよう自体が自由の根拠なのである。農場は「組織」になることを集団意志として避けてきた。NPOにしようとしたこともあったが、その必要性がはっきりしないことやなんとなく農場にそぐわない（かえってめんどうなだけ？）ということだろうか、立ち消えてしまった。立ち消えてしまっても農場は農場として続いてる。そして40年、結局任意団体のままである。

任意団体というのは言ってみればサークル活動のようなもので、その時その時の活動があるだけだ。「任意団体なのにこれだけのことをやってきてたいしたものだ」というより「任意団体だからこそやってこれた」という方が本当に近い気がする。その時その時、ここを必要とし何かをやろうとする人が出現し、彼らに必要とされ利用されている限りにおいて農場は農場として現象しているといえようか。農場は常に行為的な現在として存在している（そこをかっては「農場スタッフは決意集団」というような言い方をした）。農場がありきたりの「組織」であったならもうとっくに破たんしていたはずだ。半ば気がつけば、半ば意識的に、そのようなスタイルで農場はやってきたのであり、そのありようは「初期設定」されていて、そこに「70年代的」を読むこともできるし、また立ち上げメンバーの思慮の深さもあったと言えるかもしれない。40年がすごいと思うのは曲がりなりにもそういう「場所」として40年という長き間維持してきてしまったということである。

しかし半面それがここの「わかりにくさ」にもなっていたし、一期一会のものとして再現性のないものにしてきたともいえる。同じような「場所」を作ろうとしてもできないのである。一般化できないというのは自己満足で終わりかねないということでもあるだろう。またそのようなあり方は農場がいつまでたっても経済的（経営的）に自立できない（旧たまごの会の〝遺産〟に大きく依存）根本の理由ともなっている。経営という動機が成り立たないのである。

世代が完全に交代すればこのような「70年代の遺物」スタイルは形骸化するしかないだろう。若い人たちがそれに替わる新しい形を生み出すのかどうか、そこが難しいところである。２０１４／11／1

一人の歌がいつのまにかみんなの愛唱歌になっていく

今の農場は自分が経験した農場生活の中で一番暮らしやすいのではないかと思う。その理由はいろいろ考えられる。若い人たちが皆おだやかでリベラル、総じて育ちの良さを感じさせることも大きい。彼らは豊かな時代に大事に育てられたのだろう。人柄がいい。ボクの少年、青年時代は貧乏なカントリーボーイであったから彼らが気楽にピアノを弾いたりサックスを吹くのをみているとまぶしくもある。今にして思うと農場第一世代は「トンガッテ」いたし、それぞれのキャラが鮮明だった。彼らの多くが70年前後の政治の季節の中でもまれてきていたことも大きいが昭和に自己形成した人間と平成にそだった人間はやはりどこか違う。

今の農場には理念性が希薄だということも大きい。初期には「農場かくあるべし」という理念がしっかりあったし運動の先頭を走っているという自負もあったと思う。生産面でもどこよりりっぱな飼い方、育て方をしている、モデルであるべきだという意識だった。「ユートピア闘争」などという言葉も聞いたし「共同性」もしばしば話題となった。それが建設期の農場の「熱源」であったことは間違いないが、反面農場生活を重いものにしていたことも疑いないところだろう。冷静に考えればそれが破たんするのは時間の問題だった。理想社会の建設の試みは必ずその真逆のものを生み出すというのはあまたの歴史が証明していると今では言える。しかし時代はまだ冷戦構造で、例の「大きな物語り」もまだ生きていたのである。

初期の共同生活が破たんしたのはむろん理念性の問題だけではない。メンバーの多くが夫婦あるいは家族で農場で暮らしていたことも大きい。当時は何組もの（4～5組）家族が顔を突き合わせ、ひとつのテーブルで食事をとっていたし、子どもも多かった。夫婦、家族というのは小さいがそれ自体強固な共同体だ。農場という共同体の中にそれが重複してあるというのは今にして思えば原理的に無理があったといわざるをえない。先回ふれた大正時代の実験的試み、「新しき村」でも「夫婦で入村した者たちは言うまでもなく、村で一緒になった6組の夫婦はみな村を去った。家庭というコミューンは、村というコミューンと両立しない。むしろ敵対する…」と関川夏央は「白樺たちの大正」の中でまとめている。ここ10年余、農場が曲がりなりにも共同生活しえたのは皆単身者だったことが大きい。子どももいなかった（ちなみに共同体としての農場という環境は子どもにプラスと考える人が多いが必ずしもそうとは言えない）。今後も今のような形で農場を続けるならばそのことに自覚的であるべきだと思う。

ところで今の農場はそもそも共同体といえるのであろうか。それともアブレ者の吹き溜まりにすぎないのだろうか。農場スタッフは何か明文化された理念を共有している訳でもなく、実現すべき目標を共有してもいない。皆、それぞれなのである。気楽な農場に居心地の良さを感じて吹き溜まっているだけではないのか。しかしモノは言いようで、この場所は「釜」だということもできる。いろいろなものが混ざり合い煮えている釜。その中で皆それぞれに何者かになってゆくのである。そこをもっと格好よくいえば「落ち武者が群雄割拠する〝梁山泊〟（木村）と言っても悪くない。『水滸伝』の梁山泊だって宋江らメンバーは何か理念を共有したりはしていない。ただ反逆心だけが共通項だったのだ。農場はやわらかい梁山泊だ、ということにしておこう。

農場スタッフ間の関係も同志とは言いにくい。國分功一郎氏はその著書『社会の抜け道』の中でこの農場をとりあげ、そこを「帰る道が同じなので一緒に帰ろうみたいな」と形容している。うまいこと言うなぁと思ったものである。同志というより同僚というところだろうか。農場という場を共有し、ここをより居心地よく、かつ面白い「場所」にしていこうという点についてはスタッフは意志一致している、と思っている。しかしこの場を使って何をやりたいかということになると、むしろそれぞれなのである。理念や実現目標を明文的に共有しているとは言い難い。理念性が希薄といったのはそういうことだが、誤解のないよう解説するとこれは理念がない、何も共有していないというのとは違う。理念や大きな方向性についてのアドバルーンが折に触れてあがるし、日常会話でも夢のような話しはいくつもでる。小さいことでいえば「馬がいたらいいねぇ」というようなことまで含めて。しかしそれがすぐ共有される訳ではない。一定期間を据え置くうちにそれらは自然と脱色したり熟成したりして皆が納得できるものはそれなりに共有されていく。「一人の歌がいつのまにかみんなの愛唱歌になっていく」そんなカンジで現スタッフは農場の基本性格と大きな方向性については共有しているはずだ。そのような大小のアドバルーンがあがらなくなったら?それは農場の寿命が尽きたとみるべきだろう。居心地のいい農場、料理もうまい、それも40年というそれなりに重たい経験の遺産だということである。2014/11/8

〈私の農場論〉

農的とはどういうことか

このコラムで以前にも触れたことがあるが哲学者の内山節は次のように言っている。(『日本人はなぜキツネに騙されなくなったか』2007年)「…このように考察していくと、1965年という年は、日本人の精神史にとって大きな転換期だったのではないか…日本の人々が受け継いできた伝統的な精神が衰弱し、同時に日本の自然が大きく変わりながら自然と人間のコミュニケーションが変容していく時代でもあった。その意味で1965年当時、日本には一つの革命がもたらされていた。…」

1965年は自分史でいえば高校3年生である。それ以前の自分の子ども時代は家が貧乏であったから山や川で遊びまわっていた記憶しかない。全くのカントリーボーイだったが当時の地方の子どもたちは多かれ少なかれそうだったと思う。街の生活が『3丁目の夕日』だった頃、田舎はまだまだ「うさぎ追いしかの山、コブナ釣りしかの川」であったのだ。その後ボクは家を出て地方大学で数年ごちゃごちゃと過ごし、東京に住むようになってからもウロウロして故郷に帰ることもなかった（冠婚葬祭は別として）。

意識して生まれ育った環境を見直すようになったのは30代になってからである。改めて周囲を見直すと、それはもうかっての故郷ではなくなっていた。山や川で遊ぶ子どもたちはいなくなっていたし、そもそも川にいたはずの魚やカエルがいなくなっていたし、肥溜めは埋められていたし、むろんもう馬はいなくなっていたし。見るもの触るもの、何もかも「散文化」してしまっていた。ツマラナクなっていた。それを当時、自分がオトナになったからだとボクは考えた。郷愁の中で子ども時代はいつでもそのように感じるものなんだと。だがやはりあの頃、「自然と人間のコミュニケーションのあり方の変容」が社会の深くで進行していたのだ。その革命をリアルタイムで生きていたということだ。内山の考察が妥当なものかはわからないが、自分史的にはそのような仕方で納得するのである。

小さな祠に鎮座していたり、油揚をくわえていたり、人をだましたり、人に化けたりして人の生活や心の中に住んでいたキツネがその頃を境に消えて、ただの動物種、イヌ科のキツネになった。1965年前後の頃どうして自然と人間はよそよそしい関係となり、あるいは自然はただ客体となってしまったのか。経済発展を至上の価値とした戦後、科学や技術への無条件の信頼、古いものは迷信とか封建的とかいうコトバで捨て去った進歩主義、電話やテレビの普及、モータリゼーションの発達による地域性の希薄化、都市への人の移動、機械化・化学化・大規模化する農業の生産現場等々。これらの価値を是とすることにおいて右も左もなかった。戦後はそういう時代であった。

かような戦後という時代そのものがそれをもたらしたのであり、1945年を戦後のスタートと考えれば1965年は丁度その戦後精神が成人したということになり、その頃人の心だけでなく、農村の草木一本にいたるまでが「戦後化」されたということなのであろう。もっともこれらの近代主義は明治維新のそれでもあるから、この時明治維新の精神が大衆レベルで達成されたという見方もできる。1868年を明治元年とすれば、ほぼ100年で日本人の精神は「開明化」されたのである。そのような意味では100年かかった「自然と人間のコミュニケーションのあり方の変容」が1965年に完成したと言った方が正しいのかもしれない。教科書的な政治社会史からは見えないもっと深いレベル、コトバにもなりにくいところで進んでいた歴史がその時姿を現したのである。

前置きが長くなったが、ここで言いたいことはボクたちが「農的」というコトバをつかっている課題はこの「自然と人間のコミュニケーションのあり方の変容」という「革命」に対応しているのではないかということである。農的課題とは「戦後化」した近代化を果たした人間が再び自然とのコミュニケーションを回復することは可能か、それはどのような筋道で可能となるかということであり、1965年以降日本の人々の前に出現した文明史的課題である。内山の言う「自然と人のコミュニケーションのあり方の変容」が戦後精神のたまものとすれば農的課題も戦後精神の中に孕まれたと言えるし、明治以来の近代化からとみるならば日本の近代100年が生み落とした課題ともいえる。

「農か農業か」「農的とはどういうことか」という問いはずっとぼくたちを悩ませてきた。今も農業志向（いや農的志向と言うべきだろう）の若者たちを悩ませ混乱させている（多くの場合、彼らは自らの混乱に気付かないほど深く混乱している）。農業の課題というのは有機農業であれ何であれコトバにし易いしわかり易い。それに比べ農という課題はとらえどころがない。しかしその深さと射程範囲を見定めておかなければ昨今の農的志向も斜陽化著しい農業や過疎化して消滅さえささやかれる田舎の穴埋めに（自ら進んで）使われて歴史のモクズとなるのが関の山ということになるだろう。ボクたちが直面しているのは農業問題でも田舎問題でもなく、もっと文明史的な問なのだから。２０１４／11／15

有機農業という言葉はやっかいな代物である

そういう見方で有機農業をみるとまた違ったものにみえてくるだろう。有機農業という言葉はなかなかやっかいな代物である。使う人や話しの文脈で意味内容が変わってくるからだ。

もとから農家の人が有機農業を語る場合はたいてい、「農業の課題」としての有機農業のことである。農薬や化学肥料を使わない農業、かってはあたりまえだったが今は敢えてする差別化農業。だから「この畑は有機だけどあっちの広いほうは慣行農法」などということが矛盾なく語られる。畑には除草剤は播かないが、まわりの通路には平気ということさえある。先進的農家の場合は「近代農法は安全性や環境負荷の面で大きな問題があり有機農業こそ本来の農業」だとしてポリシーとして有機に転換していくが、それでもやはり農業としての有機農業である。

都会で生活していた若い人たちが新規就農する場合は（Ｉターン）それとは違う。彼らにとって有機農業は「農の課題」であり、自然との深いコミュニケーションの願望の表現としての有機農業がまずあり、そのうえで「業（なりわい）」としてどう成り立たせるかという順番になる。だからそこでは「できるだけ機械に頼らず手作業で」「より自給的に、できれば家もセルフビルドで」「草も友だち」「お米も作るし野菜もあれもこれも」ということになる。田んぼの苗代作りを例にとっても、あえて泥田に入り「水中保温折衷」でやり、田植えも手植えで、というようなことが価値となる。つまり有機農業は彼らにとってまず価値の選択、ひとつのライフスタイルとしてあって、そのうえで農業としての有機農業ということになる。就農し年月を経れば農業としての有機農業が日常となり前面に出てくるのは当然だが、この本質は変わらない。そこが例えば戦後開拓などでの帰農と根本的に違うところで、1965年以後の日本の社会に出現した現象（人の動き）であるといえようか。

それは豊かになった社会の現象、社会的余裕の産物ではあるが、その豊かさを身をもって問い直すという意味では彼らは可能性として最もラディカルな批判者である。彼らが問うているのは経済発展至上の価値観であり、科学、技術のネガティブな側面についてであり、コミュニティ（共同体）の解体であり（個人主義の批判）すべてを商品交換に一元化してしまう資本主義の原理そのものだったりする。途方もないことだがそれは「戦後化」を問い直すことであり、「近代化」を問い直すことでもある。これが彼らが背負わされることになった課題、歴史の中での立ち位置だ。

しかしそれはテーマが大きすぎてにわかには言葉にできない。ましてどのような筋道でそこに至れるか誰も皆目わからない。それでも彼らは何かに突き動かされて道のない荒野に踏みだしてしまうのである。思いの外気軽に。

気を付けなければいけないのはこの時有機農業論の果たしている役割である。有機農業についての言説は「ハウツウ有機」からイデオロギーとしての有機農業運動論まで実に幅広い。それについて雑誌や書物も沢山出回っている。そうしたものが今の仕事や暮らしのあり方に疑問をもった若者たちを田園へと誘い出している役割を否定しない。だが同時にそれらが「農の課題」を「農業の課題」へ回収してしまう役割を果たしていることもまた否定できない。繰り返すが「農の課題」と「農業の課題」は課題としてのレベルが違う。「農の課題」は「農業の課題」

をその一部に含みつつもっと深く、射程の長い文明史的課題である。「農業の課題」としての有機農業はすでに農産物の生産流通の一部にしっかり組み込まれていて批判者という役割は基本的に失われている。良くも悪くも市民権を得ているといえようか。

今では若者たちの田園志向、ライフスタイルの選択としての新規就農さえも、更なる過疎化、限界自治体化する地方の、やむにやまれぬ最後の処方箋として期待され始めている。そこでは「ともかく地方へ来て住んでくれればいい、若い女性に子どもを産んで人口を増やしてもらいたい。何か新規事業を起こしてくれれば尚いい」そういう動きとして歓迎される。かような甘い誘いにのって地方移住する人も今後増えるだろう。皮肉なものである。ボクたちは地方の過疎化や農業問題に頭を悩まして「農」の方に歩み出した訳ではない。むしろ最も辺境的なテーマに取り組んでいると思っていたのに、気が付けば時代のスポットライトを浴びて「地方創生」などといういかがわしい（？）スローガンに組み込まれようとしているのだから。２０１４／11／22

農の課題と農業の課題

都市化された生活に出自をもつ（人たちの語る）有機農業ということばには「農の課題」と「農業の課題」が整理されることなく詰め込まれている。1982年の旧たまごの会の「分裂」は誰の目にもよく見える形でそれを実によく表していたと思う。

分裂にたち至った原因は単一ではないが、ベースに「路線問題」があったことは誰も否定しないだろう。共同自給農場を建設して約5年、一段落したところでたまごの会は自己を振り返り、また世に問う形で「たまご革命」を出版し、自費出版として「たまごの会の本」を作り、記録映画（といっていいかどうか）「不安な質問」を発表する。しかしそれは同時に潜在していた「路線問題」を浮上させることにもなった。たまごの会とは何なのか、どこに進むべきなのか。

「路線」をはっきりと提示したのは後に「契約派」

と言われるようになる人たちである。彼らは「農家と組む」ことこそ会の本筋だと考えた。地元の農家に有機農業に転換してもらい、彼らを都市消費者が買い支えることで農業の現場と食卓を結び、農業を変え都市の暮らし変える。農場生産は小さくしていく方向でモデル的有機農業を営み、同時に農家の生産物の集荷配送センターとしての役割を強くしていく。これは「提携」と呼ばれる有機農業運動論の考え方で、当時注目を集めていた山形県の「高畠町有機農業研究会」の活動や京都の「使い捨て時代を考える会」の活動などに刺激されていたのだと思う。そのような眼でみればたまごの会は農場を作りみんなでワイワイ楽しんでいるだけで、それでは別荘農場にすぎないではないか?!というのが彼らの批判である。たまごの会の原点をたどれば、いいたまごを生産している農家さんから安全・安心のたまごを共同購入するというのがスタートであるからこれは会の本流だし最大公約数だったともいえる。

それに対して「農場派」と言われることになる人々の言うことはわかりにくかった。共通していたのは「それは私たちが魅力を感じていたたまごの会とは違う」ということだけで、では私たち考えているたまごの会とは何なのか、そこがわからない。「作り、運び、食べる」を旗印にしたあのワイワイガヤガヤとした共同自給農場という実践には確かに何かあるのだが、そこがうまく言えないもどかしさ。様々な語られ方をした。「たまごの会は有機農業運動ではなく消費者自給農場運動だ(明峯)」「農場は都市への根拠地(井野)」「私たちの有機農業は農業用語を使った都市についての語り口(鈴木)」「たまごの会は農「業」ではなく農なのだ(?)」等々。

契約派は「農業の課題」という文脈でたまごの会を解釈しその方向に作り変えようとしていたし、農場派はたまごの会に「農の課題」に触れるものを感じとっていたのである。契約派が「農業問題が見えてきた」「農家を変える(啓蒙)」として農民運動を都市消費者が支える方向に運動としての意義(政治)を見ていたのに対し、農場派はむしろ60年代からの西欧的なヒッピームーブメントやコミューン運動と共振して都市住民自身の生き方暮らし方を変える契機としての農という理解で、そこに「新しい政治」の可能性を見ていたという言い方もできる。

実際の運動過程としてはかようにクリアーに分かれていた訳ではなく、関心の置きどころに濃淡があるだけで、両方のベクトルが混然一体となって不思議なエネルギーを発揮していたのが初期たまごの会であったと思う。それがやむをえなかったか必然だったかはさておき、敢えてする「分裂」がメンバーとその意識をふたつに切り裂いていったのである。分裂後についていえば契約派は「食と農をつなぐこれからの会」を立ち上げ新しいスタートを切ったが、「普通の農家と組む」ことはそうた易いことではなかったようである。農場派は農場を維持していくことはできたものの、それが何なのか、農場を維持することで何をしたいのかという問いには答えを用意できないまま、次第に普通の実業としての有機農場化、あるいは一種の契約農家化していった。いずれにせよ両者ともに魅力と社会的迫力を失うことになったのである。２０１４／11／29

たまごの会はよくできた共同体だった

ではどのような仕方でたまごの会は「農の課題」に触れていたのだろうか。それはおそらくたまごの会が「共同体という体験」だったということと関わっている。

伝統的社会にあって人と自然のコミュニケーションという場合、ある個人が客体としての自然とコミュニケーションの回路をもっていたということではない。伝統社会では人は皆、家族、血族、部落、宗教、講、等々様々なレベルの共同体に属していたが、その共同体が人と自然が重なりあう場、人と自然のコミュニケーションシステムとして機能していたのである。そこでは個人を生きることが同時に共同体を生きるということであり、彼らはシキタリやオキテ、年中行事、マツリ、冠婚葬祭など沢山の行事を通して、また日々の仕事や振る舞いを通してムラの神話、物語世界を生き、山や川などその土地の自然とつながっていた。

人がキツネに騙され、夜中に道端の地蔵様が田植えをしてくださるのはそのような場においてである。このように考えれば人と自然のコミュニケーションの回復というテーマは、実はどのような、あるいはどのように共同体という次元を回復するかということと不可分、いやおそらく同義だということがわかるだろう。

振り返って考えてみるとたまごの会はよくできた共同体だった。少なくとも共同体がもつべき要素を萌芽的には持っていた。あるいはほとんど意識することなく伝統的共同体に似た構造を作りだしていた。長くなるがそのいくつかを挙げてみよう。

第一は農業が人と自然をつなげている、そのような農業をベースに集団が形成されているということである。あたりまえと言うかもしれないが、これは基本的なことである。有機農業は都市の消費者でいる間は安全安心の農産物を生産する農業という理解でいい訳だが、自分（たち）で農場を作り動物を「飼い」作物を「育てる」立場にたてば日々の営みの中で「家畜」と呼ばれる動物たちや「作物、野菜」と呼ばれる植物と触れ合い、戯れることになる。それは「去勢された自然」ではあるが、彼らを媒介として私たちはその向こうの「自然」とつながるのである。

いや新石器革命（農業革命）以後の人間にとってはその「去勢された自然」こそが日常的でリアルな自然だ。たまごの会では有機農業は農業（経済）である以前に自然との関係のもち方、自然や生き物とつながる方法として意識されていた。だからたとえ安全な卵を産んだとしても鶏はケージで飼われてはいけないし、無害であったとしても畑に除草剤を播いてはいけないのである。それは生き物と付き合う「作法」に反している。そのような仕方では自然は自らを開示しないからである。

1965年以前の伝統社会でもおおむねそのような「農」業が営まれていた。むろんそれは理念的にではなく、経済と技術の発展段階に規定されてのものだったが。農業の現場からそのような「農」が失われていったのは1961年に制定された農業基本法以後の農業の近代化によってである。ここで詳しく触れることはできないが、近代化農業と総称される現代の農業の問題点は沢山あるが、最も本質的で、人間文化の本質に深く関わることでありながら最も見えにくい問題は、農業の現場から本来的な意味での「飼う」「育てる」という行為が失われた、ないしひどく貧相になったということである。現代畜産の現場に行き、あるいは野菜の「産地」に行けばそれがよくわかるだろう。そこでは動物たちは「産業動物」であり、植物は「産業植物」つまりはモノであるから何も語らない。自らを開示しないし人もそれを見ない。「生産」はあるが「飼う」「育てる」がない。「農」ではなくなったのである。

たまごの会は共同で自給農場を作り、「自ら作る」に踏みだすことで都市住民という出自のままに「農」という人と自然が重なる場を手に入れ、いのちあふれるワールドに触れることができたのであり、それが他のあまたの市民運動グループと違う際立った特徴である。「農」の世界に根を下ろしていること、それは伝統共同体とたまごの会に共通する基礎的要件である。2014／12／6

農の現場にはふたつの贈与の原理が働いている

「農」がどのような構造で成り立っているかもう少し違うことばで考えてみよう。農業では人は経済目的をもって動物や植物の生を操作し、その増殖性をコントロールしてより多くの余剰を引き出そうとする。そのような意味では普通の経済行為と変わりがない。しかしよく見れば生産とはいいながら人がやっていることは彼らがより効率よく育つ環境を用意することだけだ。工場のように卵や米を直接生産している訳ではない。鶏を飼ったり稲を育てているだけだ。そして鶏が卵をうみ、稲が米を実らすのは自然がもとより持つ力だ。太陽の光も空気も土も水も人が作ったものではない。その自然の中で卵も米も生み出される。人は自然から「もらう」（贈与）

という形でしか食べ物を手に入れることができない。事実としてそれは感謝とともに「いただく」しかない「恵み」なのである。

では、「飼う」「育てる」はどうだろうか。私たちは交換経済に慣れているのでそれも何か目的があってするものだと思いがちである。農業は経済であるから「飼う、育てる」も経済行為だと考えてしまう。しかしよく考えてみると「飼う、育てる」は経済から独立している。そこには違う原理が働いている。ペットをみればそれがよくわかるだろう。ペットは「癒しを目的に飼う」と考えられがちだがそれは正しい言い方ではない。ペットとは飼うこと自体が目的の動物のことだ。それゆえそこには「飼う」の本質がよく露出している。

そこにあるのはひたすらの贈与だ。モノやサービスが一方的に注ぎ込まれる。それは対象とコミュニケーションを結び、一体化し、わがものにしようという願望だ。贈与だからこそそれが可能になる。かわいさもそこに生まれる。経済ではないからこその癒やしであり可愛さなのだ。家畜を飼うも作物を育てるも本質においてはペットと変わらない。農業では経済が前面にでて、数を扱うし作業がルーティンワーク化するのでそこが見えにくくなっているだけだ。農業の中でも「飼う・育てる」に没入し家畜や作物がペットのようになってしまうのは珍しい光景ではない。そこに違いはないのである。農業がなぜかおもしろいのもそこに経済ではない「飼う・育てる」があるからだろう。

このように農の現場にはふたつの贈与の原理が働いている。卵や米は自然からの「贈り物（もらいもの）」という意識は人も自然の中では何ら特別な存在ではなく、あり方として虫や鳥や獣と同じだという謙虚さを生むだろう。自然の中で生かされている、あるいは分をわきまえるという意識である。他方「飼う・育てる」は動物や植物とのたわむれの中で親しみやかわいさの感情を生み、一体感をもたらすだろう。（「飼う」や「育てる」は新石器革命（農業革命）以後の人間だけがするきわめて「人間的で」

奇妙な行為だが、そこには自然から自己を疎外した人間が再び自然と一体化しようとする願望が潜んでいる気がする。「飼う・育てる」は経済よりずっと深い地層に根ざしている。ペットやお花などというと何かとても軽いもののように思ってしまうが農業での家畜や作物よりずっと原初的なのである。有用性はあとから〝発見〟されたというのが本当のところではなかろうか）

こうして「農」の現場にふたつの贈与の原理が働くことでそこに人と自然をむすぶ通路が開かれる。それが農業の世界が持つ基本的な明朗さや楽しさの根拠であり、農業が直接には自然破壊や生命操作にもかかわらず人間原初の営みのように思えてしまう理由ではなかろうか。しかし農業は常に「業」つまり経済でもある。経済の原理は農の原理と相反する方向で働くだろう。そこでは「飼う、育てる」は農業労働となり、動物も植物もモノとして扱われ効率が前面に出ざるをえない。自然との通路は閉ざされる。

１９６５年以前の農業にはおおむねこの贈与の原理と経済の論理が矛盾しつつ併存していた。その間でゆれながらもどちらを排除しても農業たりえないことは〝お百姓〟であれば誰でも自明だったのである。意識にさえのぼらないほど当然のこととして農も業もあった。

繰り返しいっているようにそこから贈与の原理を排除し経済だけにしてしまったのは１９６１年の農業基本法以後、加速度的に展開した農業の近代化である。農業が「工場の論理」で営まれるようになった。そのことで農業は農ならざる何物かになったのである。現代では農業は単なる動物虐待と自然破壊を伴う産業にすぎないものとなっている。そこからはもう人と動物や植物が織りなす物語は生まれない。

２０１４／12／13

「公」的レベルが贈与経済的にまわっている

「飼う、育てる」という農の現場に働く根源的な贈与の原理をベースとして伝統共同体は非交換経済的な活動にあふれていた。神社の庭の清掃から水路の管理、川の土手草刈り、道路の補修などムラの公共にかかわるエリアはほとんど無償労働（奉仕活動）によってまかなわれていたし、日常の仕事や生活の中でも手助けしたりされたり、モノをもらったりあげたりするのは普通だった（相互扶助、結いや葬儀の場など）。またムラは里よりずっと広いヤマを暮らしの土台としてもっていたがそのほとんどは共有林や入会地でありムラビトの共同作業で管理されていた（薪炭林、萱場、竹林等々）。

すでに江戸時代には米や炭や紙など様々なものが商品として生産され、また多くのものを外から購入しなければ暮しが成り立たないという意味で、ムラには商品経済が深々と入りこんでいたが、その商品経済はこのような多様で奥深い贈与経済でまわる「公共」という海の中にあってはじめて可能になっていた。それはイエやムラという共同体意識を更に強化する方向に作用するだろう。このような集団は近代的個人という意識からは〝クモの巣のようにベタつき〟〝家父長的で〟〝排他性の強い〟耐えがたいものであるだろう。しかしそのような共同体こそ実は健全で強固な共同体なのである。

たまごの会もよく似ていたと思う。会内のモノの生産流通をはじめいろいろな活動のほとんどすべてが〝非交換経済的〟なものであった。手弁当である。農場スタッフの生産活動も「必要なお金は使ってよい」の他は〝子どもの駄賃〟程度の「おこずかい」があるだけでほとんどボランティアであったし（ボランティア意識という意味ではなく、労働とその対価という意識で働いていた訳ではないということ）、モノの流通（配送）も会員の手弁当でまかなわれた。そもそも4千万円ほどの農場建設資金自体、会員からの出資という名のカンパでまかなわれたし、建設も「たまご組」という建築学科学生を中心とした自主建設であった（出資金は退会時には返却するという原則であったが、返還額は一年に1割目減りするというものであった。「その分もう食べたり楽しんだ訳だから」という理屈だが10年会員でいると出資金は消えてしまうのである！）。

また卵や野菜や肉という「生産物」にも原則として価格はなく、会の運営がまかなえるだけの収入があり、会員間の不公平が生じないために「品代」がつけられていただけだった（しかし実際には会外の契約農家から仕入れがあり、その野菜や牛乳は価格でなければならなかったし、品代も市場価格を見ながら決めていたので時とともに実質的には価格となった。自主配達が宅配便になり、商品経済化していったのと同じである）。たまごの会では「食べ物の安全性が失われたのは農業の市場経済化の結果であり、食べ物が商品化したから」という理解であったから、市場経済の論理が会内に発生することが警戒されていたのである。このようにたまごの会も農場の生産現場での「農」へのこだわりをベースにして、多様な「贈与経済」でまわっていた。それは会の共同性の次元を強め、仲間意識、たまごの会意識を強める方向で作用したはずである。

奉仕活動、共同作業などは個人を越える集団（公共）という意味レベルにおける行為である。私たちはしばしば「共同体（ムラなど）には奉仕的仕事や共同作業が大変多い」という言い方をする。しかし正しく言えば集団としての公的レベルの仕事が贈与的に担われていることでその集団が共同体として生まれてくるのである。共同体というのは固い実体ではなく、多様にして重層する非交換経済的活動によって常に再生産されていくその集団の「公」のことなのだといえるかもしれない。それゆえそのような活動が無くなれば公も消え共同体も解体していくしかないのである。

ムラについていえば米であれ野菜であれ作るものがすべて個人農家による商品生産となり、道路や橋の補修は自治体の公共事業として外部化され、水路はコンクリで整備されてボタンひとつで配水ができるようになり、共有林は分割されて私有化され、入会地は無用になり、娯楽は沢山のムラの祭りや儀礼からテレビになり、機械化と化学肥料で結い（ゆい）は要らなくなり、最近では葬儀も中心はＪＡなどのセレモニーホールに外注となり、つまりはムラの「公」エリアはほとんど外部化され商品経済に組み込まれた。そしてムラの暮らしは風通しが良くなり楽になった。しかしそれがそのまま共同体としてのムラの解体のプロセスでもあったのである。暮らしの必需品としての共同体は不要になったということである。

たまごの会に即していえば品代が〝価格〟になり、スタッフへの支払いが〝手当〟になり〝給料〟と呼ばれるようになっていったが、それがそのまま共同体としてのたまごの会が解体する道筋でもあったのである。むろんそうなるにはなるだけの理由が十分あった訳だけれども。

集団としての「公」的レベルが贈与経済的にまわっているということ、それがムラ共同体とたまごの会が似ているという第二の点である。2014/12/20

農場は神社である

第三に農場が伝統共同体における「神社」に似た機能をもっていたということである。ムラ(共同体)には必ず神社があり祭りがある。あまりにあたりまえすぎて私たちはそのことの意味を十分には理解していない。神社とはいうなれば自然という神々に通じるための装置であり、神々の降りてくる場所である。神前では毎年神楽が舞われ、そこではムラの創成神話や伝説が物語られた。神がムラの中を行幸し、ミコシが担がれた。それが祭りだ。神社はそこにあるというだけで、人間を超越する何かが存在する、奥深い自然の中に畏敬すべき何物かが存在するということを示していたし、「氏子」として祭りに参加するということは、個を越えた共同体の物語に同化していくということであった。神社(神話、マツリ)がムラをして共同体たらしめているといえるだろう。このように人々が神社の「氏子」になるという形で共同体は立ち上がってくるのである。それゆえ神社は共同体の核であり、最も神聖にして公共の場であった。そのようなものであったから氏子の出資(資産に応じたカンパ)で建設も補修も為されたし、日常管理も氏子の奉仕であった。また氏子として神前では皆平等を原則とした。

較べるべくもないが、このように考えてくると農場がたまごの会の中で果たしていた機能と似ているところがあることに気付くだろう。たまごの会が農場をもったのはいわばたまたまである。農家との直接取引では納得のいくたまごが入手できなくなったこと、また農場に入ることを宣明する青年たちとの出会いがあったこと、1970年前後の〝熱気〟がまだ残っていたこと、等々である。それはたまたまではあったが、会員の出資で共同農場を作ってみると、それがモノの生産の場以上のものとして機能しだしたのである。会にとってそこは最も公共性が強い中心となり、会員がその氏子となるような構造ができてしまった。残念ながらそこにカミはいなかったが、山岸式養鶏法や有機農業は農業というよりはむしろ自然と結ぶ方法のように理解されていたから擬似的にではあるがそこは自然という何かに通じている場所とも感じられた。

会員にとってそこは個人を越えた公共の場所であり、中心であり、自然あるいは野性が露頭している場所となった。「消費者」でしかありえなかった都市民にとってそれは新しい発見であり驚きだった。そこではまた同じ氏子として職業や年齢、思想や経験等々、実社会のシガラミを脱ぎ捨てて自由に振舞うことができた。このような「構造」と「場所」は産直関係では持ちえないのであり、そのような意味でこの時たまごの会は、はからずも新しい共同性の地平に進み出たといえよう。たまごの会という「公」、つまり共同体の誕生である。

たまごの会はかってのムラと違い、都市部の市民運動であったから地域性は持ちえなかった。「氏子」は都内各地に散在していたから、彼らを〝顔や風景〟のみえる具体的レベルで結んでいたのは農場という場所と配送車であった。地区世話人は折にふれて氏子たちを農場に「参詣」させていたし、会員の手弁当による配送は農場と生き物たちの織りなす物語の語り部として卵や野菜や肉、牛乳などモノに乗せて会員間の口語的なコミュニケーション回路ともなっていた。そのような仕方で、擬似的にではあるにせよ〃風景〃と〃物語り〃を共有していたといえるかもしれない。

集団のサイズのことにも触れておきたい。ある集団が共同体として立ち上がってくるにはそのサイズが重要なファクターとなる。あまり大きすぎると〃風景〃と〃物語り〃が共有できず、口語的コミュニケーションが成り立たないからである。これもむろん意図していた訳ではないがムラ共同体とたまごの会はその点よく似ていた。ムラは普通50戸前後でひとつの集落を形成するが、たまごの会も（会員数は最大時で300戸を越えていたが）コアなメンバーでいえばやはり50人（戸）前後ではなかったかと思う。語られることはなかったが大事な点ではなかろうか。2014／12／27

神観念は眠っているだけなのであろうか

このように農場は神社に似た機能を果たしていたが、その中心テーマである御神体と神話、マツリはさすがにもちえなかった。これについては二つのことをコメントしておきたい。

ひとつは農業は神観念を内在させなければ社会的にも自分自身にとっても危険なものになりかねないということである。お米や肉は道端に落ちている訳ではない。人は岩魚やリスのように森の中で静かに暮らしている訳でもない。木を切り倒して土をはぎ、水を引いて田を作り、種を播いてそれを育て、一気に刈り取る。イノシシを捕まえ飼い慣らして豚と為し、餌を食わしてこれを育て、大きくなったところを殺して肉をとる。いずれも荒々しい人為であり、農業はそのような仕方で自然あるいは野生といわれるものと触れ合い、たわむれ、そこから富を引き出してくる。しかしこの合理精神と人間中心の営みは人の精神にある種の負債感を生み出し心に堆積させていく。

農業が原理的にはらんでいるこの問題は古来人を悩ましてきた。これは相手が動物の場合とりわけ問題になる。原理的には同じでも作物や野菜の場合は〃命を奪い取る〃という負債感は少なく、むしろ〃もらう、恵み〃という感覚をもつことができる。古来、人はそこはあまり悩まなかった。しかし相手が動物となるとそうはいかない。自分が大事に育てた動物を使役したり殺して肉を食うということは強い負債感なしにはできない。そもそも人は平常心でルーティンワークのように動物を殺すことができないようにできてるし（そこがフリーでは仲間殺しが多発し集団が維持できない。このタブーすなわちあの〃いやな感じ〃が解除されるのは狩猟や祝祭空間というアドレナリンが沢山分泌される時だけ）、加えて「飼う」という行為は意味的には「子育て」と同じなので「自分が飼っている動物を殺す」というのは「子殺し」のタブーにも触れることになるからである。

「畜産」では〃もらう、恵み〃という本質はこの負債感のうしろに隠れてしまう。「自然の中に人間を超越した存在を認め、それを敬い、人間のために命を落としたモノ（霊）をマツル」ことでこの負債感を帳消しにし同時に恵みに感謝する、これがこの列島に住む人たちが選択してきた方法である。「神を畏れる」ということである。同時に人為（文化）の対極に「山」を〃あるがまま〃の自然としてあがめていた。人々はこのような形で狩猟採集に替わる「農業という文化」を築いてきたのである。それはまた人間中心主義が暴走する歯止めにもなっていただろう。農業はその内に神観念をそなえていなければ自然を食い荒らすだけでなく、自分をも頽落させてしまうかもしれない危険をはらんだ営みなのだ。

いまひとつはそのような神観念を迷妄として歴史のクズカゴに遺棄してきたのは他ならぬ私たちだということである。私たちを作ってきた〃戦後精神〃は徹底して人間中心主義であり、科学と進歩と経済発展を至上価値としてきた。たまごの会も豊かになった社会の産物であり、高等教育を受けた人々の開明精神が生んだものであったから当然それに加担していた。それ故、自然の中の神という意識は自らの戦後精神の枠組みを問い直すという思想的作業を伴わざるをえない。昔話しとしてならばともかく、アクチュアルな課題としてはなかなか困難なことなのである。

時代的な制約という意味で無理もないことではあったがたまごの会はこれについてはテーマ化することはできなかった。話題にさえでていなかった。しかし近代農業の暴走は神観念の遺棄と共同体の解体という「地慣らし」があってはじめて可能になったことであるから本当はこの問題を避けて通ることはできなかったはずなのだ。「農」を語るのであればいつかは向い合わねばならない課題として手付かずのまま今に残されている。

神話といいマツリといいどちらにせよ途方もないことではある。それは伝統的共同体に特有のものであり、その解体のあとはもはや民俗学の中にしか存在しない。そもそも私たちが使うことば、すなわち近代精神はその解体の中から生まれてきたものであるからこのようなことばでは原理的にこのテーマには近づけない道理なのだ。それを承知のうえで農場ではここ2年ほど、〝鎮魂祭〟なるものを密かに(?)催している。アイヌのイヨマンテ（熊祭り）をモデルに殺した豚やトリの魂をあの世に送りその卵や肉が私たちにもたらされたことに感謝するのである。パロディにすぎないとはいえ心の重荷が少し軽くなるから不思議である。神観念は消えてしまったのではなく、ことばや振る舞いが与えられないのでただ眠っているだけなのであろうか。

2015／1／5

「個人」を原理とする世話人会

第四に集団としての意思決定の方法が似ていた。たまごの会は地区世話人が十数軒、多いところで50軒程度の会員を束ね、そのような地区が20前後連合したものである。各地区世話人に農場スタッフが加わる形で世話人会を構成し、この世話人会が会として唯一の意志決定の場であり、かつ執行機関であった。たまごの会には規約もなく、代表も置かず会員総会のようなものもなく、世話人会での申し合わせがすべてであった。世話人もいわゆる地区代表ではなく、地区を立ち上げ会員を束ねるいわば〝領主〟であり、地区の人々の意向を常に勘案してはいるけれども最終決定は世話人個人の意志と責任で為された（実際には地区により事情は様々）。このようであったからたまごの会はいわゆる民主的な「組織」ではなく意を決した個人の連合、グループというべきものである。初期たまごの会の行動力や勢い、面白さはこの「個人」を原理とする世話人会という運営方法を抜きには語れない。

世話人会による運営にはいくつか特筆すべきことがあった。まず多数決という方法はとりえなかった。一般に多数決は少数の意見を排除し多数に従わせるための強制力であって、多数の人々を数として動かしていく組織の論理であり「政治」である。しかしたまごの会はそもそも組織ではなく個人の連合であり運動体であったから、その内のたとえ1人でさえ排除する正当性を他の誰ももちえなかった。またたまごの会では「何が正しいかではなく何をやりたいかを語れ」としばしば言われた。これもまた「正しさ」は必ず「正しくないもの」を作り出し排除する強制力として機能するからである。運動は「～すべき」という正しさの観念（イデオロギー）ではなく、それぞれ固有の「何をやりたいか」「何がおもしろいか」という全身体的欲求に駆動されなければならない。ここにはそういう洞察があるだろう。

しかしこのような前提で運営するにはメンバーそれぞれに〝与党的態度〟が求められることになる。組織にはしばしば〝野党反対派〟が生まれる。相手を批判することに自らの存在理由を見出す一群の人々である。しかし野党あるいは反対派というのはそこに権力構造があり、多数決や「正しさ」で「政治」が動いていく時、ある場面で一定の有効性をもつだけであり、その前提のないところにかようなスタイルが持ち込まれると運営は成り立たなくなる。反対を言いつのる人が1人でもいれば、排除の論理（多数決）をもたない以上、運営はデッドロックに乗り上げてしまうのである。同じことだが実行意志を伴った「何をやりたいか」をもたない人々が集まってもこの運営は成り立たなくなる。どこかの事務局から「方針」なるものが提起されて、その是非を議論していればいい訳ではないから。

このようにみてくると世話人会方式というのは多数決民主主義的な組織運営の批判として構想されていることがわかる。実際、この点に関しては初期たまごの会は相当に意識的であったと思う。そしてそこには「正しさ」の観念や「組織」がもたらした数えきれない悲惨の記憶が反映していることもまた容易に推察がつくだろう。

しかしこのようなスタイルで運営するのは実に根気のいることであった。全員の納得というのはテーマが重大であればそれだけ困難であり、同じテーマで繰り返し会議をもたなければならなかった（全員賛成とまではいかなくとも積極的に反対の人はいないというところまでもっていくことでさえ）。またこのスタイルは運動を立ち上げる時には有効に機能するが、それだけでは運動体を長期的に維持していくことはできない。組織運営という普通のやり方も必要になってくる。実際のところ、世話人会方式が有効に機能したのは初期だけではなかろうか。

さてこのような意志決定のスタイルは近代的な組織の「会議」というよりむしろかってのムラの「寄合い」に近いのではなかろうか。寄合いはお互いに顔見知った共同体の運営の方法で、そこには「多数決」も「正しさ」もなく、〃やる必要のあることのすり合わせ〃があるだけである。もっと積極的な言い方をすれば一揆を組む時のやり方でもあるだろう。一揆は意を決した「個人」の横並びの連合であり、正しさではなく実現目標の共有と行動の調整があるだけだった。一揆は組織がやるものではないし、組織にはできないのである。共同体の意志決定というのは結局のところこのような形に落ち着くのであろうか。面白いところである。２０１５／１／10

ムラ共同体の解体によって私たちは何を失ったのか

伝統共同体（ムラ）は解体したと言われて久しい。

それはもう50年も昔の話題である。しかしその解体によって私たちは何を失ったのか、その何が問題なのかが問われることは無かった。なぜとなればその解体を誰も問題とは考えていなかったからである。

当のムラの人々にとってそれは〝豊かさ〟〝便利さ〟〝明るさ〟と引き換えのものであったから当然である。共同体とは言ってみれば〝しばり〟であり〝重荷〟でもあるから、それ無しで暮らしていけるならばそれに越したことはない。ムラは風通しも良くなり暮らしやすくなったのである。むろん今もムラはあるし祭りもある。しかしそれは地縁、血縁でつながった人たちの近所付き合いに近いもので、すでに彼らは個々の暮らしと人生を生きていて基本的には都市民と変わらない。若い人は特にそうだろう。

他方、都市の人たち、戦後の科学と進歩と経済発展を担った人たちにとっては共同体の解体は当然のことであった。ムラは進歩の反対語であり、科学の反対語であり、民主の反対語であり、経済発展の反対語であったから。この点に関しては右も左も同じで、むしろ左（マルクス主義陣営）の方がより積極的だったかもしれない。マルクス主義歴史観は進歩史観であり、封建制の名残りであるムラ共同体の解体なくして市民社会も社会主義もない訳だから。

要するに、ムラ共同体を律していた価値や人生観、世界観は戦後精神と真逆だったのであり、それ故戦後精神の中に生きた人にはそれは〝見えなかった〟ということなのであろう。共同体の解体とは何か、それによって私たちは何を失ったのかという問いは立てようがなかったのである。戦後の歴史は「戦前など無かったように」進んできたが、ここでも同じ態度が繰り返されている。戦後はムラ共同体など単に全否定すべきもの、なかったものとして私たちは生きてきた。しかし一般的な歴史理解によれば中世の惣村以来、日本社会の基盤であり続けた共同体が解体したとあらばそれは大きな歴史の区切りであり、その意味を問うことは実に重大な問題であるはずなのだ。

『日本人はなぜキツネにだまされなくなったのか』

で内山節氏が言う「1965年頃の人間と自然との関係の変容、ないし革命」はこのムラ共同体の解体と密接に関連しているのは容易に推察がつく。ムラは「農」という営みや日々の暮らしを通して、はたまた精神世界においてもその土地の生き物や自然、山や川と深く結びついていた。共同体は人間だけでなく、それら（彼ら）を含めたものとして構成されていた。そのような意味で、共同体は人と自然とのコミュニケーション装置、あるいは人と自然の共生装置だということもできよう。

〝風土〟といわれるものが人間の営みとその土地の自然との合作だということからいえば共同体とは〝生きられた風土〟だと言ってもあながち間違いではない気がする。その共同体が歴史からフェイドアウトしたということは要するに私たちが「暮らし」という身体性のレベルでの自然とのコミュニケーション回路を失った、あるいは社会の土台から人間と自然の共生装置が失われたということになる。

この問題はムラに住む人よりむしろ都会に住む人にとって切実となる。ムラの人はそうは言っても農業も自然も身近である分自覚症状を持ちにくい。かって日本の田舎はどこへ行ってもムラであり共同体であった。日本近代を牽引したのは工業であり都市であったとはいえ、その発展を支えたのはそのムラであった。戦前から戦後の一時期まで日本社会の土台はムラであり、そこから食糧、エネルギー、様々な物資、有能な人材、労働力、知識や技能、ありとあらゆる富（資源）を吸収し続けることでその発展は可能になっていた。そして忘れてはならないのは都市の暮らしもそのような形でムラとつながり自然とつながっていたということである。日常の中に田舎の手触り、自然の息吹が普通に感じられた。都市の暮らしもまた〝根っこ〟があったのである。

その共同体が戦後の燃料革命によって、人材の流出によって、戦後教育によって、テレビの普及によって、モータリゼーションの浸透によって、農業の〝近代化〟によって、つまりは戦後の商品経済が田舎の末端まで達したことによって解体してしまった。そして都市の暮らしから生き物や自然の手触りや息吹が失われ、人々は〝裸の個〟として生きざるを得なくなった。都市が自然から浮遊するようになったのである。1965年の革命にはそのようなことも含まれている。2015/1/17

自らを語りうるだけのことばも無かった。早すぎたのである。

初期たまごの会の記録映画と言われている『不安な質問』(松川八州雄監督)に農場の居間(三間四軒)でメンバー全員が合唱するシーンがある。明峯哲夫さんがピアノを弾き、惇子さんが〝ささら〟を鳴らし、魚住さんがギターをもち、鈴木光男さんがエアーで「♪あしたからはあなたなしで生きていくのね♪…」とうなるあのシーンである。ボクは農場の初期メンバーではないが、撮影の終わり頃には農場にいて、このシーンにも隅の方で同席していた。たまごの会のイロハもよくわからない頃だったがこの撮影のあと、女性スタッフの1人が「ヤラセよねぇ」と吐き捨てるようにクサしたのをよく覚えている。確かにあの時以外、皆で歌を歌う光景など見たことなかったし、あとから知ったことだがすでにこの頃には農場内人間関係は最悪だったから。だからヤラセといえばヤラセで、松川氏の映画にこのようなシーンが必要だったので、それを承知で皆が演技したのである。

ならばウソかといえばウソでもないところが難しいところで、農場建設はあのような心身の共振と高揚がなければ不可能であったはずなのだ。ウソといえばウソ、ホントといえばホントのような『不安な質問』で松川氏は何を〝記録〟しようとしたのであろうか。るる述べてきたこの小論にひきつけて言えば、それはやはり生き物と共同体ということになるのではないかと思う。ポスト1965という時代の中で〝裸の個〟として生きざるを得ない本質的孤独を抱えた都市民が農や生き物、共同体という生き方に触れた時の驚きと喜び、そのようなものではないか。そしてそれが一場の夢として消えていく予感の中で『不安な質問』としたのであろうか。

さて、たまごの会が農場建設に着手したのは1973年であるが、もしその10年前であれば「農の課題」など存在せず、都市民による農場建設もありえなかったはずだ。それはポスト1965年という時代にしてはじめて現実的たりえたのである。たまごの会がことばとして掲げたのは「食の安全性」「本物の食べ物」ということであり、言ってみればそれだけだったがそこに生き物や自然とのコミュニケーションの願望、共同体という生き方への欲求があったことは疑いえない。

「農場建設」はその最も直接的でわかり易い形だった。たまごの会に関わった人たちが「農場」という単語を発する時、そこにある特有の感情、メタメッセージはそのようなものである。たまごの会はそのレベルでポスト1965年という時代の深いニーズに触れていたのであり、それこそがおもしろさの根源であり、共感を呼んだ理由であるだろう。たまごの会がもしその方向で素直に自己展開を遂げていれば〝田舎でもあり都市でもあるような新しいコミュニティ〟〝人と自然の王国〟の試みとしておもしろいものになったかもしれない。しかし残念なことにたまごの会はその可能性を十分開花させる前に勢いを失ってしまった。その理由はいろいろあるにせよ、70年代80年代はまだ冷戦構造の時代だったし、自らを語りうるだけのことばも無かった。早すぎたのである。

ここまでムラ共同体とたまごの会を並べて考えてきたが、本来比較できるようなものではないことは承知している。ムラ共同体は日本社会のベースにあった実体であり、歴史の自然過程として生まれ、また変容し解体していったのであってそこに個人の意志とか運動とかは関係がない。他方たまごの会は70年代の市民運動一つ、それもごく小規模なグループであったにすぎない。ことばの正確な使い方はわからないが、そのような意味ではたまごの会は共同体というよりコミューンと言った方が正しいのかもしれない。コミューンは一般に人々が意志して立ち上げるものだから。

しかしたまごの会をムラ共同体という日本史の経験に照らしてみるとたまごの会とは何であったのか、何たろうとしていたのかがクリアに見えてくるから不思議である。むろんたまごの会はムラのことなど意識したことは全くなかった。それが似てくるとあらば、生き物や自然とともにあろうとする暮らしはおのずと似たような形になってしまうのか、それとも無意識に身体に記憶されたムラ共同体を呼び起こしていたのか、いずれにせよおもしろいことではある。2015/1/24

鈴木 文樹
今回たまごの会の「まとめ」を書きました。むろん鈴木流のまとめですが、ことばにしておかなければ次世代に伝えることもできません。担った人たちも亡くなったり高齢化したりで、40周年は最後の機会かなと。

時給(自給)500円の世界
——茨木 泰貴

スーパーで餃子の皮20枚入りを100円で買うとする。一方、自分で手作りで餃子の皮を作ろうとすると不慣れもあって20枚作るのに1時間かかった。同じ1時間であれば、外で1時間働いて得たお金(仮に1000円)で餃子の皮を買えば、残った900円を自由に使うことができる。別の言い方をすれば、手作りの1時間と外で働く6分の労働(100円分)が等価という事になる。外で6分働いて100円を得て餃子の皮を買い、残りの54分は働くなりのんびりするなり、好きなことができる。

同じことは何にでも言える。例えばエネルギー。1時間働いて得た1000円でガソリン10リットルを買ったとして、そのガソリン10リットルと同じエネルギーを薪で得ようとすると、薪を集めるのに2時間かかるとする。2時間集めたのが、外で働いた

1時間と同じということは、薪取りを時給換算すると500円だと言い換えられる。

しかし、このガソリンの中には、ガソリンを採掘し運び、精製する際に出るCO2の環境への負荷分の金額は入っていない。一方、放置されれば土砂崩れなどの環境被害を引き起こす薪を取ったことによる環境負荷軽減分も金額に入っていない。心ある人がいれば、ガソリンの環境負荷分は(−)250円にして、薪を集めた負荷軽減分は(+)250円くらいの補助を出せば、どちらも時給750円くらいになる。環境にはお金がかからないという性質(外部不経済)を人の経済活動の中に組み込んで、環境を経済的アプローチから保全しようとするのが環境経済学であり、まぁ、そういう政策も大事だけど、自分の暮らしを時給500円にする方が早いだろう(自分が変わるアプローチ)と思ったのが僕の人生でした。

日本は時給1000円を得られる人間が不便を感じることなく生活できるようにデザインされている。しかし時給1000円を得ることができない人間には非常に生きづらい社会とも言える。時給1500円の人の500円を時給500円の人に分配し直して、少しでも生きやすくするのが国の役割だが、それも上手くは機能していない。

しかし時給500円の人でも途上国に行けば突然お金持ちになれる。それが物価の違いという事で、日本の中でも正確には時給1000円で生活する都市の物価と、時給500円でも生活できる田舎の物価という2種類の物価がある。

この時給500円の世界は実は非常に〝オイシイ〟世界だが、田舎の人はそれに気付いておらず手付かずになっていて、そんなオイシイ話がごろごろ転がっている(田舎の人はむしろ時給1000円を目指している)。先日も、スタッフみんなでやさとのミカン農園の手伝いに行ってきて、集めたミカンの2割の量をタダでもらう、という事になった。普通の人は時給1000円で稼いだお金でミカンを買う事しかできないが、時給500円生活レベルでも、おいしいやさとのミカンを存分にもらうことができる。

　このように世の中には、時給1000円以下のものは〝やる価値なし〟として切り捨てられているものが結構ある。こうしたものを緩やかに流通させる仕組みとして〝地域通貨〟があるのではないかと思う。時給1000円分も仕事はできないが、時給500円分くらいの事はできるとか、そもそもお金をもらう程の事ではないが手伝いくらいならやれる、とかいう。重いものを運ぶのを手伝うとか、パソコンのちょっとした困りごとを解決するとか、留守の間に猫の餌をあげるとか、ケータイの安い契約プランを見直してあげるとか…。

　先のミカン農家も後継者がいなくてこの先どうするか困っている。でも、2割プレゼント方式でやれば、手伝いをしてくれる人は山のようにいるはず。やさとには時給500円で生活している人がたくさんいるから。

　現代の時給1000円は、働いている人は無意識でも、時空を超えた構造的な搾取の上に成り立っている。環境負荷しかり、不法労働しかり（昨日の朝日新聞にも日本で月給1万円で強制労働させられているバングラ人の話が出ていた）、児童労働しかり、ブラック企業しかり。本来、そうした人の不幸を引き起こしている額を差し引けば、表面上は時給1000円でも実際には時給500円くらいになるだろう。まぁ、ちょっと極端すぎる暴論ではあるが、個人的にはそういう考えを持って、この豊かな500円世界を楽しみたいと思っている。2014／12／27

現代の暮らしの実験

　たまごの会は、都市の消費者が、安心安全な食べ物が全く存在しない高度成長期の日本社会にありながら、それを求める事をベースに活動を始め、大きなうねりを生み出した。そして、40年経った現在は暮らしの実験室と名を変えて活動を続けている。

たまごの会と暮らしの実験室の違いを個人的な体感から言うと、名は体を表すとはよく言ったもので、より〝遊び的〟になった感がある。これは全くの個人的な見解だけれど。僕がたまごの会に来た時に鈴木さんに農業論をふっかけられそうになったように（それは鈴木さんのイジワルだったと思うが）、うっかり「有機農業」という文脈でたまごの会に来てしまった僕は、なかなかその言葉の持つ世界から抜け出せなかった。かたや、暮らしの実験室以降のスタッフなり研修生は、わりと現実（＝僕達が本当にやりたいと思っていたこと）に近い世界を生きている。これには、その概念（言葉）を産み出したなちゃんやフジ君の凄さもあるし、実際に何でも自分の手で作ってしまうやっちゃんの存在や、何でも「実験、実験！」と喧伝してしまえるチャンドリーさんの影響も大きいと思う。

さて、そんな暮らしの実験室で、人がなぜお金が必要なのかを考えてみる。

お金は結論的には、自分ができない能力（サービス）をその能力を持っている誰かに依頼するためのツールである（ex. 自分が魚を獲る能力がなくても自分が出来ることと魚を交換する事は大方の人が出来る）。自分が持っている能力が特殊でかつ必要とされる度合いが高ければ、沢山のお金を得、同じように際立った能力と交換する事ができる。

暮らしの実験室の会計は、毎年自転車操業レベルを推移していて、相変わらず野菜や卵、お肉の収益を柱として、他に農体験などの受入れを行うことで、どうにかやりくりしている。農場というすばらしい資産がありながら、それをうまく活用しきれていないところが歯がゆいところで、自分たちがいかに平凡な能力しかないのかと悲しくなる（本当に平凡な能力なのかなぁ…、お金との交換に向かない特殊な能力というのもあると思う）。

その詳細を見てみると、畑や畜産は、農場の稼ぎ頭のように思えるが、意外と支出も多く、利益はそれほど多くない。一方、農体験などの人の受入れに関しては、それに関わる人手の問題はあるが、支出は少なく、畑や畜産以上に利益がある。お金がかかるのは当然、事務や生活にかかる部分である。地代、車、電話代、保険、プリンタのトナー。光熱費、食費、新聞代。畑畜では、発送資材、種代、機械、餌代、電気代など。

たまごの会は、食の自給や安全性以外にも、様々な社会問題取り組んできたが、暮らしの実験室は、農場や個人に生活の部分によりテーマを絞って取り組まなければいけない気がしている。

ダンボールは汚れていてもリサイクルの方が良いのではないか。葉物の袋もリサイクルできるのではないか（1枚3円する）。ラード系の豚を飼いつつも脂は捨てて、輸入の大豆油を使う食卓。寒くなればついつい付けてしまう暖房。醤油やみりんなど手作りできるはずの調味料。車やトラクターの代わりに馬を使えないのか。印刷代は昔に比べれば安くなっているが、どうやればもっと減らせるのか…。

こうした支出を減らすためには、送り手側は逆により多くの手数が必要になったり、前に言ったような時給換算で相当低い生産レベルに自分を合わせないと実現できない。またそれと同じく受け手も現実的にダンボールが汚くなったり、野菜の袋が使いまわしだったり、そうした脱商品経済社会を〃お客さま〃ではなく、〃参加者〃として一緒に作っていくコミットメントが必要になる。

大変そうに思えるが、そうしたローコスト、ロー生産性、ロー収益なスタイルに落としていく事がむしろ、現代の暮らしの実験であり、今の僕たちがめざしている状態に近いと思う。また、そういう状態を作ることが、農場としてのアピールにもなると思う。２０１５／３／14

暮らしの先につながる平和

——姜 咲知子（2009～現在）

先日『とおくのせんそう』という短編のお芝居を観た。それはパレスチナ難民キャンプの子どもの里親になっているお母さんと、実際の息子の会話を通して、「今ここ」の自分と「とおくのせんそう」をリンクさせるお芝居だった。

かつての私であれば、パレスチナのみならず、「とおくのせんそう」が今この世界のどこかで起きていることだと思い至ったとたんに苦しみ、悲しみ、やるせない気持ちになっていた。それは、たぶん自分の無力さというのも感じていたからだと思う。無力どころか、都会で消費一辺倒の暮らし、電気を大量に使い、大きなシステムの中で生きていた私は、むしろ戦争に加担しているのではないか?誰かの犠牲の上にこの暮らしがあるのだ。そう感じて辛かった（平和運動やら、環境活動に心を寄せ、関わっているのに、暮らしはちっとも持続可能じゃないという矛盾がじわりじわりとストレスだった）。

それに比べると今の暮らしは矛盾が少ない。この暮らしの先にあるのは、戦争ではなく、本当の意味での豊かさと平和だから。畑を耕し、小さな循環の中で、生き物と共にある暮らしがすぐそばにある安心感とか、それを手に入れた自信とか、そんなものが私に希望を与えていて、「とおくのせんそう」はやるせなくて悲しいことだけど、私はその「せんそう」を無くしていくためにこの生き方を選んだという自負を持ち、私の暮らしと「とおくのせんそう」は、それを無くすというミッションの元につながっているのだと思えるのだ。

だからといって今が100%なわけではない。農場のライフラインは東電に依存し、灯油もたくさん使う。でも、常に自分自身の小さな選択が、より持続可能な未来を作ると意識し続けたい。

２０１４／４／26

高松田んぼの収穫祭

先日、高松田んぼの収穫祭が農場で開催されました。今年の3月上旬、高松田んぼに参加している方から「田んぼの世話をやってくれないか?」と相談を持ちかけられ、スタッフ一同で事情を聞いてみると、これまで八郷で田んぼの管理運営をしてくれていた農家さんが諸事情でできなくなり、そのあと引き継いでくれる人を探していたんだけど見つからず、巡り巡ってわが農場に話がきたそうです(この田んぼも元はたまごの会の中でやっていたという御縁もある)。突然の話で、普段の農作業に追加して田んぼの管理と都市から来る人たちと一緒にお米を作る活動を担うというのはちょっとした覚悟がいりましたが、鈴木さんが「30年近く無農薬で作ってきた田んぼがこのまま耕作放棄地になってしまうのはもったいないし」と言って、今年は鈴木さん中心で一緒にやってみようということになりました。鈴木さんにしてみても、やったことがない農法と使ったことのない田んぼで試行錯誤もあったようですがどうにか無事にお米もとれて、高松グループの皆さんも感謝してくださり、とりあえずホッとしています。

農場40年の歴史にはいろんな場面があって、高松田んぼが「たまごの会」から離れたのも何か事情があったのでしょう。でも巡り巡ってまたつながっていくっていうのは面白いものだなぁと思う次第です。

2014/11/29

農場の豊かさ

農場の暮らしは豊かだと断言できる。でもこの「豊かさ」はお金では買えない豊かさだし、ちょっと不便なこともあるし手間がかかる。美味しいキムチはお金を出せば買えるんだけど、自分で作ることで「作れるようになる」という技術も手に入れられる。そういう豊かさだ。もちろんお金がたくさんあることで手に入る豊かさもあると思う。でもお金で手に入れて自分でやらないことを増やすというのはもしかしたら不自由な豊かさなのかもしれない。

ありとあらゆることが産業化され、細分化された社会で生きることが当たり前になってしまった現代人にとって、暮らしのあらゆることを自分でやって生きていくのは至難の技だろう。種をまき、小麦を作り、製粉してパンを焼くとか。竹を切ってきて、竹ひごを作ってカゴを編むとか。畑があり山がある環境と、それをやろうという意志がなければなかなかそこには到達できない。

農場には十分な環境がある。あとは自分次第だなぁということをこの一年しみじみと感じている。今年の研修生の冬馬君は農場の畑からとってきた粘土をこねて、それで陶器を作り、簡易の窯を作って焼き物をやっている。自然のもので釉薬(うわぐすり)作りもトライしている。舟田君は言うに及ばず、小麦を挽き、ソバを挽き、綿花を育て、糸をつむぐ…何でもござれだ。

彼らを見ていると私はまだまだ都市生活者だなぁと思う。どこを目指すのか?ということもあるけど、私がこうして農場の豊かさを享受して暮らしていけるのは、共同生活者である他のスタッフの存在があるからだ。コミュニティの中で補い合いながら豊かに暮らす。この感覚を拡げてゆけたらと思う。

2014／12／6

日韓の架け橋

先日、朝日新聞に面白い記事がありました。戦後70周年のシリーズの一環で、東アジアをテーマにしていて興味深く読みました。焼き肉と明太子は戦後在日コリアンによってもたらされた文化で、その後、日本人が立ち上げた会社でも作られるようになり、形態や味が日本の中で進化していったという話でした。明太子の「ふくや」の創業者は釜山出身で、故郷の「ミョンテの塩辛」を日本で食べたくて明太子を開発したそうです。明太子といえば日本の食文化の代名詞のように思いますが、面白いルーツがあるんだなぁと。

日韓の人や食文化、音楽やコトバは混ざり混ざって今があります。混ざり合い豊かな文化が生まれてきたその歴史や経緯を大切にしていきたいものです。

記事の中にもありましたが、近年、韓国への親近感が最悪とか言われているそうで、なんともさみしい気持ちです。日韓の狭間に生まれ、韓国人でも日本人でもないアイデンティティに揺れながら生きてきた私にとっては、朝鮮半島と日本列島は二つの国ではなく、どちらも私の生きている場所であり大切な人たちが暮らす一つの国（場所）です。

不惑の年となる2015年、人生80年と考えれば折り返し地点。この先の人生何をやりたいかと自分に問いかけてみると「日韓のかけ橋でありたい」と幼いころに思った夢は今も胸にあります。東京で暮らしていたころは日韓関係の活動にたくさん関わっていたので、今も韓国にたくさん友だちがいます。この先も日々の暮らしの中で彼らのことを思い、そしてつながり続け、彼らと共に生きるこの世界の平和を作る仕事をしていきたいと思います。

2015／1／10

姜 咲知子

2008年のやかまし村イベントで農場に初来場。その自給力の高さに驚愕し、私もここで暮したら生きる力がつくかもと、2009年に農場に移住しました。運営委員。事務仕事全般、農体験の受け入れ、部屋の管理など。

※高松田んぼとたまごの会の関係については、本文内の記述と事実が異なっている点もありますが広い意味で高松田んぼとたまごの会の関係を表す記事として掲載することにしました。ご了承下さい。（編集者注）

ミシンを踏んで

――舟田 靖章（2012～現在）

ミシンを踏んで、糸を紡いで、編み物をして。気がつけばすっかり手芸男子ですが、学生の頃は家庭科の授業が嫌いでした。ミシンを踏んだのは社会人になってから。市販の登山道具への不満がきっかけでした。メーカーの作る道具や衣服はギミックが満載で無駄が多く、もっと目的に叶ったシンプルなモノが欲しいならば自作するしかないと思ったのです。DIY文化が進んだアメリカではアウトドア用品を自作する人も少なくなく、「MYOG（Make Your Own Gear　自分の道具は自分で作れ）」が一部の人の合言葉になっています。私もそうした人たちの洋書を読み漁り、テントやバックパックを試行錯誤しながら自作し、徐々に洋裁を学んでいきました。最近ついに昔のテーラーが使っていたような職業用足踏みミシンも手に入れ、手芸熱は高まるばかり。しばしば人から「どこへ向かっているの？」と聞かれますが、私にも分かりません。とにかく作りたいものを淡々と作るだけです！　2014／2／1

みんな黒い！

先日やさとの有機農家の集まりに出席しました。「へぇこんな人たちが八郷で有機農業をしているのか」と大変興味深かったのですが、第一印象は何と言っても皆「黒い！」。日焼けです。私もそこそこ日焼けして黒くなったつもりでしたが、彼らと比べるとまだまだ白い。もっと激しく働かなければ！　2014／8／16

根本的な欲求

私には強い「根本的な仕組みから知りたい欲求」があります。自分で使う道具についてはすべて知っておきたいのです。自転車に乗るなら自分でホイール組みからすべて組み立て、山に登るならば登山道具を自作するために洋裁を覚え、蕎麦を食べるために栽培からはじめて自ら麺を打ち、自分の普段着るセーターは糸から紡いで編んで。私は様々な解説や説明書を読むのが好きなのですが、それも同じ理由から。そもそも暮らしの実験室にやって来たのも「自分の生活を自分で作りたい」という同じ欲求からです。仕組みから理解することの利点は沢山ありますが、一方でこの欲求に従っていると「モノにこだわり過ぎる」危険があります。細部にとらわれて全体が見えなくなるのです。他の人のまったくモノにこだわらない様などを見るとむしろ清清しい気すらします。器の大きい人は細かいことにこだわりません。「根本的な仕組みから知りたい欲求」を程よく自制しコントロールすることが私の課題です。２０１５／１／24

編み物

自分で紡いだ毛糸でセーターを作るべく夜な夜な編み物をしています。先週報に書いてありましたが、冬馬くんも糸紡ぎをはじめたので、夜の農場は男二人がせっせと手芸に勤しむ異様な光景が広がっています。ものづくりには性格が表れて、同じ材料と道具でも人によってまったく出来が変わります。できる限り均一な糸で正確な編み物を目指す私に対して（それでも結局は手作り感満載ですが）、冬馬くんは独創的な感性であえてボコボコ不均等な糸を紡いでいます。いったいどんな面白いものが出来上がるのやら。糸紡ぎの基礎を冬馬くんに教えながらも、既に私の教える領域を遥に超えて爆発する冬馬くんに脱帽です。２０１５／２／14

舟田 靖章
「自分の本当の力」を試すゲームとして山歩きが趣味でしたが、山の中でキャンプできても自分の食べ物を自分で作れないことに気がつき、山を降りこの農場に辿り着きました。現在農場スタッフとして暮らしの実験中。

入雛

――河村 友紀（2014～現在）

先週の金曜日、入雛（にゅうすう）を行いました。ひよこを雌100羽、雄3羽。産まれてすぐ連絡をもらい、翌日受け取りに。この雛達は研修生が育てさせてもらうとあって、この日を楽しみに待っていました！ ひよこは一羽ずつでも可愛いのに、それが100羽以上集まると、もうたまらない可愛さです。ひよこ100羽といっても当然羽の模様はそれぞれで、さらによく見ると目つきや目の大きさなど少しずつ違います。違う、ということがわかるだけで、まだどれが誰だか個体識別はできませんが、これからじっくり付き合うので名付けはせずとも個体がわかるようになりたいなぁと思います。

また、いままで卵を食べる際、「鶏から頂いている」と自覚していましたが、ひよこと付き合いだして、ようやく「命をいただいていたんだ」と実感できるようになりました。いままでもわかっているつもりでしたが、それはおそらく頭だけで、実際は牛乳やチーズと同列の気分だったように思います。何ヶ月も農場にいて、鶏と接してみたり、採卵もしたり、ひよこが育つのを横目で見たりしていたのに、自分が責任を持つひよこができるまでは実感できなかったこの事実。つくづく自分の鈍さに情けなくなります。また同時に、こうやって向き合ってしかわからないことがもっとあるのだろうから、関わることよりも、向き合う事柄を増やしていきたいなぁと思いました。

まずは目の前のひよこから。いばさんから教えてもらう餌の管理も10日毎に変わったり、コタツや水の配置に意味があったりと、既に先人の知恵が集約されていることを教えてもらえるありがたさを感じています。ただ実践するだけでなく、それぞれの行為の意味も理解したいと思います。一羽ももらさず大きくなりますように。２０１４／11／15

ひよこの仕草

ひよこが来てはや3週間。もうすっかり大きくなりました。来たばかりのころはヨチヨチ歩き、ぴーぴーとか細い声で鳴いていたのが、今はえさをめぐって追いかけっこしたり、鳴き声もぴー!!ぴー!!と力強い。羽も飾りみたいな小さな羽だったのが、もう広げると体の倍はあるんじゃなかろうかという大きさ。足の筋肉も発達し、足元だけみるとひよこじゃないみたい。

最初の頃は鶏舎のドアを開けるたびにビクビク、隅に固まっていたのに、ドアを開けて行くと近寄ってくる。人間は餌を持ってくると認識したようです。

こうしてどんどん成長していくと、出てくるのが個体差。すでに皆がどんどん大きくなっている中、まだまだ体が小さいこも何羽かいます。豚だとわかりやすく体の大きさや顔の区別があり、個体差がわかりやすいのですが、大きくなった鶏をみても明確な体の大きさの違いなど個体差はわかりません（私は気づけません）。でも、ひよこには個体差があり、ということはきっと鶏にも当たり前に個体差があり、一羽ずつよくみるとちがうのだろうなぁとようやくわかりました。

美しいと思うことはあっても特に鶏を可愛いと思ったことはありませんが、最近鶏が可愛くみえてきてしまいました。特に好きなのは水を飲むしぐさ。一回くちばしに貯めた後、上を向いてゴクンと飲み込みます（前半は推測です）。たくさん飲みたくっても一回一回上を向いてゴクン。この仕草はひよこの頃から変わらないようです。

農場に来たときは、ぜひ鶏の水飲み風景を見てみてください。２０１４／11／29

鶏の命

今週は鶏を解体に連れて行くことから一週間がはじまり、豚のトロが初出産を迎え5匹の仔豚が産まれて週が終わろうとしています。

以前週報にも書いたように、飼って育てている動物の命を頂くという重みと、他の誰かが（または自分が）調理してくれた美味しいごはんとしてのお肉、この二つが両方大事なもので、自分の中で生じるもやもやになかなか折り合いがつきません。

でも先日行った鶏の解体でまた別の感情を受けることができました。そこは大きな流れ作業の解体とは違い、たった4人で運営している小さな家族経営の所でした。鶏を持ち込む人とも知り合いで、世間話を交わし、見学させてもらっている我々にも色々説明してくれながら素早く手も動かす、そんな場所でした。印象的だったのは、「苦しむと可哀相だからやるなら思い切りやらないとだめ」という言葉と、「長くストレス感じると肉の色や羽の抜けやすさに影響するから、こうしたほうがいい」という言葉。なんとなく感じた気持ちを冬馬くんと話していて、〝モノではなく命として扱ってくれていること〟を感じられたこと、そこから安心を得られたように思います。

トロは兆候が出てから丸1日半をかけて、仔豚を産みました。死産もあり、産まれた仔豚も元気がなかったようですが、乳を飲むごとに前より力強くなっています。

研修生2人で世話をしているひよこも2ミリくらいのトサカが生えてきました。餌の量ももう約100羽で4キロに届きそうです。30日前は300グラム程だったのにぐんぐん大きくなります。

ひとまず考えるのは別にして、生命力という自然の流れがある中で、まずは大きく丈夫に育ってもらう。その横から私にできる、餌やりとか掃除くらいは手伝わせてもらう、このくらいの気持ちで関わりたいと思いました。

お肉の話や、そもそも飼育という話は、またもうひとつの話としてまだまだ考えていきたいと思います。2014／12／13

鶏のおしり

毎日、せっせと鶏と戯れています。ようやく部屋ごとの鶏の性格傾向や、脱走鶏（又は散歩好き）常習犯の見分けがついてきました。まだまだ作業手順が悪いのか、いばさんに手伝ってもらっているのに遅々として進まないおしごと…。結果、なかなか畑に出られなくなったり、豚の世話に関われなくなったりしています。

素早く正確に鶏の世話をすすめるためには今が気合の入れ時だとは思いつつも、暖かくなる気温と春に向けた温床準備や除草が始まると、早く畑に出たいと焦ります。春が近づくと、ソワソワしてあれもこれもと焦るものですが、これもまたその一環でしょうか。時間配分を確認し、なんとか今月中に自分のペースをひとまず作れたらと思っています。

そうはいっても暖かくなってくると鶏の世話にも楽しみがあります。空の下でする卵磨きが気持ちいいのもまたひとつだし、研修生で入雛（にゅうすう）した鶏が声変わりをし、ピヨピヨ→クワクワと鳴き始めました。そろそろ卵を産みはじめる時期も近づいてきています。そして関われば関わるほど可愛くなるのは生き物の常。明るい日の中、砂あびをしている鶏をみる度にあたたかい気持ちになるのです。そして餌をついばむ鶏のおしりがふわふわで可愛いくて触りたくなる…のを驚かせちゃいけないと我慢する日々。畑と鶏の両立が待ち遠しいです。

２０１５／２／21

モノが発するメッセージ

先週から自動車免許の習得合宿に行っているという冬馬くんに野菜セットを送りました。

会員さんとは、農場に遊びに来ている時間以外も野菜を送るとなんだか繋がりを感じます。それは、言葉を交わすとか、しょっちゅうメールでやり取りをするといったものとは違って、うまく言えませんが〝コミュニケーション〟ではなく、〝繋がり〟という感じを受けます。だから、妹が野菜セットを取り始めたときはすごーーく嬉しかったし、生活丸ごとを受け取ってもらえて、さらに相手の生活もつくられていく感じが、なんだか嬉しくって、会ったことのない会員さんにも勝手に親しみを感じています。それは、自分の日々の生活である野菜を育てたり鶏と戯れたりするといったことが、箱につまっているからこその一方的な感覚かもしれないなーと思っていました。

でも冬馬くんからの野菜到着メッセージに、「農場とのつながりをもてる」とか「人の想いも一緒にもらえると嬉しい」といった言葉があり、あー受け取る方も同じ気持ちを味わってたんだー！伝わってたんだー！とても嬉しい気持ちになりました。この嬉しさと興奮はまだまだ上手く言葉にならないし、この気持ちの発散のしかたもよくわかりませんが、とりあえずそんなこんなで卵磨きにますます気合が入った一週間でした。 2015／7／11

河村 友紀
２０１３年に農体験に来て農場に一目惚れ。以来、休みをとってはせっせと通い、通うだけではあきたらず、14年夏から研修生、翌年スタッフへ。現在は鶏担当。畑の知識をもっと増やしたいと思う日々です

研修日記

――羽塚 冬馬（2014～2015）

4月

こんにちは。4月から新しく研修生になりました、羽塚冬馬です。今回は初めてですので、さらっと自己紹介をします。

22年間東京で育ちながら、あまり東京の空気が性に合わないことにここ数年で気付き始めました。そんな中、農業とは全く関係のない、同じ大学の友人が主催するイベントの会場がこの農場でした。その宣伝でたまたまここを知り、大学の卒業式の後、出家のごとく頭を丸めて、今日野菜を収穫して、こうして出荷のための週報を書いているわけです。人の縁は、なんだかよくわからないなあと思います。

これから一年間よろしくお願いします。

「暮らしの実験室」という名前にあやかって、こ

こに来てから様々なことにチャレンジしています。今週は麹を作ったのですが、その過程で今まであまり受けたことがない「待ち遠しさ」を覚えました。お米を蒸して種菌を撒き、温度に気を使いながらチラチラと仕込んだ袋の中を覗いては「ホホオ、いい感じに育ってきてるのう」とか思う度に、これを作った数日前の自分から、ワクワク感をプレゼントされている気持ちになりました。でもって明日の自分も同じようにワクワクしているのであろうという、なんともおめでたいかんじになっております。すこし話は違いますが、自分は手紙を書くのが好きで、連絡手段がこんなに発達したにも関わらず、わざわざ手紙でやりとりをすることがしばしばあります。それも、自分が手紙を送って、相手から返信が来るまでの「待ち遠しさ」に魅力を感じているのだと思いました。

5月

ことある毎にこの話をしているのですが、この農場に体験としてはじめて来たとき、とても感動した記憶があります。荷物を抱えて母屋に入ると、その日はスタッフに加えてお馴染み（というのは後から知ることなのですが）の方たちが集まっていました。オレンジ色の照明の下、手作りの石窯で焼くためのパンを作っている人、ジブリに出てきそうな足踏みの機械でアルパカの毛を紡いでいる人、そして実際に手編みのベストを着ている人。あらゆる手作りが同時多発していて、メルヘンの世界に足を踏み入れた感覚になりました。

その光景そのものに加えて、もう一つ感動したことがあります。それは、よそ者である自分が入っても、その生活の空間がほとんど変わらなかったことです。自分がこれまで経験した中では、どのコミュニティも少なからず排他的な雰囲気がありました。それは「よそ者を全く受け入れない」ほど強いものではなくても、新しい人には気遣いを持って話しかけたり、よそよそしくお茶なり何なりを出す等、それらはありがたいことでもあるのですが、同時に来客を「よそ者」として扱う排他性があってこそ生まれるものだと思います。

なんだか話がゴチャゴチャしてきましたが、つまりはこの農場に踏み入れたとき、来客のときに普段ある「よそ者」感がなく、すんなりと受け入れてくれたように思ったのです（実際はどうだったかは知りませんが）。そんな雰囲気に触れる中で、自分はここを、水でも油でもなんでも吸い込んでしまう「土」のような場所だと感じました。それに対比するなら、今まで体験してきたコミュニティは、水を受け入れずに下水溝まで流す「アスファルト」のような印象です。

5月9日の今日は、このやさと農場に研修生として来てちょうど一ヶ月の日です。今週は数名、大学時代の友人も来ました。日常として農場の生活が馴染んできて、さらには友人が「よそ者」としてこの農場に訪れるなかで、この場所のもつ「土」っぽい雰囲気の理由がわかってきた気がします。たくさんの人たちが好きに出入りしていること、室内にも外の空気が充満していること。うまく表現する言葉が見つかりませんが、少なくとも直接ここに来る方たちには、この場を通して伝えることはできるということを、友人との話の中で知りました。

研修を終える一年後には、この農場の力を借りなくても、そんな空気を作っていける人間になりたいものだと思います。そのためにも、ここの土で作られた野菜をモリモリ食べ、農場の生活を踏みしめて日々を過ごしたいものです。

6月

今週は食事当番ということで、一週間の昼と夜、計14回（数えてみるとスゴい！）のごはん作りにテンヤワンヤしていました。ある日、自分の料理に対して、やさと農場の料理評論家として名高い鈴木さんから「色んな味がゴタゴタしている」という辛口批評をもらい、確かに色んな調味料をとりあえず足しまくっていることに気付かされました。それはなんだか、アッチコッチいろんな事に興味がいってしまう自分自身を映し出しているように思われました。たしかに農場の食事は、毎回食当の人それぞれ個性が出ていて、作る料理とその作り手の人間性には繋がりが…なくもないかも。よし、料理も生き方も、もうちょっとシンプルにいこう！と思い、翌日のスープはダシと野菜の味、そしてほんの少しの塩味のみ、よしよしこれこそシンプル・イズ・ベスト。また一つ成長したな自分…と思ったら、鈴木さんはそのスープに味噌とバターを足して、満足気にすすっていました。ズッコケ！

7月

以前東京に行った際に、日暮里の繊維街で安売りの布を買ってきました。そしてその生地を、洋裁マスターの舟田さんのミシンを借りて、夜な夜なカタカタしてはカタカタカタカタ……。先日ついにタイパンツが完成しました。農場に来る前から、既成品の服の採寸を変えたり、多少の手を加えたり等の経験はありましたが（オシャレ界ではリメイクというらしい）、一枚の布から服を作ったのは初めてです。雑な作りですが、こういう手作りのものが身の回りに増えていくのは嬉しいものです。さっそく翌日から作業着として活躍中です。目指すは頭から足先まで、全身手作りを身にまとって作業をすること。植物から生地を作ること、衣の自給も挑戦してみたいものです。

8月

大学にいた頃、子どもキャンプに学生スタッフとして時々参加していました。今週は、総勢19人の子ども＋大人数名が農場に来て、人によってはギャーギャーと騒がしい、でも自分にとっては懐かしい空気が農場に流れていました。子どもたちとワイワイと遊ぶのもいいものですが、もうひとつスタッフ同士の繋がりもまたいいものです。一日中子どもたちのパワーを相手にしていると、スタッフ間では、戦いの苦楽を共にした「戦友」とでも呼べる親近感が生まれます。それは子どもの真っ直ぐで強烈なエネルギーがあってこそ。農場での緩やかな日々と、子どもがあふれるハチャメチャな日々。正反対だけど、どちらも捨てがたく魅力的だなあ、と思わされる一週間でした。

9月

ぼくがご飯を食べ始めるときには、目をつぶって一呼吸してから(見た目は「お祈り」のような感じ)食事をするようにしています。そのことに対して、今ウーファーで農場に滞在しているコウへイさんに「アレってなに考えてるんですか?」と尋ねられ、どうもうまく言葉にできず、というより自分自身あまり分かっておらず、全然答えられなかったのがつい先日のことです。このことについて自分自身興味が湧いたので、週報の場をお借りして、その理由をどうにか言葉にしてみようと思います。

この習慣を始めたのは大学生の頃です。自分はキリスト教の大学に通っていたため、周囲にはクリスチャンがチラホラいました。そこで、食事前にお祈りをするクリスチャンの習慣を初めて知り、日々のせわしさの中でも一呼吸おいてからご飯を食べ始めるそのリズム感に惹かれ、思いついたら時々行う程度で真似し始めていました。肝心の「何考えているのか」に関してですが、改めて振り返ると特定のことは考えていないように思われます。自分はクリスチャンではないので、別に神様に感謝することもしないし、お祈りの言葉を唱えている訳でもありません。ただ食事前に数十秒使って一呼吸おいているだけです。でもその少しの時間の中で、毎回いろんな事を想起します。全くバラバラの人生を生きてきた人たちが同じ食卓を囲むことを不思議に思ったり、前回のご飯のときから今までしょーもない時間を過ごしたことを反省したり、おいしそうな食事をワイワイとみんなで食べれることをありがたく思ったり、早く食べたい気持ちをドウドウと抑えたり、外から聞こえる虫の音が案外大きいことに気づいたり。たったそれだけなのですが、なんといいますか、一食一食の存在感がズシッと重くなります。その重さがめんどくさくもあり心地よくもあり、ないとご飯の始まりがサラッとして、呆気無いものに感じられる、そんなことです。

この習慣は、農場に来てから頻度が高くなり、今では毎食行うようになりました。理由は我ながら謎ですが、農場での生活のリズム感と因果関係があるように思われます。うまい言葉が見つかったら、また文章にしてみます。

10月

農場にいると、虫食いであったり、ちょっと形が曲がっていたりと、いびつな野菜が多いことに気づかされます。東京に住んでいたときは、選別されてスーパーに陳列された野菜しか目にしなかったため、そんな野菜たちを見る機会はほとんどありませんでした。そんなスーパーには並べないような不恰好な野菜たちは、農場においても「市場価値がない」と言われて出荷からハネられるのですが、毎日の食事ではそんなハネられた野菜たちを美味しく食べています。「市場価値」ってなんなのだろう、と不思議に思います。自分がスーパーで商品選ぶときは、棚の中で一番新鮮で美味しそうで長持ちしそうな物を選ぼうと目を光らせています。それらが棚ごと全部、自宅の冷蔵庫に入っていたとしたら、反対に悪くなりそうなものから使います。それは冷蔵庫の中の食べ物を腐らせることは自分にとって「損」で、もったいなさを感じるから。反対に、スーパーの棚で腐っていく食べ物は自分の「損」ではないので、どうでもいいということです。至極当然なことで、そうして市場が回っているのだと思いますが、そんな「損得」のなすりつけは、どうも理想的なあり方ではない気がしてしまいます。

いびつといえば、農場に来てから一番最初に買った種、千成ひょうたんを先日ついに収穫しました。形が歪んでいたりシミが広がっていたりと「市場価値」はない物ばかりですが、一つ一つに個性があって、愛着が湧きます。七味唐辛子の入れ物にしようか、ランプシェードにしようかと、使い道を妄想している最中です。

11月

農場に来ていつからか、自分の食器を全て手作りにしたいというよくわからない野望を抱いていたのですが、今週ついにその一歩として、お茶碗が完成しました。農場の畑から土を採取して、水で濾過して云々…。はじめに土をコンテナに詰めていたときは「これでお椀を作って白飯食べるぞ!」なんて考えは可能かもわからない未知なことでしたが、いざ食卓で実現されるとなんとも感慨深いです。

ここからは戯言なのですが、お茶碗をひとまず形作ることができて満足感を持ったと同時に、想像の世界にあったものが現実となり、それでご飯を食べていくことが日常になっていくあっさり感、ワクワクが達成されて消えてしまった喪失感も覚えました。それはおそらく食器作りに限ったことではなく、頭のなかの空想を形にしていき、存在することが当たり前な現実の世界に引き込む営み、その全般に当てはまる満足感と喪失感のように思われます。革命を目指す活動家が、いざ革命を達成させた次の日に何を思っているのか。まあそんなことを考えてもキリはありませんし、僕の中ではもっとよい器を作ることへの次なるワクワクは俄然続いているので、また夜な夜な土をこねるとします…! こねっこねっこねっこねっこねっ…

12月

今週は農場の大掃除でした。農場スタッフ以外にも数名が応援に駆けつけてくれ、大人数でワイワイと埃まみれの一日でした。このように様々な人が出入りしながら動物もウロウロしているにぎやかな時間を作っているのは、この築40年の建物がそんな生活を包み込んでくれているからこそなのだなぁということを、屋根に登ったり床を磨いたり、みんなが一斉に掃除している様子を眺めながら、建物の偉大さと共に改めて実感しました。そんな農場の生活を日々守ってくれているこの建物に積もり続けたホコりを落としていると、いつもありがとう、おつかれさまです、なんて気持ちでおじいさんの肩をもんでいるような気分になりました。いつか自分の住まいを持つことになったとき、こういう愛着の湧く場所に住みたいぞ！と、未来の自分にお願いしておきます。

1月

今週は雨で、畑作業はおやすみの日がありました。そんな日は、ときどき鈴木さんが講座を開いてくれます。今週は畜産について。人間のために生き物を育てるということ、いただくということ、それは自分が農場に足を運んだ動機であり、そしてこの一年間の研修生活の中で、何かしらを掴もうと自分に課したテーマでもありました。答えは出たかといわれると、全くそんなことはなく、むしろ答えが出ないことを知ったのですが、今その話題を他人と当たり前のように共有できること、それどころかそのテーマに沿って輪になり、深い経験と見地を持った人たちと話し合うことができるというのは、農場に来る前にはほとんど相手にもされなかった経験を持つ身としては、信じられなく恵まれた時間に思われました。以前持っていた食肉への漠然とした浮遊感は、農場生活の中でその正体も徐々に現実味を帯びて明らかになり、日々ぼんやりと落ち着いてきてはいましたが、あらためて今回、そこにひとつの碇のようなものがおろされたような気がしました。

2月

ちらほらと農場スタッフ数名のなかで読み直されているミヒャエル・エンデの『モモ』という本、今週はスタッフのイエジンさんが読んでいました。僕も恥ずかしながらこれまで読んだことがなく、農場に来てから初めてこの本を読みました。その中で、主人公のモモが住んでいたボロボロのすみかをみんなで改装して、その晩にお祝いをひらく、というシーンがあります。そのお祝いを表した言葉、「まずしい人たちだけがやり方を知っている、心のこもったたのしいおいわい」という文章が、とても印章に残っています。

今週はスタッフの舟田さんの結婚のお祝い、それに便乗して自分の誕生日も祝ってもらいました。ここにきて生活していくなかで、農場にある手作りパーティの雰囲気はとてもいいものだなあと思っていたのですが、先ほどのモモに書いてあった文章を目にしたとき、こういうことか、と妙に納得した記憶があります。農場生活でのお祝いは、みんながそれぞれアイデアを絞って料理を作ったり、ときに飾ったり、一手間かけて作られる時間です。そこには派手なシャンパンもどでかいケーキもない、ある意味「まずしい」人たちが作るお祝い。けれど、そんなお祝いだからこそのあたたかさは、ここの生活を通して学んだことです。農場を出ても、大切にし続けたいもののひとつです。

3月

僕は今後も、ここでの暮らしのように、自然に囲まれながら食べ物を作り、それらが食卓に並ぶ、そんな生活を思い描いています。そんな際に考えねばならないのが車の存在。僕はこの研修期間、免許を持っておらず、車が必要なときは基本的に助手席でした。この一年間、移動に関しては完全な弱者、限定的ではありますが、不具者（お気に触りましたらすみません）のような立ち回りを余儀なくされました。

個人的には車にはできるだけ依存はしたくないという思いはありつつも（可能かどうかは別問題）、この田舎暮らし、いざという時も車を運転する術を持たないというのはすこぶる不便だということをこの一年で痛いほど学びました。ということで免許をとらねばと思っている次第です。

そのために無一文の自分はお金を多少なりとも貯める必要があるのですが、これがまた難儀です。といいますのも、僕はスーパーに並ぶお肉の背景に悲しみを見て、居心地の悪さを感じてこの農場にたどり着いたのですが、その対象はこの一年で広がり、それはお金そのものも含まれるようになりました。つまり、お金の裏にも悲しみを見いだすようになったということです。そうすると自然と、なるべく悲しみの少ないお金を手にしたい、なんて考えがわき上がってくるのですが、そんなことを考えだすと、このご時世、八方ふさがりでなかなか身動きがとれなくなります。ぐちぐち言わずにまずは一人前に稼げ、なんて言われたらその通りなのですが、ひねくれた自分は未だにわがままに生きようと駄々をこねている訳です。

思い返せばこの農場にくるとき、食に関して気を張りすぎて、一食一食に対して神経質になってしまい日々がすこし息苦しかったのを思い出します。今はそれと同じことが「お金を得る」ということで起き始めています。新しい環境に動き始めるとき、つい敏感になってしまうのが僕のパターンなのかもしれません。

「認識はラジカル（根源的）に、行動は柔軟に、ただし矛盾のないように」

これは先日参加したとある勉強会で心に残った一言です。今年もそうでしたが、きっと4月からも、とげとげしい目で世界を見て、なんらかの形で小さな妥協を重ね、気づいたら心の平安とともに当たり前な日々を手に入れているのかな、なんて考えます。なんだか「ザ・社会に出始める若者の悩み」っぽくて気恥ずかしくなってきましたが、せいぜいそんな若者を真っ当に生きていくことにします。はてさてです。

＊「一年間の研修を終えて」のレポートは暮らしの実験室ブログからお読みいただけます。
http://yasatofarm.exblog.jp/24170105/

羽塚 冬馬
２０１４年度やさと農場研修生です。東京の大学卒業後すぐ、命をいただき自分が生きていくということ、また大きな経済の流れに依存しない暮らしをテーマとし、この農場に転がり込みました。

Ⅷ

資料編

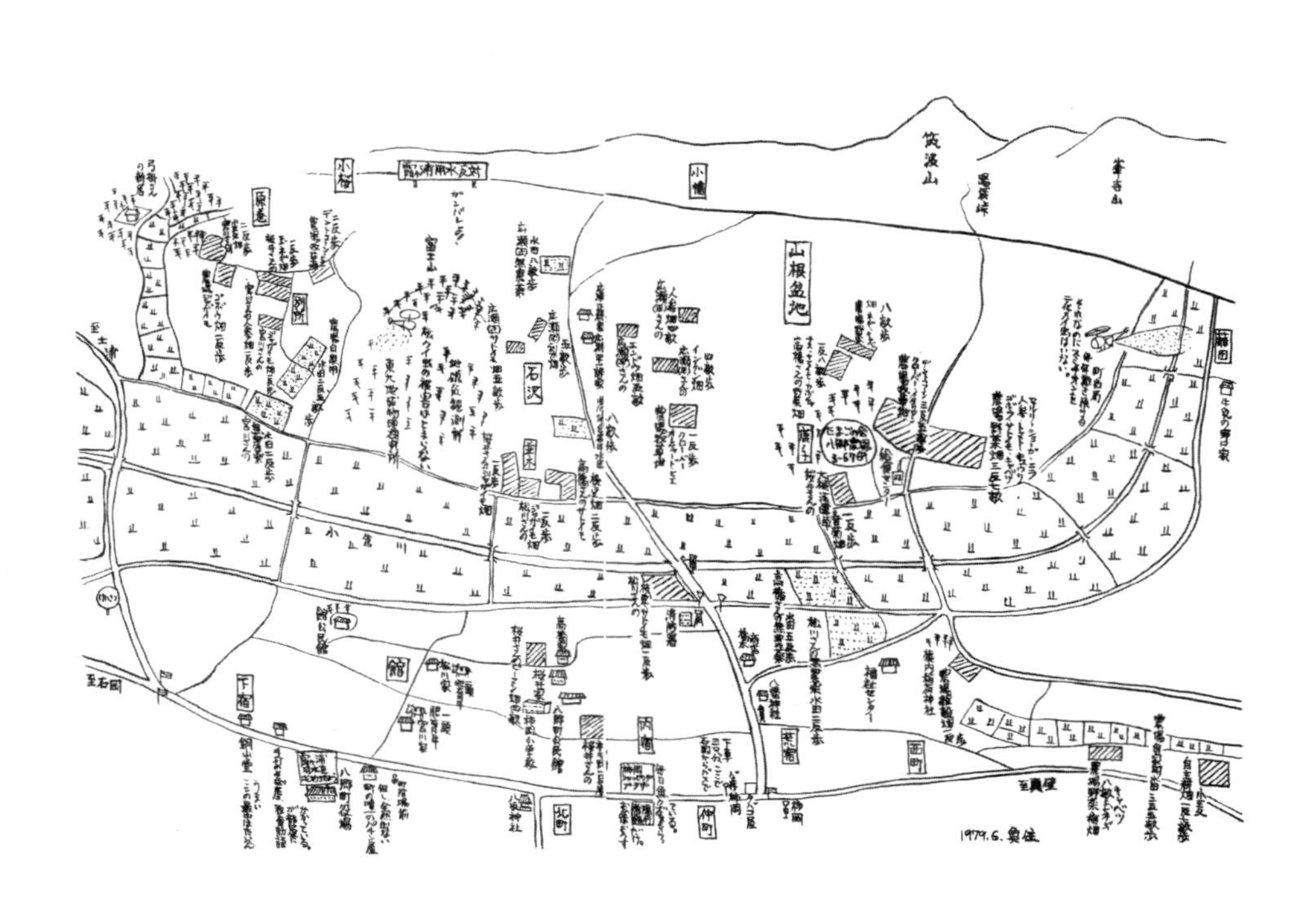

やさと農場略年表と資料の説明

昨年の40周年収穫祭の折、農場スタッフ舟田さん作成の略年表が会場に掲示されていた。それをもとにいくつかの事項を加筆し略年表（280頁）を作成した。加えて、会の歴史においてエポックとなった事柄をめぐる資料を掲載することにし、それらについて簡単な解説を書いてみた。年表を傍らに見ながら、農場の40年をたどり、思いを馳せていただく便にしていただければ有難い。

「たまごの会／暮らしの実験室」の歴史は次のように区分できるだろう。

①たまごの会前史（1971年〜1974年5月農場開き）
②初期たまごの会時代（1974年5月〜1982年3月分裂）
③農場派時代（1982年4月〜1991年3月二次分裂）
④宇治田一俊氏が農場の中心であった時期（1991年4月〜2003年3月）
⑤低空飛行の時期（2003年4月〜2007年1月）
⑥暮らしの実験室（2007年1月〜現在）

①の「たまごの会」の成立に際して、誰がどこで何をしどうめぐり合ったかについては、本書I章冒頭の和沢さんの文で主な出会いは紹介されているようだ。1972年末には、すでに6地区の175世帯が集

まっている。

1974年5月23日に農場開きがあり、その後の8年間を「初期たまごの会」と呼ぶことにしよう。この時期、農場には、多数の農場スタッフや長期滞在の有象無象が居住していた。明峯哲夫さんを中心として、養鶏は明峯惇子さんと三浦和彦さん、畑は魚住道郎さんや市川克久さん、豚は永田勝之（ながたま）さんと温子さんが中心になっていた。農場の建設は東洋大学の内田雄造さんのゼミの学生だった古山恵一郎さん、永田さん、南雲一郎さんの通称「たまご組」が卒業論文の一環として建物をつくり、永田さん、南雲さんはそのまま農場に居ついた。八郷農場からの生産物は、農場スタッフと東京会員が組んで配送車に乗り込み、南北2ルートで各地区へ届けた。北便は、東綾瀬―高島平―富士見台―石神井―吉祥寺―国立―めじろ台の7地区、南便は、渋谷―中目黒―九品仏―辻堂―たまプラーザ―鶴川A―鶴川B―永山――一の宮、の9地区だった（1977年ごろ作成のパンフレット『たまごの会』による）。この配送には各地区の多数の会員が参加し、交流を楽しんだ。会の運営は、月一回の世話人会で、会員自由参加のもとに各地区世話人の合議によって物事が決められた。八郷での契約農家の数も御三家（高橋、桜井、宮川）から数軒の農家や若い農業者（三輪豊さんや鈴木良一さん、野口武夫さん）に拡大し、高畠有機農業研究会などとの交流や契約も活発化した。この時期の会の活動と成果を表現するものとして、『たまごの会の本』（手づくり自費出版、1979年）と『たまご革命』（三一書房、1979年）とが編まれ、映画『不安な質問』（松川八洲雄、1979年）が制作された。

1980年3月30日の農場での会員集会（サンサンマルと呼ばれることになった）を議論の頂点として対立が激化し、たまごの会は分裂する。それは、会員・農場スタッフのそれぞれがたまごの会に賭けてきた思いや抱いてきた期待の違いが、人間関係も巻き込んでぶつかり合った結果だった。この分裂の過程で、初期の農場スタッフの多くは会を離れた。明峯哲夫さん・惇子さんは「都市を耕す」をキャッチフレーズに東京国立の谷保で「やぼ耕作団」をつくり、三浦和彦さんは大阪・河内で農場を開いた。魚住道郎さん・美智子さんは宮川さんの土地を借りて農園を建設した。永田勝之さん・温子さんは札幌で農と建築を組み込んだ新しい試みを始めた。南雲一郎さん・真理子さんは厚木に建築事務所を構え、玉川学園の井野の家を手始めに会員の家を次々に建てた。

課題と運動論の違いから分裂に至った一方は「農場中心派」、他方は「契約中心派」と呼ばれた。農場を人間性解放の場として重視する人たち（思想運動派）と有機農業を広め築くことを重視する人たち（社会運動派）と単純化することもできよう。しかし、それは、分裂が必然だったことを意味しない。両側面が相まって初期たまごの会の魅力を作り出し、多くの主婦たちをも惹きつけ、巻き込んできたのだから。会員の半分が会から離れ、その多くは「食と農をむすぶこれからの会」を結成した。この会は1989年まで続き、その後は八郷の各農家が運営主体となって、いわゆる産直の形になった。この両者の考えは、資料として採録した農場中心派のアピール文（281～287頁）と湯浅欽史さんの文（287～293頁）からおよそ知ることができよう。

さて、たまごの会に残った農場中心派の考えや直面した課題、組織の実情（農場スタッフの顔触れ、会員数や地区リストなど）は、分裂直前に出された上記二つのアピール文に記されている。分裂で背負った1500万円の借金（返済金）も会員の追加出資と会員増（120人から150人へ）、生産物の売り上げで短期に完済した。会員による米や畑の自主耕作グループの活動や高畠有機農研との交流（30名余りの会員の援農参加とそのお返しとして10周年収穫祭への高畠から大挙しての参加）が活発化するなど、会の活動は数年間、順調だった。農場でのスタッフの動向を簡単に記すと、農場中心派発足時のコアメンバーは池谷昭生、長井英治、鈴木文樹、鈴木晶子、宇治田一俊、大原由美子の6人だったが、その後、小路健男などが加わった。その一方で、長井さんは結婚して八郷で独立、鈴木夫妻は山梨県明野に農場を構えた。

農場スタッフにとって80年代の終わりの2、3年は、会の性格をどう考えるか、その中で自分の人生設計をどうするか、苦しい模索が続いた時期であったと思う。そのなかで、いったん、農場を去る気持ちになった宇治田さんが「もうちょっと農場でやります」(『たまご通信』474号、1988・8・18)と意見表明し、大原さんとともに、以後、10余年間の農場の中心となった。宇治田さんは、「農場の生活は、運動としての生活」であって、「生活を営む中で矛盾にぶつかり、運動が始まるという自然な流れとは逆」だと書き、このような農場から、時間の拡大(将来設計)と空間の拡大(地域の活性化)ができる農場へと変える決意を披露している。

農場は、「つくり、運び、食べる」に象徴された会員の活動の場であるとともに、農場スタッフ(専任=専従)の生活基盤を確保する場であるという二重の性格をもっていたが、上記宇治田さんの問題提起や会員の農場での活動(自主耕など)をめぐって、1990年前後から会の性格をどう考えるかについて考えの違いが表面化してきた。その対立から運営が暗礁に乗り上げ、会員の活動の場を重視する三角忠さんや井上スズさんを中心とした3地区(吉祥寺、国立、杉並)が1991年に会から離れ、「たまご米を作る会」が発足した。この会は現在でも活動をつづけている。残った地区(世話人)は、東綾瀬(和沢秀子)、小岩(佐野利男)、高島平(山田睦子)、光が丘(上野直子)、石神井(杉原せつ)〔以上北便〕、めじろ台(松下敏子)、玉川学園(井野博満)、和光(藤田久美子)、青葉台(藤田紀子)、九品仏(松川義子)、中目黒(佐藤操)〔以上南便〕の11地区だった。この時期、配送を続けることにも困難が生じ、一部宅配便の利用が進められたが、そのことも「つくり、運び、食べる」に反すると意見対立の原因となった。なお、現在はすべて宅配便利用に変わっている。

地主の高橋義一さんが1993年に亡くなられた。義一さんは、この地に土地を貸してくださり、その後もさまざまにお世話になった農場成立の恩人であった。追悼文集『ありがとう さようなら高橋義一さん』(山本治・杉原せつ編集、1994年)から、明峯哲夫・高松修両氏の追悼文を転載する(293~295頁)。

宇治田さんと大原さんが農場の中心となった時期である90年代は、白石雅子、藤田俊英、添田潤などの新しいスタッフも加わり、農場での生産活動は順調だった。とは言え、成長する子どもを抱えた家族が生活設計をするには収入が不足していた。卵を生協に出荷するという大原さんの提案は運営会議で承認されたが、その後、さまざまな局面で会のあり方をめぐって東京会員との意見の食い違いや衝突が生じた。宇治田・大原夫妻の退会(2003年3月)は、逆ベクトルではあるが「たまご米を作る会」の分離と同じ矛盾の現れだったと思われる。

その後の3年余りは、「低空飛行」の運営が続いた。農場スタッフがいなくなり、まさにたまごの会は「墜落」の危機にさらされた。東京会員が主導して会の運営をおこなったが、研修生もいなくなり、農場の生産活動は、復帰をお願いした鈴木文樹さんがひとりで支えた時期もあった。会員二世の永田塁君や戸田彩帆(あやほ)さん、中村明(めい)君が応援部隊だった。この時期の困難な様子は、中村安子さんの文「消滅しそうだった「たまごの会」」(204~206頁)が活写している。2005年には茨木泰貴さんはじめ、田村奈々、藤田進、田才泰斗、小松利識などの若者たちが登場し、2007年からの「暮らしの実験室」への道が準備された。東京会員は、自分たちが主導した運営がうまくいかなかった責任と、今後は農場主体で運営する会にするしかないという考えから、運営の中心から離れることになった。

たまごの会から暮らしの実験室へ転換するに際しての軌跡を表す文として、茨木さんが農場スタッフになるに当たって書いた決意表明文（296〜302頁）と、井野が書いた反省・総括文（303〜306頁）を採録した。「暮らしの実験室」が持つ新しい質については、冒頭の田川忠司さんと茨木さんの二つの文（27〜41頁）が良く表現している。田川さんは、古くからの東京会員の中でただひとり「暮らしの実験室」の運営に監査役として関わった。

たまごの会から暮らしの実験室への移行は、「墜落」直前に若者たちが登場したという偶然の幸運によって実現したと言えようが、こうして会の歴史をたどってみると、必然であったという気もする。それは、言葉通りの自給農場運動の終わりを意味するかもしれないが、その精神は受け継がれ、新しい質を獲得しつつあると感じる。たまごの会の思想と実践を若者たちに伝える上で、鈴木文樹さんが果たした役割はとても大きい。

会の40年の歴史は、会員それぞれが刻んできた歴史であり、会員の数だけ歴史があるなどとも言われてきた。そういうことからすれば、この「解説」は、ごく表層をたどったものに過ぎず、読み返してみると味気のないものになっていることは否めない。書き落としたことも多いかと思う。歴史の解読は、本記念誌に掲載された会員や農場スタッフ各位の文からなさっていただきたいと願う。それとて歴史の一部であるが。

資料としては、そのほか、鳥インフルエンザ・パニックに際して農場及びたまごの会の考えを表明した文（鈴木文樹）、3・11福島原発事故時の農場ドキュメント（姜咲知子）と意見（鈴木文樹）を収録した。また、昨年9月急逝した明峯哲夫さんのご子息牧夫さんの追悼文を転載した。

井野 博満

やさと農場略年表

1974年1月	鶏舎A棟棟上げ式
5月23日	農場びらき
9月	住空間として三間四軒（本棟の中心空間の呼称）完成 以後、周辺の居室や台所・食事スペースをつぎつぎと建設
10月	鶏舎B棟完成
1976年8月	豚舎完成
1977年7月	会員棟（ゲストハウス）完成
1979年9月	映画『不安な質問』一般公開 自費出版『たまごの会の本』発刊
11月	『たまご革命』出版（三一書房）
1982年4月	たまごの会分裂：農場中心派は140人の会員で再出発、 契約中心派は「食と農をむすぶこれからの会」を結成 （1989年まで活動を継続）
1983年7月	高畠有機農研へ会員多数が援農・交流
1984年11月	10周年収穫祭　参加者300人余　高畠からも多数参加
1991年4月	国立・吉祥寺・杉並三地区分離、「たまご米を作る会」発足
1993年11月1日	地主の高橋義一さんご逝去、利久さんの代へ
1994年	20周年農場改修事業スタート
1999年4月	各地区への自主配送は徐々に維持できなくなり、これ以降停止
2003年3月	宇治田一俊・大原由美子夫妻が独立 鈴木文樹にスタッフ復帰を要請
2005年4月	茨木泰貴がスタッフに
2007年1月	組織名変更「たまごの会」から「Organic Farm 暮らしの実験室」へ
2008年5月	イベント「やかまし村」スタート、新しい若い世代との繋がりが生まれる
2010年1月	姜咲知子がスタッフに
2012年9月	舟田靖章がスタッフに
2014年11月	やさと農場40年記念 収穫祭
2015年4月	河村友紀がスタッフに
2015年10月	40年記念誌『場の力、人の力、農の力。』を発行

『たまご通信』No.228　1981.7.22

消費者自給農場運動の新生をめざして

この文章は、十数人の討論を経て、7月6日世話人会で配布されたものを基に井野・池谷が中心に、書き改めたものです。

一、消費者自給農場運動とは

① 「おいしく、安全で、納得のいく食べ物を自分たちの力で手に入れよう」という運動。自分が物をつくることに参加することで、納得のいく食べ物をつくることができる。

② 私たちは、共同農場をつくることによって、それを手に入れようとした。農場専従者と都市会員との連携によって、それが可能になった。

③ 農場を拠点に農家と組んで、手に入れられるものをふやし、自給農場運動のひろがりをつくってきた。

④ 農場は、都市会員・専従者・地元農家・各地の訪問者が出会う広場であり、技術の交流思想の交流の場となった。同時に、都市に居て、農場通いの困難な条件にある人々にとっても、「心のささえ」となっている。

⑤ 農場専従者と都市会員との連携が、都市と農村を変えて行く展望をつくり出しつつある。都市では、農場の生産物を食べることを通じて、生活スタイルや都市環境の見直しが不可避となる(子育て、仕事、街づくり、学校給食など)。農村では、有機農業の実践による農家との連携、農場での生活スタイルを軸にした新たな文化の模索が始まる。

⑥ 消費者自給農場運動が、従来の産直とはちがった新しい質を持っているのは、自ら、生産手段を持ち、そこで生活する人間をかかえ込んだことによっている。したがって、専従者と都市会員との信頼関係こそが、自給農場運動の生命であり、農場が生き生きとすることによって、運動が展開してゆく。

⑦ このようにして、たまごの会は、「台所の感性や発想」をベースとしつつも、同時に「生き方の選択」を孕む運動となっている。自分が自分の主人になる生き方、奪われた「生活」を自分の手に取り戻す運動となっている。

⑧ 現代の支配構造が、政治・経済・社会制度思想を包括した全体的・文化的なものになっている状況に対し、よく拮抗しうる構造を持った根拠地運動としての可能性を持っている。

消費者自給農場運動は、有機農産物を手に入れる一つのやり方というように位置づけられうるものではなく、逆に、有機農業運動を社会変革のための一つの重要なプロセスとして、相対化する視点が必要である。

＊今回の採録では「二」以下を省略してあります。

『たまご通信』No.258　1982.3.24

アピール
＝四月以降の運営について＝

二月二〇日の世話人会で分裂交渉妥結が確認され、私達いわゆる〝農場派〟は、四月一日より百二十人余の都市会員と七人の農場生活者という陣容でたまごの会八郷農場を運営して行くことになった。一人でも多くの会員がたまごの会に残り私たちと共に歩んでいただくことを訴えたい。

交渉妥結を受けて鈴木晶子さん（文樹さんの奥さん）が農場に住む決意を明らかにされた。たまごの会に生活基盤を置く決意をした鈴木さん一家と農場の全スタッフに対し都市会員も決意を新たに新生たまごの会を創りあげて行きたい。

たまごの会の新しい出発を地主の高橋義一さんも喜んで下さり、新規十年の土地貸借契約を結ぶことを内諾された。私達はこの高橋義一さん一家の好意と信頼に応えて、八郷農場を実りあるものにしていく決意である。

私たちは今、四月以降の新しい生産体制や財務・配送・契約等の体制の確立に向けて討論を進め、具体的な準備活動を始めたところである。四月以降の体制について簡単なスケッチを描いてみたい。

＊

四月以降継続する地区は東綾瀬（和沢）、高島平（朝田）、石神井（杉原）、吉祥寺（三角・浅野）、国立（井上）、めじろ台（古坂）、青葉台（藤田紀子）、九品仏（松川）、中目黒（佐藤）の9地区で（）内は地区世話人である。その他に、『不安な質問』の上映会を開くなどの準備を進めてきた小岩（佐野）、和光（藤田久美子）、水戸（山下）の三地区が新しく発足する。以上のほか一の宮・たまプラザ・経堂（旧渋谷）等でも何人かの会員が残るので配送体制を検討中であるし、土浦・牛久等常磐線沿線でも新地区の結成をめざしている。会員の規模は一二〇人余で出発し来年三月には一五〇人にしたい。

配送体制は暫定的に四〜六月の三ヶ月間は週一便とし、その後は夏野菜の痛みが早いこともあって週二便体制を確立する。

生産体制は鶏と豚を漸減し、畑と田に力を入れてゆく。農場専任者間の組み方については共同作業の場と分担責任をはっきりさせ、当面、鶏は宇治田・大原のコンビ、豚は鈴木文樹、畑は長井・池谷で責任を持ち、田は共同作業とする。東京への作業呼びかけは個別でなく農場として、という基本方針で行う。東京からは月に一回程度の共同作業の日を決め、農場へ出掛け、会員の交流をかねて、楽しく一日を過ごしたい。それにしても、農場専任者の数が少なすぎて大変なので、新しい専任者の獲得が急務である。

一世帯当りの卵量は週1kg、豚肉は月一回1kg程度（他にベーコン）を基本と考えているが、四〜六月の過渡期はこれを大幅に上まわる卵と豚肉が生産されるので、会員外に積極的に食べてもらい会員増へとつなげて行きたい。野菜・穀類・イモ類等については農場の畑（93a）と高橋義一さんの契約畑（90a）によって、八一年度とほぼ同じ位の、豊かさを味わえるだろうと思う。米は従来と同じやり方で高橋米にかかわる会員を増やし、高畠との提携も進める。

牛乳については、二者択一をせまられた野口さんは〝これからの会〟へ出荷することになり、私たちは四月から野口牛乳を飲めなくなった。そこで新しく農場で乳牛・山羊を飼うことを検討中である。少量であっても自分たちの力で牛乳を生産したい。契約については、高橋義一さんとの関係を軸に八郷での新しい展開をめざし、農場と地元農家との交流を深め、地域に根ざしたたまごの会として行きたい。それと同時に、全国各地の先進的な生産者と連携を深めて行きたい。特に、今までも多くを学んできた高畠の農民との提携に力を入れて行く。

八二年度の財政運営は非常に苦しいことを覚悟せねばならない。一二〇人余に減った会員で農場を維持せねばならないので、従来の会計の立て方のままだと一人当たりの維持会費が倍近くにもなってしまう。これは現実的ではないので維持会費は従来と同じ年五万円（月四千円）に押え、そのかわり品代を大幅にアップすることで支出に見合う収入を確保したい。卵キロ五五〇円、豚肉キロ千円とする予定である。卵については昨秋雛を入れなかったことが響いている。農場生活費など支出も切り詰めねばならないが、生活の豊かさと農場への夢をつくりあげるための出費と労力は惜しんではいけないと思う。

農場を去る会員グループ（契約派）への返済金千五百万円は、地区・個人・農場専任者からの出資金と借入金によって確保されている。このうち約半額の七百万円が借入金であり、これは三年計画で返済する予定である。そのためには、現会員、新会員の出資を期待せねばならず、さらに痛んだ建物の修理のための金も必要となる。休会のまま農場へ残る会員の出資金も六百万円程度あり、退会時に返済せねばならない（千五百万円は別）が、これらの人たちには、現会員に復帰してもらうよう働きかけるとともに、その条件にない場合は苦しい台所を理解して、休会のままとどまってもらうか、退会する場合でも多額のカンパをお願いしたいと考えている。

＊

組織運営については、世話人会方式のプラス面を継承しつつ、会員の主体を尊重し、責任を分かち合えるスタイルを模索中である。当面は、昨年七月の〝農場派〟発足以来、自然発生的に採られていた意思決定方法である、会員の自由参加による〝全体会議〟で物事を決めて行う。

〝農場派会議〟を補うものとして私たちは六つの部会をつくり活動している。それらは、生産・生活部会、財務部会、配送部会、契約部会、広報部会、理論整理部会である。全会員が積極的にこれらの部会に参加していただくことを切望する。

地区世話人は、地区運営の責任者であり、会全体の運営に於いても中心的な〝核〟の役割を果たすであろう。

私たち〝たまごの会〟は都市の〝生活者〟の運動であり、職場や地域における活動をベースとし、かつ、その糧となることをめざしての運動である。私たちは〝食の自立〟をめざすことによって生活総体の自立を求めるのであり、それ故、食べ物の質（何を）だけでなく、食べ物を得るプロセス（誰が誰と・何時・どこで・どうやって）を重視して行きたい。私たちは、時間的にも、精神的にも、日常的に自給農場にかかわることは決して容易ではないが、一部の熱心なあるいは〝余力のある〟人たち（そういう人はほとんど居なそうであるが）に任せたり頼ったりすることはできない。また、実際問題として農場専任者が「専従」的に大部分の生産活動を担っている。それがこの会の存立を支えていることは、ひとつの矛盾である。しかし、都市会員と農場専任者たちが、消費者自給農場の運営にたずさわるなかで、自らの労働の質をお互いに対比することができる。その上でこそ、共に生きる関係の姿を追求することが出来るだろう。

今、全国各地の民衆運動は、七〇年代初頭のようなはなばなしい広がりもなく、停滞しているように見うけられる。「きびしい」経済情勢とますます巧妙になった全般的支配構造のなかで、地域闘争や住民運動は、その真価を問われる。私たちと近い距離にある。〝有機農業運動〟と言われているのもその例外ではない。

体制の側からの「食糧危機」の宣伝にまどわされ、押し流されて行くならば、〝食糧安保のための有機農業振興〟というような立国思想に陥ってしまう危険すら感じられる。たまごの会は〝有機農業〟それ自体を絶対化し自己目的化するような運動ではなかったはずである。「食糧危機」は、国の体制の危機の一つに過ぎず、私たちにとっての緊急事態は、〝食べ物〟の問題も含めて、生活自体が支配され、崩壊させられて行く「危機」であるという認識が、たまごの会の基本にあったと思う。〝契約派〟の一部の主張・行動はこの基本的視点を変質させようとする内容であったというのが私たちの認識である。私たちは今こそこの視点を、全会員のものとして具体的活動の中で、再確立し豊富化してゆく必要があると考える。包括的支配構造に対抗する都市生活の根拠地運動として、たまごの会はそのような支配の枠をつき抜ける可能性・力・未来を持っていると確信する。　＝これは今後の方針について井野の文を元に数人で意見を交換しまとめたものです＝

（今号担当　田川）

『やさと』1983.4.21 No.45
食と農をむすぶこれからの会

ライバルの功罪
旧「たまごの会」の分裂から一年を経て

——一の宮　湯浅欽史

「これからの会」は一年で倍増しました。「たまごの会ってなあに？」という会員が半分は占めているということです。新しい、これからの会の中身をつくっていこうとしている会員にとって、よくわからない「たまごの会」にまつわる事をもち出されるのは、さぞうっとうしいことと気がひけないわけではありません。でも私にとっては、未だとても大きなことなのです。そういう私とこれからも密につき合っていただくときに、私が旧「たまごの会」の体験を引き摺ってやってきたということ、そして「（新生）たまごの会」の存在が、私にとって今後もどうしても視野に入らざるをえないということを、知っておいていただきたいのです。単なる私事である以上に、同じ八郷の地で活動している団体なのですから、新しい会員にとっても、まんざら無関係といって済ませられないと思うのです。

無我夢中でガムシャラに一年間やってきて、やっと少しまわりを振り返る気持ちの余裕ができて、筆をとる気になれました。「分裂の総括」なんて大それたことでなく、気持ちの落ちつけ方として、書いてみます。

◆

「よきライバルとして…」という言葉があります。比較する、ないし比較される相手がいると励みになる、というライバルの持つ積極面を指していますが、負の面がないわけではありません。白地の荒野で我が道を行く、というわけにはいかず、そのことがいろいろなわだかまりや逡巡をともない、すっきり力を出すのを妨げる面を秘めていることも事実です。たとえて言えば、離婚の相手の事柄は、良きにつけ悪しきにつけ、素直に口にしにくい、口にしないことによって心のなかに澱んでいく——といったことに一脈通じるように思えます。もっと言えば、相手も幸せになってほしいという、それはそれでウソではない願いと、だけど、新しい恋人でもできて幸せそうにしていれば、それはそれで心中穏やかでないという屈折した心理が、一本の縄のようにからまりあっています。

たとえば私の場合、『たまご通信』や『農場週報』が手に入ると、隅から隅までくり返し目を通します。ちょうど、外国にいて日本の新聞を手にしたときのようです——情報が限られているので、この『やさと』よりも熱心に読んでいるとも言えます（ちょっとした言いまわしにも「こうだろうか、ああだろうか」と想像をめぐらしながら）。そして、〝分裂交渉〟以来の習慣となった早朝ジョギングのときにも、当面している様々な課題についてとつおいつ考えながら走るのですが、「誰々さんならこれこれのように考えるんだろうな」と、つい旧「たまごの会」で親しんでいた顔が目に浮かんできます。それはまさに〝屈折〟した心理と言えます。

正しいか誤っているか、を中心に物事を考えるなら、正しい方針を実行しようとしている正しい団体は充実し発展してゆき、誤った方針を実行している誤った団体は消滅してゆくべきことになります。しかし私は、一貫してそのようには考えてきませんでした。いわば相対主義というか、いろいろなやり方があってもよくて、それらが対立や協力を繰り返しながら物事がすすんでゆくのだ、そう考えるのが人の生き方として豊かなのだと考えてきました。もう二年前にもなる「分裂提案」（旧『たまご通信』No.213参照）も、両派の一部には「きれいごとを言って相手を追い出す高等戦術」と受け取られたのですが。今でも「両方正しい、と言うためにそれぞれの信じる道を歩もう」との相対主義が、私の性には合っているようです。だから、一部から指摘を受けましたが、念願である「多様性の豊かさ」と「すっきりさせるための分裂」とは、私の中では決して矛盾していませんでした。むしろ同じ事とさえ言えたでしょう。私たちを暖かく見守り援助して下さってきた方々に分裂が大きな負担をおかけしたという点をお詫びしたいという気持ちを抱きながらも、「分裂は道理に合わない」とか「恥ずかしい事だ」とか「バカなことをやってしまった」という風には、とても思えません。よい結果をもたらすことによって、それらの負担を償いたいと心から思うだけです。その責任を負ったんだという自覚が、この一年の頑張りの底にはあったように思います。とくに、高畠町有機農研のかかえてきた悩みや課題を遠くから耳にし、三ブロック制導入という決断を知り、そしてブロック選択を迫られたとき、他人事（ひとごと）でなく、当事者への共感で痛いほど身につまされました。と同時に、旧「たまごの会」の分裂が外部からどう受けとられたのかを、逆の位置から身をもって知らされたことになりました。共生というより共苦の姿勢が求められているように思えます。未来に向けての三ブロック制の生みの苦しみを、高畠の人たちと共に分かち合っていくことが、私たちが有機農業運動の一端にかかわっているということなのでしょう。

話が本題からそれてしまいましたが、論理の問題として頭で考えるかぎり、「これからの会」と「(新生)たまごの会」がそれぞれのやり方で進み、それぞれ豊かに花咲かせていくことが望ましいことです。ことに分裂を〝強いられた〟のではなく〝選びとった〟のであれば、尚更のことです。分裂に当って私たちが「旧御六家(地主の高橋義一氏を除く)」に行動を共にして下さるよう強く迫ったのも、今からふり返れば、二つの組織がそれぞれの方針によって活動していくために、「(新生)たまごの会」にとっては農場が〝有形の財産〟として、また「これからの会」にとっては地元農家との関係が〝無形の財産〟として、それぞれ当面の存立基盤になっていたからでした。都市会員と生産会員とが「横並びの対等な構成員」として、都市と農村とにまたがって「これからの会」が活動を展開していくことは、「(新生)たまごの会」にとっては、都市会員が農場施設をそのスタッフとともに生かし切っていくことに相当するからです。それぞれの道を〝よきライバルとして〟すすむためのスタートラインづくりが分裂だったと言えます。

人間が感情の動物だ――ということは、理論(方針)と感情とを別個に処理すればよいということではなく、その二つが一つのことの裏表として同時に実行していかねばならないことを意味します。だから、感情を混じえない、〝正しい方針〟の議論などありえないのでしょうし、〝正しい方針〟の実行のために感情を殺したりガマンすればうまくゆく、というわけにはいきません。それは、ライバルがいる場合でも同じで、その「功」とその「罪」とをともに取り込んでゆくことになります。感情や心の揺れ、ライバルへの屈折した心理を、日陰者として抑圧するのではなく、時折日向に出して、時間をかけてときほぐしていきたいと考えています。実をいうと、「これからの会」の紙面上や会議の席上では、私の予想をはるかにこえて、「(新生) たまごの会」へのアテコスリやイヤミが少ないのにびっくりしました。一番ウジウジしているのは私なのかな、と思ったほどです。ライバルのことなど目に入らないほど、その日その日を過していくのに夢中だったこともあります。とはいえ、あっけらかんとしているほどよい、とも言えない現実があります。屈折した心理を抱いているのは私だけではないことを時として感じないではありませんし、旧「たまごの会」を共に生き、そして「これからの会」を共に担おうとしている人たちが、未来に向けて力を出し切るには、「(新生) たまごの会」との関係を視野に入れた議論が、今後どうしても必要になってくると思えるからです。

私たちが「八郷の地を有機農業の里に!」とのスローガンを変えないかぎり、八郷を舞台とするさまざまな試みは、好むと好まざるとにかかわらず、私たちの活動に関わりを持ってきます。「(新生) たまごの会」も例外ではありえません。前述した〝相対主義〟からいえば、有機農業に関連した様々なねらいをもった様々な形態の試みが存在することは、私たちのスローガンの実行にとって有利な条件を準備してくれていることになります。

たとえば、八郷に存在するいくつかの試みが、食と農をどのようにつなげようとしているかを、参加者の広がりと形態のラディカル(尖鋭)さという尺度で、見てみましょう。この三月に移住して始まった合田農園(夫妻とも東京へ通勤)は、自給農場運動を最も純粋に表現した面をもっていると言えないわけでもありますまい。在京者中心の自給農場運動「(新生) たまごの会」は、都市に視点を置いた会員の農への営みを通じて、都市の矛盾に直接いどもうとするシャープな集団と言ってもよいでしょう。都市と農村に橋を架けようとする「これからの会」は、都市住民と農民とが互の主体性を尊重しながら手を携えてゆるやかな結合の輪を拡げ、食を軸に迂回的に生活の見直しをすすめようとしています。そして、八郷の若手六名による生産組合は、農民が有機農業で生きていけることを目標に、生産者主導型で消費者組織を拡げる実績をあげてきています。八郷ではありませんが、もっとゆるやかな、すなわち現社会の仕組みに馴染んだ流通主導型の運動としては、いわゆる生活協同組合のほかに、大地を守る会や野菜引売りのＪＡＣなどをあげることができます。将来は、八郷農協が有機農業運動に手を染めることもありうるでしょう。これらのさまざまな試み、合田農園＝たまごの会＝これからの会＝生産者組合＝・・・がからまりあって、離合集散、対立と協力、発展と挫折を経験し、紆余曲折を経ながら私たちの右のスローガンは形を得ていくのでしょう。そのように考えるので、「(新生) たまごの会」が私たちをどう評価し位置づけたとしても、「これからの会」が進もうとする道に照して、生産組合と同じく「(新生) たまごの会」をも大事に見守っていきたいと考えています。

◆

私がお伝えしたかったことは以上の通りですが、いくつかのエピソードを付記しておきます。今年の元日に牛乳ビン詰めで八郷に行った折に、私は分裂以来はじめて個人的に（玖子と二人で）農場を訪れ、新年のご挨拶をしてきました。三月の総会パーティーには運営委員会の意思によって公式の招待状を出すことができましたし、その後、松田帛子さん発意による有志の病気見舞が、旧「たまごの会」の古い友人あてに届けられました。また、それはそれで議論の分かれるところでしょうが、両会の会員の間では（私を含めて）、分裂以後もさまざまな形でのお付き合いが続いてきています。とにもかくにも、まだお互にぎこちなさがとれませんが、時間とともに薄紙をはぐように、当たり障りのないところから一つ一つの出来事を節目として、「よきライバル」となっていけるのではないでしょうか。

やや〝悩みの告白〟的になってしまい、お読みずらかったかと思います。御感想など、お聞かせいただけると、たいへんうれしく思います。

（—なお、五月初め刊行予定の私の本（『自分史のなかの反技術』）の最終章がこの文章の背景となっていますので、機会がありましたら読みくらべて下さい）１９８３／４／４記

追悼集『ありがとうさようなら義一さん』1994.10

義市氏が、そして義一氏も…。

——明峯哲夫

九二年夏、筑波山のむこうで植松義市氏が亡くなった。そして翌年、筑波山のこっちで高橋義一氏が…。

筑波山のむこうで産声をあげ、筑波山のこっちに貰われ育てられたたまごの会にとって、義市氏は生みの親で、義一氏は育ての親だった。

こうしてたまごの会は「十年」という歳月を、もう２つ過ごした。１つ目はたまごの会が物心づく十年だった。そして次の十年は自分に宿った精神への執着と、それからの解放を巡って激しく葛藤する時代だった。そして今、三つ目の十年を迎えようとしている。ようやくにしてたまごの会は、主体性を取り戻し新たに転ずるチャンスを与えられることになる。さてたまごはどちらに、どう転がるのだろう。

「たまご」を「やぼ」として継承した僕も、そろそろ転がらなくちゃ。

2人の父親との決別は悲しく、不安だ。けれどもそれは僕たちを否応なく、独り立ちへと駆り立てる。

――高松　修

追悼集『ありがとうさようなら義一さん』1994.10

農場捜しの想い出

高橋義一さんを悼んで

わたしが八郷を初めて訪れたのは、八王子地区世話人の高田さんと一緒に、高橋義一さんをお訪ねし、「たまごの会」の農場捜しの相談に乗ってもらうためでした。梅雨明けのぎらぎら陽射しの暑い七三年七月二三日、たまらずに石岡駅前で生ビールを一杯やってから、お邪魔させていただきました。当時の高橋さんは「土地改良区理事長」として豪腕をふるっておられ、地域の水田の潅漑と区画整理をやり遂げた直後でしたが、落ち着きの中にも生気はつらつとしておられました。

来訪の目的を話すと、初対面の私たちに「地球規模で異常気象がますます頻発し、21世紀には世界人口が爆発的に増え食糧危機が訪れるから、今のうちに消費者もその準備をしておくことは当然なことだ」と理解を示されました。快くご相談に乗っていただけただけでなく、最後には自分の1ヘクタール強の山林と畑を使ってはどうかとまで言ってくださいました。相手の氏素姓を調べもせずに、大所高所から英断を下された氏にただただ頭が下がりました。

思い起こすと、八郷までにも幾つかの候補地があがりました。なかでも飯島春子さんの千葉・大多喜の土地は、勝浦から近くて海釣りにいけるという下心から私には魅力がありました。また合田寅彦さんに案内していただいた奥多摩湖畔の上流の台地も天然のヤマメが釣れたり、ワサビ田があったりで自然環境は優れ魅力を感じました。しかしこの二候補地についてはただちにそこに決めようとは思いませんでした。ところが八郷の帰り道には迷う事なく、高橋さんのお世話になろうと思いました。そのように感じた理由は、筑波山麓で農場候補地として相応しい地理的条件もさることながら、地域にしっかりとした足場をもっている義一さんがバックアップしてくださるという安心感、それに氏の大所的見識とおおらかな人柄への共感からでした。世話人会でも八郷に第一歩を踏み出すことをすんなりと決定し、その年の一一月にははやくも松林の伐採に着手したのでした。

振り返るに、たまごの会の絶頂期まではともかく、会の分裂をめぐるごたごたや騒動では義一さんに一方ならぬご心労をおかけしただけでなく、地域のお仲間との間にまで亀裂を持ち込むなど、消費者運動の歩みが氏の夢に応えられなかったことを返すがえすも申し訳なく感じています。しかし、たまごの会を起点として当時の多くの仲間が「八郷を有機農業の里に」するために土着し、日本のなかの提携運動の一つの拠点としての役割は果たしていますのでお許しください。八郷を離れた仲間も若かりし日の体験を生かし、新天地で頑張っています。暖かくお守りください。

『会内配布資料』　2004.11.12

たまごの会
現状認識と今後の課題

——茨木泰貴

来年から、再び農場でお仕事させて頂く事になりました茨木です。今、たまごの会の農場運営が大変な状況にあるという事で、そのことに関して来年からの労働者として考えていることを述べさせていただきたいと思います。

まず初めに、これまでの経緯を簡単にお話ししたいと思います。10月15日に井野さんからメールを頂き、その中で農場運営が厳しい事、そして農場に来てほしいとの依頼を受けました。また「たまごの会という組織の中に八郷農場があるのでなく、八郷農場とたまごの会という2つの独立した組織にし、両者が協力し合ってゆくという形でいいのではないか」と、独立を視野に入れた提案を受けました。私は、卒業したらやっぱりまた農業がやりたいと考えておりましたので、二つ返事で農場に行く事を決めました。その後、会内では徐々に農場を独立させる必要があるとの意見が出てきていると聞いておりましたので、私もそれを意識して（独立なら独立でそれに向けた準備が必要ですから）色々と来年からああしようか、こうしょうか、どうしようかと考えるようになりました。

そういう訳で、農場が独立すると言う前提に立って、来年からの農場の姿を瀧げではありますがお話したいと思います。

（なお、主な内容は今までの会員さんとのやり取りで、使った文章の転用ですので文体が統一しておりませんがご了承ください）

たまごの会八郷農場　現状認識と今後の課題

① 農場に起こっている最も現実的な問題は収益についてである。経営の面において宇治田体制期と鈴木体制期の違いは生協への卵の収益に

ある。鈴木体制期に劇的な会員数の減少が起こっていないことより、現在の状況を引き起こしている問題は収益の減少である。そのためたまごの会には収益を生むための専属的なシステム、つまり営業・販売機関が必要である。

② 農場を維持していくために必要な生産面での人材が足りない。現在毎年１２０００人が新規就農している（研修システムを継続するならば）。短期的には、人材を集めるために彼らの内、研修を行った人間がどこから研修の情報を得ているのかを調べ、そこから必要な機関に情報を掲示する事が必要である。そのためにはある程度専門的にその活動を行う広報機関が必要である。また長期的には、研修生にとっての研修の満足度を向上させる事である。

③ これからのたまごの会にとって最も大きな問題の一つはビジョンの欠落である。ミッションに関して言えば、「たまごの会は農場の運営を行い毎週毎週野菜の出荷を行い、それを食し続けてきた」それらの営みは非常に偉大であった。しかしこれから社会的な位置付けや認知を得、また会自体の方向性を定めるためにもビジョンの設定が必要になってくる。

④ 会員の会へのかかわり方をどのように捉えるかを考える事が必要である。農場のオーナーであり、消費者であり、運営者であり、またあるいは顧客かもしれない。農場が主体になれば、会員は顧客に変わるかもしれないが、どちらかと言えばＮＰＯで言うところの会員の方が現状に近い。そのためには運営者が必要である。責任の所在を明らかにした上で、農場側と会員側の活動を振り分けたほうが両者にとって快適になる。

以上の4点が具体的な問題点だと思います。現状から考えていきます。なによりも②の農場で働く人がいないことが問題です。働き手がいればそれだけで大丈夫でしょうか。想像するには去年の状態が近いと思います。去年の大きな問題は収益でした。働き手は足りていても、十分な収益がないと会の存続が難しいということでした。そのために①のより多くの人にたまごの会の野菜や卵・お肉を食べてもらう事を農場として努力する必要があります。会外での販売を含めると、それを成り立たせていたのは宇治田さんの頃です。しかし宇治田さんの頃にも問題があったと聞いています。会員と農場の関係が希薄になった、つまり宇治田さんの力が強くなったという事です。農場と会員の関係を良好なものにするためにも④のことをしっかり考える必要があります。多少具体的になりますが独立を視野に入れると、法人格の取得による役割の明確化が必要だと思います。最後に、③で、独立した農場は何を目指し、どんな農場になるのか、といういわば夢の部分を具体的に描いていく必要があります。こういったプロセスを経ると、農場はまた新しい農場に生まれ変わることが出来るのではないかと思います。これらの事を順に考えて行きます。

販売に関して

現在の財政赤字の状態から（1年目）年度末黒字決算、3年以内に経営の基盤を確立する事を目標に生産と販売の強化が必要である。生産に関しては人材の問題に関わるので次項以下で述べ、ここでは販売に関する事を述べる。

収益性（売り上げ―原価／労働時間）の高い商品に絞り販売の強化を行いたいが現状ではそれが何かは不明。または新農場で作れる全てのものの中で最も世界基準に近い質のものを選び・作り、それに絞り生産と販売の強化を行う。それ以外の商品への取り組みは新農場の経営を維持できるレベルであれば良い。そうは言うものの「維持できるレベル」はそれほど低い訳ではないので、こちらもしっかりと取り組まなければならない（従業員の給料が変動性であることを考慮に入れれば別かもしれないが、それでは困るので）。

現会員への出荷は最優先である。その他の優先順位はまだ決められないが思いつく事をあげたい。

①　会員はもっとわがままになる事が許されるべきである。生協を一つの基準に考えると、現在会員のわがままを制限している事項は野菜の種類の選択が不可能であること、量の選択肢が二つであることである。この二つが解消され、自分の欲しい野菜を自分の欲しい量だけ買うことが出来れば、産直形態の販売としては高水準の出荷形態になる。畑の野菜がどれだけ出せるかが不確定になり、必要以上に大目の作付けが必要となるかもしれないが、以前よりも野菜希望者が増える確率は増すのでよしとするべきである。手段はパンフ・ＦＡＸか技術次第ではｗｅｂも可能になる。

②　有機野菜の質がどこも似たり寄ったりな事よりも、同じような人に売っている状態のほうに問題を感じる。その為商品のパッケージ化を行って全く別の層をターゲットにする。有機野菜の需要は「安全」、「おいしい」、「環境保全」だけにあるのではなく「健康」と「美容」もあることは間違いない。あるいは「幼児期の食べる教育」にあるかもしれないし、「禁煙を始めたお父さん」にあるかもしれない。焦点を絞りに絞って販売を行うことを考えたい。パッケージ化のほかの実現可能性の高いアイデアは、贈答セットやお鍋セットなどが考えられる。

③　父親は子のクリスマスプレゼントに野球のグローブを買ったが、買ったものはより正確にはグローブではなく子どもとキャッチボールをする時間、である。これがショッピングの本質の一つであるならば、野菜を買って野菜自体ではない楽しみを提供することはできないだろうか。

例えば、ウェブ上に顧客ごとのバーチャル畑を作り、ユーザーはその畑の管理者になる。何を作るか、いつ種を蒔くかなどゲーム感覚でユーザーが指示を出す。実際はそれが農場と連携していて出来た野菜は全て顧客の元に送られる、などである。実際は野菜を買っているだけだが、買う人間は例えば「都会で仕事の合間に自分の農場を持つ楽しみ」を買っているかもしれない。農業ベンチャーとしては至極のアイデア。

④ 様々なイベントを実施し、農場に人を呼び込み野菜も販売する。

来期の体制（人材・生産）に関して

来期の体制は今のところ、鈴木さんとイバラキの2名が確定している。しかし当然2名では足りないため最低2人、最高4人の人材が必要である。基本となる部分は経験のある鈴木＝鶏・畑、イバラキ＝豚・事務含め販売、と言う形で始めたい。足りない人材の募集は、研修生として、生徒として、営業マンとしてなど多様に考えられる。

人材に関する私の意見は主に二つある。一つは従来どおりの研修生としての募集を行う。

もう一つは「独立＝新農場立ち上げ」という位置付けで捉え、自分たちで農場を作ることに楽しみを感じる人であれば、お金儲けをしたい人でも、田舎暮らしをしたい人でも、就農したい人でも、社会運動をしたい人でも、老後を楽しみたい人でも良いと考えている。より沢山の、より幅の広い所から人を集めたほうが新農場自体の面白みが増すと考える。ただその点、研修スタイルより難しい事は、彼らの様々に異なった満足を満たすものを新農場が提供しなければならない点である。

中長期的には最低人数として、畑・豚・鶏・加工に責任を持てる人材各1名が必要。これらの4つは農場の生産物の根幹をなすもので、品質の向上（販売競争力向上）のためにも絶対不可欠である。短期的な取り組みの中で収益に余裕を生み出し、専門的な人材を雇っていかなければならない。

ビジョンに関して

ビジョンは単純明快で誰が見ても理解しやすいものが良いので、

「ハッピー♪ファンキー☆エキセントリーな農場」（楽しくて、イカした、そして少々イカレタ農場）

というのが妥当かと思う。私は夏の週報にて「農場はB音階（ロ音階）のような所だが、伝統的に世界の大部分も短調で出来ている」と述べた後「ポップでチープな商業主義より、王道であるが故のアウトローが良い」と締めた。農業全体が利潤を追求し経営を安定させる事のみを目標とした流れにある中で、農の持つ幅や遊びが狭まる事は非常につまらない。経営安定のための利潤追求のみが主流ならば、アウトローになっても良いから「遊び」たいのである。一般的には利潤あっての「遊び」という構造と理解されるが、本質的には「遊び」にとって利潤は十分条件に過ぎない。新しい遊び、そして新しい価値（利潤追求だけではないもの）を創造しなければわざわざ存続する意味は無い。会員にとってのみだった農場が独立、法人化を通して社会にとっての農場になるのである。新農場は関わる人にとって関わって良かったと思える楽しさや喜び（それも多少スパイスの効いた）を分かち合う事を生み出す必要がある。また今の社会に足りていないものを創造する必要がある。それは具体的には農場と○○をハイフン（＝）でつないでいく事だと考える。「ハイフンで繋ぐ」とは例えば、「紅葉狩りをする豚」のようなコンセプトであったり、「農場で遊ぶ子ども」のようなコンセプトであったりする。農場の庭園化と豚の場内放牧とは実際なんの関係もないが、それによって農場が面白くなり、紅葉シーズンに豚とふれあいに農場に遊びに来る人が現れるかもしれない。

こういった「ファンキー」や「エキセントリー」によって「ハツピー」を生み出す事が出来れば、新農場の存在意義は十分にあると思う。ちなみに「ハッピー」はみんなに楽しいこと、「ファンキー」

は社会に還元できる事、「エキセントリー」は自己満足（＝遊び）と定義しておく。これら三つが偏り無く評価されている状態にしたい。それと、利潤に関して「ハッピー」は嘘をつかない事を記しておきたい。「ハッピー」の追及は経営の安定に繋がるからである。

独立に関して

たまごの会の独立に関して私は法人化が必要であると思う。任意団体としての新農場と法人組織新農場の違いは①組織体質の明確化、②社会的信用の向上、③経営責任の明確化、④（言うまでも無いが）農場の私物化防止、などである。法人化を行うことで、会外では販売活動の幅が広がり、会内では責任の所在と責任の取り方が明確になる事で経営が合理化する。逆に法人化に伴う危惧は、会外では法的あるいは財務に関する手続きなどの事務仕事が増える事。会内では会員にとっての農場が遠くに行ってしまう印象を与える事である。そこで会員が農場のシンボルである居住棟を保有する事が良いのではないかと思う。

具体的にどういう法人格を取得するかは未定であり、これから議論を始めたいと思っている。

現在考えていることはこのような事です。まだまだ思考が足りないところもたくさんあります。これはどうなんだ、あれはどう考えているんだと質問していただければ幸いです。

（＊著者の希望により原稿の一部を削除してあります）

『会員集会資料』2004.12.5

たまごの会の今後について

――井野博満

会の現状と経営責任

私たちの求めに応じて農場の研修リーダーを引き受けてくれた鈴木文樹さんは、宇治田さんから引き継いだ後のこの困難な時期に、よく頑張ってくれたと思う。まずこのことに感謝したい。また、都市会員も、少数であったけれども、この2年間、かつてないほど農場に通い、あるいは経営や活動に努力したと思う。

しかし、残念ながら、この2年間の会の経営は端的に言って失敗だったと思う。特に2年目は新しい研修生が続かず、農場は極端な人手不足に陥り、新しくスタッフになった永田壘さんに大きな負担をかけてしまった。そういう精神的休養が必要な苦しい状況に追い込んでしまったことに強く責任を感じる。

財政面でも、当初の資金300万円余が1年目でほぼなくなり（これには設備補修などの負担も大きかったが）、会は背水の陣で品代の値上げとセット便による新しい会員獲得の方針を決めたが、2年目も生産不調などにより100万円を超える赤字を予想せざるを得ない状況になっている。この状況を、この間、運営・経営に関与した主要メンバーは引き受けねばならないであろう。

新しい研修生を育て、今後の農場メンバーの中軸にするという基本的な方針が現状を見る限り実を結んでいない。これには我々の力量不足・時代状況などさまざまな原因が考えられるが、たまごの会が目指してきたことと現実に会員がやれることのギャップが大きくなり、活動の展望を見出せなかったことが根本原因としてあると思う。また、都市会員と農場メンバー（研修生を含む）との関係のあり方についても、依然として解答を見出せていない。となれば、会の組織・あり方を抜本的に変えることなしに会の存続はないのではなかろうか。

新しいたまごの会と八郷農場へと脱皮するたに、皆様のご意見を伺い、ともにその実現を計ってゆきたいと思う。以下、そのための話し合いの素材として、私なりの考えを述べてみたい。

インフォーマルな話し合いの中で見えてきた方向性

10月11日の運営協議会以降、会員の間では、さまざまな機会をつくってインフォーマルな形で意見交換を行ってきた。それらの話し合いの中で見えてきた方向性は、「たまごの会を改組し、再出発しよう」というものである。その基本的な認識は、会員集団が経営の責任とリーダーシップをとるという今のたまごの会の組織形態では、立ち行かないのではないかということである。

一つは、会員集団が農場の運営に関与しそれをよい方向へもってゆくことができなかったという事実。これは、会員には、現場から離れているゆえに会員が十分に実状を把握できないというハンディがあり、それを超えるだけの力量が総体としてなかったためと思われる。実務的な面で会員の力に不足があったという問題ではないと考える。

もう一つは、会員が主導する今の組織形態では、農場をやろうという新しい若い人達が集まらないのではないかという予想。以前から言われている自立性・自己決定権の問題である。これは当初から常に議論され、農場のあり方自体が揺れ動いた矛盾の源といってもいいだろう。農場メンバーが農場運営の大幅な自己決定権を持ち、その責任を負うという体制に改組することが今の現状においては適切な選択ではないかと考える。

この方向性への選択は、論理的・普遍的なものというよりは、この2年間の会の運営の反省の上に考えられたものであり、運営の中心を担った者たちが一歩下がって、協力者として会の活動に関わってゆこうということでもある。

農場再生への期待

8月に2人の研修生、11月にスタッフの永田塁さんが辞め、農場は鈴木文樹さん1人の頑張りで超低空飛行状況が続いている。会員二世の戸田彩帆さん、中村明さんなどの参加でかろうじて日常作業がまわっているという状況である。

うれしいことに、昨年研修生だった茨木泰貴さんが来春卒業後、農場に来たいという意思表示をしている。どのような環境で彼を迎えるのか、彼の志を生かすことのできる会の「再出発」を目指したい。このように茨木君がたまごの会の農場に来たいという気持ちを抱いたということは、先に書いたことと矛盾するが、過去2年間の会の運営は失敗ばかりではなかったと言えるだろう。

茨木さんからは「たまごの会—現状認識と今後の課題」というレポート（2004年11月12日）をもらっている。そこで述べられている彼の意見は、①会員組織と相対的に独立な農場経営体にする　②自分はその経営の責任を負う（一人となる）　③鈴木さんと組んで生産を担う、ということを前提として展開されている。生産と経営を分けて農場の機能を考える提案は興味深いものであり、その中身についてはよく話し合ってゆきたい。

さて、鈴木文樹さんからは、この2年間の赤字等について農場責任者として責任を感じつつも、自分が農場へ来てやりたいと思ったことが実現できていないので、来年も継続してたまごの会に関わって行きたいという気持ちが伝えられている。

このことに関しては、注意深く問題を整理しておきたい。一つは、鈴木さんは、会からの求めに応じて研修リーダーとして参加したとは言え、この2年間の農場運営の実質的責任者として、会経営の一翼を担ってきたのであり、われわれとともにその失敗の責任を負う立場にある。残念ながら、農場運営についての厳しい意見が会員から出ていることは事実であり、「改組・再出発」を考えるとき、われわれと同様に一歩下がって関わるという立場にならざるを得ないと考える。一方で、お願いしてきてもらった鈴木さんの気持ちを尊重して今後のことを考えたいし、また、現実問題として鈴木さん抜きでの農場経営が可能であるのかどうか、そのオルタナティブ（例えば若者集団による農場運営）は現時点では姿・形が見えない。さらには、鈴木さんはたまごの会がやってきたことや追い求めた「希望」を共有してきた人であり、それを若い世代に引き継ぐ役割を担える人でもあると言える。

このように問題を整理してみて、私の出した「答」は、勝手ながら、鈴木さんには、一度、今の研修リーダー＝農場責任者＝仮称「農場長」という立場を捨ててもらって、新たに「別人」として、茨木さんや新しく参加するであろうメンバーと対等の立場（権限・報酬）で、農場に関わって欲しい、そして、1～2年先には若者を中心とした農場へと生まれ変わるその産婆役を引き受けて欲しいということである。

「改組・再出発」が首尾よく実現して、農場が経済的に自立した組織として運営されることになったとしても、現在のたまごの会の経済基盤（会員数・農場施設など）が変わらないのであれば、赤字含みの厳しい経営が続かざるを得ないと思う。会員組織をしっかりしたものにし、支えてゆく努力が今以上に必要であり、その基本は、会員間の信頼関係、会員と農場との信頼関係を深めてゆくことであると思う。

『土と健康』 2005.11

大規模近代養鶏の考えを是とする対応に疑問

ニワトリだって一寸の権利がある

――たまごの会八郷農場　鈴木文樹

県の殺処分の判断に「3つの疑問」

すでにご承知のように、茨城県水海道市で弱毒性の高病原性鳥インフルエンザが発生し、農水省の指導の下、県の畜産課が中心となってウィルスが確認された養鶏場のみならず、抗体が確認された周辺の養鶏場の鶏までも殺処分を進めている。

小規模とはいえ同じ養鶏を営む者として、無残に〃処理〃されていく鶏たちの光景を目にして、いたたまれない気持ちである。また、その鶏を育てた人の無念に対し同情を禁じえない。発生したインフルエンザは死亡率の上昇、産卵率の低下が、報道されている程度ならば、それ自体は鼻風邪程度の伝染病といってよいであろう。実際、抗体が発見された周辺5農場では気付かなかったわけであるし、抗体があるということは自然治癒しているということであろう。

現在、過剰とも思える殺処分を行っているのは、「感染を繰り返す過程で強毒性に変化する可能性がある」からとされている。私たちは県が進めている対応に、以下の諸点で疑問を持っている。

① ウィルスが発見された養鶏場の鶏の処分は、仮にやむをえないとしても（それも十分な検討が必要である）、抗体が発見されただけの養鶏場の鶏まで殺処分していること。常識的に考えれば抗体が出来ているということは、生体の免疫機能が健全に働いた証拠であって、喜ぶべきことであろう。それでも殺処分をするのは「抗体があるということは感染があったということであり、検体からもれた鶏がウイルスを持っている可能性を否定できない。念には念を入れてということ」とされている。

それは判断というより、恐怖の心情であって、その理屈はサンプリング自体を無意味化してしまうであろう。最終的には専門家の判断に任せざるを得ないが、私達は、素人考えではあるが、少なくとも抗体が発見されただけの養鶏場にあってはサンプリングの頻度を上げ、経過を注意深く観察することで十分対応でき、殺処分は必要ないと考える。

② このように自然経過では気付きにくい程度の伝染病であれば、ほかの場所でも発生しているに違いないと考えるのが普通である。専門家らも「ほかの地域で広がっている可能性を否定出来ない」としている（新聞報道による）。むろん私たちの農場の鶏がシロだという保証もまったくない。もし、そこまで徹底的な撲滅を考えるならば、全県的、さらには全国的に綿密なモニタリング調査をしなければ意味がない。その場合、抗体が発見された養鶏場の鶏はすべて殺処分にするのであろうか？ その周辺の鶏を調べて抗体が一つでも見つかれば何万羽、何十万羽と殺処分を繰り返すのであろうか？ その社会的コストを考えれば正気の沙汰とは思えない。

③ モニタリング調査の対象養鶏場を「閉鎖型に比べると感染しやすい開放型の鶏舎を重点的に」としている点である（朝日新聞7月3日）。開放型の鶏舎にもいろいろあり、ここで言っているものが具体的にどのような鶏舎を指しているのか、いまひとつ明らかではないが、山岸式養鶏法を継承する当農場も、開放型の一つである。

山岸養鶏では、鶏舎（部屋）に藁やモミガラを厚く敷き詰め、その上で鶏たちは、初生ビナの時から2年後に廃鶏になるまでの短い一生を送ることになる。床は彼らによって、常時撹はんされ、糞と藁が混ざり、微発酵を続け、次第に良質の鶏糞肥料となる。当然ながらそこは、さまざまな菌やウイルスに満ちているはずであって、鶏たちも日常的に感染を繰り返しているであろう。しかし、ほとんどの場合、彼らは何の問題もなく元気良く育ち、健康な一生を送る。無論そのために、さまざまな工夫が凝らされている。主な点を挙げれば、

- 飼育密度を坪10羽以内程度とし、密飼いをしない。
- 一日一羽100g程度を目安に牧草や雑草、野菜くずなどを与える。
- 通風、日照を保障する。
- 少数のオスを配し、自然な生理を期待する。
- 採卵・給水・給餌などを通して、できるだけひんぱんに鶏に接し、日常的な注意深い観察を欠かさない。

等々である。しかしこれらは何ら特別なことではなく、鶏の自然な生理に寄り添うことを旨としているだけであり、そのために様ざまな工夫を凝らしていくところに〝飼う〟という行為が成立し、また飼うことの面白さもあるといえるであろう。

そもそもこのような養鶏では、細菌やウィルスの感染を防ぎうるとは考えないし、撲滅できるとも考えない。だからワクチンも定められた以上はしないし日常的な投薬もしない。仮に感染しても死亡に至らない、また数羽が死亡しても全羽に広がり致命的な打撃に至らない、そういう飼い方を目指しているともいえよう。いわば相対的な健康観、安全観といえる。

一方、万単位で飼育する現在主流の養鶏は、その逆を行っている。生産効率を上げるために、密飼い、ケージ飼いをはじめ、さまざまな無理をして、鶏の生理をギリギリまで追い詰める。また、できる限り人工環境にして、細菌やウィルスから遠ざけようとし、日常的な投薬を続ける。そうすることで、菌やウィルスの感染を防ぎうるという前提に立っている。そのような養鶏では、いったん感染があれば致命的な打撃になりかねない。それゆえ、ウィルスや細菌を過剰に恐れるのであろう。

無論、ここでは養鶏法の善し悪しを問題にしているわけではない。また、実際の場面で私たちの養鶏法のほうが優れていると言い張るつもりもない。その場にならなければそれは分からない。病気とはそういうものだ。ただ「開放型の鶏舎は感染しやすく危険」というのは、大規模な近代養鶏の考えを前提にした偏見であると言わなければならない。そういう言い方をされるならば「何万羽という鶏をウインドレスの鶏舎に閉じ込めて純粋培養しているほうがよっぽど危ういんだよ」と、同じ偏見を持って言い返したくなる。もし、そのような偏見のもとに当農場にモニタリングがかかるならば、ご遠慮願うつもりである。

家畜に起こることは必ず人間の身に返ってくる

さて、当面私たちの農場としては、今回の鳥インフルエンザに対してとり得る方策はほとんどない。スズメやハトやカラスは相変わらず鶏舎のまわりを飛び交い、ネズミは餌を狙い、ヘビは卵を狙っている。鶏舎のまわりに石灰をまいても気休めに過ぎないであろう。できることはせいぜい日常的な観察を、より丁寧にするという程度のことである。

この鳥インフルエンザに対する行政や社会の対応には、なにやら過剰の念を禁じ得ない。過剰と言うより神経症的と言ったほうが正確かもしれない。それはまた、別の意味で危うい気がする。また、鶏の生死を一顧だにしないやり方にも不気味なものがある。むろん家畜は家畜であり、その生死は確かに人間の都合の下にある。〝経済動物〟と言っても良いであろう。

しかしそれは、「だからどうしようと人間の勝手」と同義ではない。家畜の生死は人間のそれと、合わせ鏡のようなものである。人間は長い歴史をかけ〝家畜〟を作ってきたが、それは同時に人間が今日見るような〝人間〟になってくるプロセスでもあった。〝家畜〟とはそのような相互関係として理解されるべきであり、両者はお互いに分身のようなものであって、お互いにわが身に似せて相手を作ってきたのである。家畜に起こることは必ず人間社会を映しており、形を変えて、何らかの形で人間の身に返ってくると考えておいた方が良い。

家畜とは、人間と共にあることを選んだ動物達のことである。家畜にも権利がある。彼らをゴミのように扱ってはならない。

（2005年7月8日）

たまごの会のある八郷町（現石岡市）の養鶏場で鳥インフルエンザの抗体が見つかり、当農場にもたまごの出荷停止の危機が迫った。その時点で改めて意見表明を行った。

意思表明

私たちは先に別紙のような鳥インフルエンザに対する見解を公にし、国や県の進めている防疫処置に疑念を表明してきましたが、最近の国や県の処置にますます疑問を深め、憤りを禁じ得ません。

弱毒性の鳥インフルエンザがわずかな変異で強毒型になり、あるいは豚の中でヒト由来のインフルエンザウィルスとミックスされて遺伝子の再編が起こり、人にうつる型に大きく変異する、等々の可能性は否定できないし、当局が防疫に過敏になっている背景も理解できないではありません。しかしそこには、いくつもの段階、レベルがあるのであり、現在の「抗体がみつかれば即殺処分」というのは明らかに過剰対応だと考えます。これは、先に意思表明した通りです。

また「ウインドレス鶏舎で抗体がみつかっても(防疫対策がしっかりしているので）卵の移動も鳥の移動もおとがめなし」というのは科学的判断というより、社会的影響を考えた〝政治的〟判断ではないかと疑っています。例えばウインドレスの玉子は清浄だが、開放型のものは(仮に洗卵したとしても）危険とどうしていえるのであろうか？　また、当初は「抗体があるということはウィルスが現にいる可能性を否定できない」から殺処分ということではなかったのか。その理屈に従えばウインドレスであろうと抗体が出たならばウィルスがいる可能性を否定できないのではないのか？　そもそも防疫がしっかりしているならどうして感染するのか？　等々疑問はあとからあとから湧いてきます。

私たちは、こうした疑問に納得いくまで、どんな理由があるにせよ(仮に移動制限区域に入っても）殺処分を前提にした抗体検査には同意しません。

２００５年９月９日
養鶏担当　鈴木文樹

『暮らしの実験室マガジン』Vol.2 / 2011.12.24

ドキュメント3・11

～東日本大震災を暮らしの実験室から振り返る～

――姜 咲知子

振り返ってみれば2011年、震災と原発事故を通して、この農場での暮らし方、あり様が自分にとってどれほど大切でかけがえのないものなのかということを痛感させられました。あの時、あの状況で自分たちの身に起きたこと、その時とった行動、考えたことなど、すべてがこれからの人生に影響をおよぼしていく、そんな気がしています。あの時のことを忘れないためにも、ここにドキュメント3・11やさと農場を綴っておきたいと思います。

2011年3月11日（金）

◎午前 いつも通りの出荷日
農場に居た人：元研修生のチャンドリー平沢さん、出荷手伝いにきてくれた清水さつきさん、農体験にきていた大学生、スタッフ（鈴木、茨木、金沢、姜）計7名

◎14時46分 地震が発生
大きな地響きとともに地面が大きく揺れる。立っていられないほどの揺れに納屋にいた人も、室内にいた人も、よろけながら外に出る。桜の木につかまる人、しゃがみこんで空を見上げる人。お互いを支えあう人。室内からはものが落ちる大きな音。ガラスのコップ、瓶などが落ちて割れているよう。

少し揺れがおさまってから全員外に集まる。山から黄色いけむりのようなものが上がっているのが見える。どうやら花粉が飛散しているよう。異様な光景。

茨木くんが携帯電話からツィッターで農場の無事を報告。各自家族と連絡。つながる人もいればつなが

らない人も。揺れで鶏舎のドアがあいてニワトリたちが出てくる。思ったより豚やニワトリは騒いでない。一見のどかな風景。電気がつかない、水が出ないことに気づく（ガスは無事）。余震が続く中、とにもかくも出荷の荷造りを終わらせる。しかし、その後運送会社のドライバーが来て、常磐道通行止めで配送できないことを知らされる。

◎16時　対策会議

①情報収集（停電の範囲など）②薪あつめ③夕飯づくりと分担して夜に備える。

◎17時半 キャンドルの灯りの下夕食

状況把握と対策を練る。

・三陸の方で大きな地震があったようだ
・電池の備蓄がなく情報源はカーラジオ
・広範囲にわたって停電している模様
・スーパーもコンビニも閉店
・かろうじて柿岡商店街の酒屋から水を3本購入
・この状態がいつまで続くか不明
・水の確保が重要（家畜用と人間用）
・筑波の会員が飲み水を運んでくれた

この日は突然の自然災害に驚きはしたものの全員怪我もなく、建物も無事を確認。食べる物も十分あり、余震が続いているが、一人ではないし大丈夫。ろうそくの明かりで食事をするなど、非日常を楽しむくらいの余裕もありつつ早めに就寝。

2011年3月12日（土）

◎午前　水汲み／薪ひろい／家畜の世話／情報収集を引き続き行う

お昼前に茨城県北在住の会員TSさんが車で到着。静岡の出張中に地震に合い、下道を使って茨城まで戻ってきたとのこと。途中で購入してきたお茶、食べ物を分けてくれる。水戸の友人宅に向かうということで、配送できなかった野菜セットをいくつか持って行ってもらう。ガソリンスタンドが動かなくなっていると聞く。今あるガソリンと灯油を節約して使うことにする。
運営委員で八郷在住の佐藤くんから陸前高田在住の母親と連絡がとれていないことを聞く。ラジオで聞いていても三陸の太平洋側が深刻な被害状況であることがわかる。

＊水対策

1、トイレはゲストハウスのエコトイレ（汲み取り式）を使うか外で。
2、お米はほとんど研がずに使用。食器も洗わず各自固定で使う。
3、朝になったら筑波山方面に水を汲みにいく（家畜用）
4、ため水（お風呂とか）で汚れた手など洗う。
5、井戸水のチェック（つるべ落としでくみ上げる）

◎午後　福島で原発事故の一報

ラジオと家族からのメールで事故が起きたことがわかる。しかし事故の規模など不明。不気味かつ不安な気持ちになる。原発から農場までの距離を調べる。およそ150キロ。もしもの時にはどうやって逃げるか。放射能は漏れているのか？確かな情報が届くのか？　いろいろ不安になる。

◎午後　新聞の朝刊が届く

地震の報道一色。原発事故については触れていない。
夕方　ＴＳさんが戻る。ＴＳさんが水戸の友人たちの家や自宅を回ったあと、自前のガス発電機、蓄電式のラジオを持ってきてくれる。情報がほしいと思う気持ちと恐怖心が相まってラジオをつけっぱなしにはできず、数時間おきにラジオを聴く。この日も強い余震が幾度となく起きる。

２０１１年３月13日（日）

◎午前　まだ電気は通じていない

茨木くんが井戸の水をくみ上げて冷たい水で髪の毛を洗うのを目撃する。そういえば金曜日から顔も洗えてないなと思う。手も汚い。

八郷庁舎では自衛隊の給水車が来て水を求める長い列。スーパーでは駐車場に在庫の食料品や生活必需品をだして販売する姿も。

出荷できなかった卵をどこかに寄付することに。八郷庁舎に持って行くと、社会福祉協議会の人が対応してくれて、老人福祉施設などで炊き出しに使ってくれるとのこと。

◎午後　各自ルーティンを行う
気持ちが落ち着かず、農場内にあるチェルノブイリ原発事故の調査報告や原発関連の資料を探して読む。情報源は時々届くメールとラジオのみ。
◎夜　柿岡商店街方面で電気が復旧
こちらはまだだったが明日には復旧するだろうと見通しがたつ。

2011年3月14日（月）

◎午前　薪集め／食事作り／家畜の世話
各自ルーティンを行う
◎午後　電気が復旧する
インターネット、テレビ、電話などでそれまで不足していた情報を補う。会員の井野博満さん（柏崎刈羽原発の閉鎖を訴える科学者・技術者の会）に電話して避難の必要性があるかどうか意見を聞く。「現時点でははっきりしない。八郷がだめなら東京もだめだろう」北海道の会員Nさんから電話がくる。「若い人は早く避難した方がいい」

農場内でも最悪の事態を想定して話し合う。全員避難した場合、家畜を放すかどうか。豚舎、鶏舎の一部を壊してそこにすべてのえさをまとめる、など提案がでる。１週間程度ならもつだろう。避難については結論出ず。

2011年3月15日（火）

◎午前　佐藤くんからの朗報
陸前高田のお母さんが無事だという知らせが入り喜び合う。

再度福島原発で爆発が起きたことがわかる。やはり一時的にでも避難した方がいいのではないか、という議論になる。
◎午後　鈴木さんから提案が出る
「自分が一人残れば家畜の世話はできるから、西に家族がいるイバくんとイェジン（姜）は、いったん避難して、あやちゃん（金沢）は実家が茨城だから家族と相談して、とりあえず動けるものは動いておいてはどうか？」と。
◎夕方　一時避難を決める
茨木は兵庫の実家へ、姜は京都の弟のところへ一時的に身を寄せることに。電車も動いていないし、高速道路も通行止めなので、茨木と姜は軽トラを使って下道で行くことにする。金澤はパートナーの実家、岡山に身を寄せることになる。

避難後は原発事故の収束状況を見つつ、いつ戻るか場合によっては戻らないか様子を見ることに。不安な気持ちでやさとを後にする。

▽その後の一週間
3月18日（金）佐川急便が配達を開始したとのことで残った鈴木さんと手伝いに来てくれた人達で出荷を行う（平沢さん、清水さん、佐藤くん）。

3月20日（日）西に避難していた茨木、金沢、姜は姫路でおち合って避難中の感想や気持ちを交換する。

3月22日（火）今後の対策を東京の運営メンバーとも話し合うために農場に戻ることになる。

3月23日（水）全員農場に戻る。

3月24日（木）東京の運営メンバー、井野さんたちと会議を行う。

これが事故から約2週間の八郷農場の状況でした。今こうやって振り返ってみると、まるで何年も前のことかと錯覚しそうになりますが、これは今年の3月に(2011年12月時点)起きたことなんだと再認識させられます。

この9ヶ月を振り返ってみると、地震直後の水も電気もない原始的な生活。そして最悪の事故を想定しての一時避難。未曾有の大災害のさなかで自分にできることを模索しつつ、放射能という見えない脅威と向き合い暮らす日々。大地震と原発事故をとりまくさまざまな出来事や感情・思考などが今まで経験したことがないことの連続でした。だからこそ気づけたこともたくさんありました。

現代の日本社会では、全国どこに行っても水道をひねれば水がでて、スイッチを入れれば電気が点きます。農・工・商業、交通、私たちの便利な暮らしを支えるインフラの多くが電気に依存していて、それは大変脆弱なシステムの上に成り立っているんだということをイヤというほど思い知りました。

反面、やさと農場には井戸があり、汲み取り式トイレがあり、林で薪を拾ってくれれば火を焚くこともできて、畑には野菜が豊富にあり、鶏も毎日卵を産んでくれる。正直、私たちは電気がこない生活になってもそんなに困らなかったことで、農村における自給自足的な生活の強さを実感しました。これが都市で一人暮らしをしていたときに起きていたらと思うとゾッとします。

そして情報をただ入れるのでなく選択していく力の重要性にも気づかされました。3・11以後、放射能の脅威を避けるために野菜セットを取りやめる人が少なからずいました。その中には東京から関西へ引っ越しした方もいて、人それぞれ立場や価値観があり、多様性を受け入れるその過程で、自分自身の優先順位や正義感、理性などもかなり揺さぶられました。小さなお子さんがいる方や今後妊娠の可能性のある女性などは、わずかな危険もさけたいと思うのは当然です。ニュースやインターネットでは立場の違った人がそれぞれに異なる見解を発信し、まさに自分で考え選択することを迫られました。

正直に言えば私自身も、八郷の放射能汚染がどの程度で、野菜や家畜にどれくらい影響が出るのかがわからない中で、ここで有機農業を続け、友人たちに野菜を売り続けられるのか?ということに何ヶ月も葛藤しました。

それでも今こうして農場を維持し続けられているのは、企画、販売、生産、それぞれに対してたくさんのサポートがあったからです。

「こんな時だからこそ茨城の有機農家を応援したい」、「茨城の野菜を使うことをためらう人もいるけど、私は遠くの見知らぬ農家さんから野菜を取り寄せるより、顔を知っている八郷の野菜を食べたい」、「政府の規制値が高い中、規制値以下だからといって数値を表示しないスーパーの野菜より、数値を公開している八郷の農家さんたちの作ったものが信頼できる」こういった声には本当に励まされました。

そして今、私は前よりもずっと八郷が好きで、ここで仲間たちと一緒にあるべき未来の暮らし方を模索し、実践していこうという気持ちが強くなりました。

3・11を通して「自分にとって何が大切か気づいた。」という声をよく聞きましたが、これは私にも当てはまりました。東京での生活の中で持っていた違和感の正体は、まさに「原発依存の社会システム」であり、「資源の無駄遣いと大量生産・大量消費の暮らし」でした。私はそこから抜け出すために八郷に来たんだ、だからこうやって農的暮らし方、自給的生活を日々営み、提案していく生き方に間違いはない。そんな自信にもつながりました。

暮らしの実験室やさと農場は、まだまだこれから面白く進化できるし、世の中にインパクトを与える存在になりえる。そう思っています。

3・11がもたらした多くの被害や犠牲者を悼みつつ、そして現在進行形の原発の脅威さえも逆手にとって、経験や気づきを未来につなげていきたいと思います。２０１１年12月

『暮らしの実験室マガジン』Vol.2 / 2011.12.24

放射能・有機農業・村

――鈴木文樹

茨城の地で

原発事故はむろん人災だが農業を営む者にとって降り注ぐ放射能は天災と同じだった。個人の努力ではどうしようもないものとして。また自分がたまたまいた場所がどこかで対応と将来の運命が全く変わってしまうものとして。茨城の石岡という当地はグレーなエリアだった。もし農場が福島市近郊にあったならば農場の継続は難しかったと思う。その汚染レベルはここよりも一桁も場合によっては二桁も高いものだったから。たとえ農場への思い入れが強くても、そこのものを食べ続けるには小さな決断と意志が必要になるだろう。

当の農場に住む人間も自分が作ったものを食べ、そこに生活し続けることへの不安を消すことができないし、そんなところのものを出荷することはしないだろう。

最近、福島近郊で収穫された米から500ベクレルを越す汚染が相次いで見つかり驚く。米への移行係数はさして高くないはずなのに、これだけの数値がでるとすれば土の汚染はひどいことになっているはずだ。しかし福島は福島の問題だ。放射能の対応に関してどこにも通用する一般論というのはない。茨城の人間は茨城の人間としてやっていくしかない。それが災害というものかもしれない。

茨城の大地にも確実に放射能は降り、そこの農業は多かれ少なかれダメージを受けた。とりわけ有機農業はそのはじめから「安全」ということに第一の価値を置いて語られてきたので、その影響は大きかった。どの有機農業者もかなりの消費者を失った。1、2割で済んだ人もいれば、半数近くという人もいる。私たちの農場でも一時期バラバラとやめた人がでた。

しかし繰り返し言っているように、「茨城の農産物をしばらく見合わせる」というのは消費者として決して間違っている訳ではない。汚染が高いとか低いとか、数値はこれ位だからと言ったところで何の根拠もないし、それで安全が担保される訳ではないのだから。

疑わしきものは避けるというのは合理的であり、風評に振り回されているのとは違う。農場スタッフ自身、平然と出荷は続けてはいるものの、その安全性について万全の自信をもっている訳ではない。あれやこれやの情報をチェックしつつも、「たぶん大丈夫だろう。数値もこれくらいだし」という程度のものなのだ。釈然としないがそれが実情である。

そんな状況にあって、大半の会員は継続してくれた。他に安全なものを入手する手立てはいくらでもあるのに「継続する」というのはこれもまた一つの意志と選択であり、ありがたいことであった。そのおかげでこの一年何とか乗り切ってこれたのである。

たまごの会という経験

放射能で「安全を売りにできなくなった」場所と時代に尚、有機農業を続けていくとすれば「有機農業とは何か」について語らなければならない。私たちの農場のものを継続して食べていくという選択をしてくれた人も、安全だけではない何かをここに期待し応援してくれたということだろう。その安全だけではない何かとは一体何なのか。そこがほとんど語られないままになっている。つながりとか関係性とかいう抽象的であいまいな言葉ではなくもっと明確なものとして。

かつて30年以上前、むかしむかしたまごの会は、安全でいい玉子、安全で納得いく野菜を求めて、結果としてこの農場を創り上げた。そして玉子や豚肉や野菜やミルクを手に入れただけでなく、農場で鶏や豚や土に触れ、八郷町近在の農家とつながり、日常では決して出合うことのない多様な職業や階層の人とフランクに出会い、農場にたむろする若いスタッフや滞在者たちと語り、そのようにして自分の世界を拡げていったのである。それは半ば意図的に仕組まれ、半ば自然の成り行きであったが、そこで彼らは普通の都市生活をしているだけでは決してありえなかったもう一人の自分、もうひとつの暮らしを発見したのである。それは新鮮な驚きであり喜びであった。たまごの会に集う、少なくともコアなメンバーにとってはそれが「有機農業を語る」ということだった。人と鶏や豚、野菜や米、犬や猫が入り乱れ、都市の人間と田舎の人間が入り混じり、都市の風景と田舎の風景が混じり合い、多種多様な職業と経歴が絡み合い、いつも熱く化学反応を起こしている釜、それが農場だしたまごの会だった。彼らにとっては有機農業とはそのようなものだったのである。

農家にとっては有機農業とは「農薬や化学肥料を使わない、堆肥で土を肥沃にして為される、『今が売れ筋の』農業」という枠に納まるかもしれない。しかし「都市」に暮らす人間が有機農業を語ればそれは必ず文明批評になり、暮らしと人生の変革を迫るものとなる。ただの消費者として「安全な食べ物」を購入する人と、自分を規定するなら別だけれども。有機農業という言葉は元来農業用語であるから、そこまでの意味をもたせるのは過剰かもしれないが、有機農業という言葉が置かれた歴史的位置とはそういうものである。たまごの会が有機農業を語りつつこのような農場をつくりあげたということは農業用語的には過剰だったが、そのすべてが都市民にとっての有機農業だったという言い方をするならそれはきわめてまっとうで、有機農業の正統派だったといえようか。

しかしたまごの会は自らの何たるかを語る間もなく歴史の中に消えた。それは惜しいことだけれど、致し方ないことだったとも思う。たまごの会は旧世界（ソ連とか米帝とかがあった時代）の言葉がまだ使われていた時代の運動であり、旧世界で自己形成した人々が担った活動だった。自らの実践の深さと先進性をうまく表現する言葉を持ち得なかったのである。前衛とは往々にしてそういうものなのだろう。

そして農場だけが残された。

「村」へ

さて、この間、多くの人が農場を訪れた。人それぞれだけれども「何かおもしろそう」「何かありそう」とは感じてくれたと思う。そのような日々の出合いに励まされ、私たちもまた農場を続けてこれたのである。実感としてそう思う。しかし多くの人はそこで止まり、ここを表面的に消費するだけで去ってしまう。残念だし惜しいことである。それはおそらくもうひとつここが本格的にはおもしろくはないからだし（おもしろさの底が見えている）、私たち自身が自ら語ることばを持ちえていないからではないか。いい立ち位置にいて、おもしろい装置をもっているのにそれを活かしきれていない。来た人を深く受け止め、化学反応を起こさせる構造と構想が欠如している。自らの身の丈以上のことはできないと言ってしまえばそれまでだけれども、身の丈以上の旗をかかげてしまっているのである。

こういうことを思いつきで言ってはいけないが、全く個人意見として言えば、全体を「村」というキーワードで再編した方が今後の活動はやり易いしおもしろくなる気がする。組織の構造や運営の仕方、活動の中味まで含めて。パロディとしての（？）村ではなく、現代に現実的に機能する村を作る。立村するのである。都市に暮らす一人一人の生を、モノとしても、ことばとしても、人のつながりとしても支えうる村。現実世界の中にあって、もう一人の自分、もうひとつの暮らしを楽しめる、パラレルワールドとしての村。暮らしの実験室はこの数年の活動でその手がかりをつかんでいる、「村」を構成する諸要素を萌芽的にもっているのではないか。何かしら湧いてくるワクワク感はおそらくそのあたりからやってくるのだ。私たちは相変わらずいい立ち位置、もう一歩のところにいるのである。来年はそのもう一歩先に開ける光景を楽しみたい。

（＊著者の希望により原稿を一部削除してあります）

父を偲んで

～父なき日　畦の彼岸に花開く～

――明峯牧夫

野辺送りの道中、田舎道の畦には彼岸花が満開だった。

生涯68度目の夏の終わりに倒れた父は、病床での僅か三週間の余命をどのような思いで過ごしたのだろうか。

今思えば私たち家族は、この受け入れがたい現実を前に、絶望の淵に立たされ、混乱と動揺の時間をただただやり過ごしていたように思える。しかし、三週間という長くも短い奇妙な時間が、私たち家族と父とが過ごす、それまでに無い貴重な、濃厚な時間へと昇華した事もまた事実だった。

見舞いの道すがら、病人を励ますかのように金木犀が強く香った。栗の実が爆ぜ、稲は刈り入れを待ち、ススキが涼風に揺れ、夏の喧噪が秋の静けさに支配される頃、父は息を引き取った。

生涯、在野にこだわり、耕しながら自らの、また人間の英知を追求し続けた農学者であり、生物学者。農の現場と科学の現場との乖離に最後まで違和感を感じていた、日焼けした科学者の死である。

故人の旧友によると、父の描く植物画は、いわゆるボタニカルアートのような巧さこそ無いが、植物の本質を捉え、どこか可笑しみがあった、という。不器用な鉛筆画には色が差される事は無かったようで、植物採集少年の描く絵のようだった、と。

私たち家族も知らない素顔が死後明らかになってくるあたりも、頑固でありながらどこかシャイな彼らしい生き方の証明と言い得るかもしれない。生涯、宵越しの金を持たず、借金も遺産も残さなかった。独創的な考察と審美眼、言動で、周囲を驚かせ、戸惑わせた。

「僕の死後は、居なくなったって事にしてくれ」。一切のセレモニーも焼香も拒み、私たちに散骨をオーダーした。

わがままに生きた。しかしそれは、自分らしく、流されない人生を生きた、とも言い換えられるかもしれない。時に周りへの配慮に欠け、彼自身や彼の功績が社会的に認知される陰には傷つけられた人も居た事だろう。

病院へ担ぎ込まれた時には既に手の施しようのないほど病は進行していて、私のような「常識人」は何故ここまで自らの健康を放っておいたのか、などと彼を叱責してしまいそうになった。しかし、それが彼の生き方だったのだ。延命措置をも強く拒んだ。身体を蝕み、激しい痛みを与える病に対してさえ、わがままで居続けようとした。生前の父は現代医療に否定的な考えを持っていたし、自分の身体の状態は誰よりも彼自身が分かっていた。主治医の告知の前から、自分の身体が置かれている状態をほぼ完全に言い当てた。

私は父の、これほどまでに拘った「わがまま」を責め立てる気には今はなれない。むしろ私が今感じているのは、逆風に立ち向かい駆け抜けた、鋼馬のような一人の男の生き死にに対する嫉妬であろう。

父は音楽を愛した。私たちの幼少期の朝食時のBGMは父がレコードでかけるジャニス・ジョプリンや、ザ・フーだった。高校受験を控えた私を、ローリング・ストーンズのライブに連れ出したのも彼だった。父のピアノに合わせ、ニール・ヤングや、ハンバート・ハンバートの合奏を家族で楽しんだ。ザ・バンドのリヴォン・ヘルムが亡くなった時には、わざわざメールをよこし、今夜はリヴォンの声に耳を傾けて酒を飲め、という。晩年は、エルヴィス・プレスリーのゴスペルを愛聴し、「70歳になったらウッドベースを始めるんだ」と周りに話していた。私はその時々、音楽を通じて父の無邪気さ、ピュアな在り方に衝撃を受けていた。

父を越える事は出来ない、という思いがいつもどこか心の片隅にあった。

見舞いの席で、私は三歳の娘に、祖父の顔をよく見ておくよう告げた。心のどこかに、死にゆくこの男の事は語り継がないといけないという思いがあったのかもしれない。
私はいま、父の、明峯哲夫の居ない世界を、恐る恐る覗き込んでいる。
天高く馬肥ゆる秋に。
父を支えてくださった全ての人へ。

２０１４年9月19日　明峯牧夫

明峯哲夫
農業生物学者
食道ガンにより、２０１４年9月15日
午前４：12　埼玉県内の病院にて死去
享年68

あとがき

「やさと農場40年記念誌をつくりませんか」と若い農場スタッフたちから提案があった。１９７４年の農場開きから、曲がりなりにも会員であり続けた私も、なにか会の記録を残したいと考えないではなかったが、年もとったし今さらそれは難しいだろうなとあきらめていた。しかし、若い人たちから提案があれば話は別である。よしやろうと元気が出た。

どうせやるなら、現会員だけでなく、この間、会に関わってきた人たちを含めた幅広いものにしたい。それで、今は、会から離れている盟友湯浅欽史さんに40年収穫祭の帰りみち声をかけたところ、記念誌編集の作業がオールドメンバーの思想を若い人たちに伝える場になるならば、と快諾を得た。「やる以上、昔のことをどうこうでなく、農場をともに運営し農場からの生産物をともに食してきた、いわば同じ釜の飯を喰ってきた仲間が、その経験をどう考えて「今」を生きているか、そういう今を語る記念誌にしたい」という提案ももらった。それで、本の方向性が決まった。

幸い、多くの会員・元会員の方々から寄稿を得て、充実した内容になった。また、会と近い関係で活動されてきた中川信行さん（高畠有機農研、たかはた共生塾長）および大江正章さん（コモンズ社長）からも〈特別寄稿〉をいただいた。原稿をお書きいただいた皆さんにお礼申し上げる。

本書は、昨年11月から月１回ペースで編集会議を開き、まとめあげていった。楽しい議論とともに、私たちがやってきたことの意味を振りかえり、それを若い人たちに伝える場ともなった。編者の3人のほか、明峯惇子、上野直子、姜咲知子、杉原せつ、田川忠司、藤田進、和沢秀子の皆さんには編集作業にご協力いただいた。なお、本書のデザインの監修は藤田進が担当し、扉絵やカットに使ったイラストは、おもに『たまごの会の本』などそのときどきに会内で発行された印刷物から採録した。

コモンズの大江正章さんには、本書の編集に当たってさまざまなご助言とご協力を賜るとともに、快く委託販売をお引き受けいただいた。厚く御礼申し上げる。

井野博満

農場紹介

1974年に農場を開いてから40年以上有機農業を行っています。有畜複合で循環型の農業を行っています。

Organic farm
暮らしの実験室はこんなところ

暮らしの実験室やさと農場は、茨城県の中ほど、筑波山系に囲まれた盆地にあります。

農場は会員によって支えられ、また誰にとっても気がねのないオープンな雰囲気を保っています。農業イベントの開催や、農体験、研修生の受け入れなども行い、毎年多くの方が農場を訪れます。訪れた人が心身ともにリフレッシュし、食べ物のことだけでなく、暮らし方や生き方にも新しい発見があるような空間を作り続けたいと思っています。

①小規模の有畜複合農場の実践

鶏500羽、豚30頭あまりを飼いながら、そこから得られる肥料を、畑（2ha）、田圃（35a）に還して野菜や米を栽培しています。これらの実践は、人の暮らしと畑と作物、豚と鶏、すべての命の循環をデザインしています。

私たちは小規模の有畜複合農場の実践を通して、私たちが作る食べ物（生産物）は、ただ「美味しい」や「安全」という枠を超えて自身の骨と身になり、思想となり、時に矛盾や葛藤を現し、生き方の糧になる教材でありたい、と考えています。

②開かれたアソビ場

農場は開かれた空間です。空間は、そこに何があるか、何を作るかによってできることが変わります。畑と台所があれば、収穫して食事を作って食べることができ、池があれば、釣りや水浴びや水生動物の観察ができ、動物を飼っていれば、童心に返って戯れたり、彼らのもたらす恵みをいただいたり、命について思い耽ったりします。

農場には様々な空間の〃仕掛け〃があります。そこに足を踏み入れると、他とは違う空間に出会います。自分の生き方や暮らしを見つめなおし、ヒントを得られるような場所。矛盾に満ちた生を処しつつ生きる、実践的な創造と形成の場。こうした空間を作り、活用することは、それ自体が豊かなアソビと言えます。ここに来た人たちとともに深くて広い農的な空間を作っていきたいと思っています。

Organic farm
暮らしの実験室 やさと農場

〈 主な活動 〉

・農場生産物の販売
年間通して旬のお野菜10種程度と新鮮な卵を箱に詰めた野菜セットを定期的にお届けします。毎週1回から不定期まで、量も家族構成に合わせて選択できます。

・農場体験の受入れ
日帰り2,000円、1泊2日5,000円です。(食事代込)
詳細はホームページ、またはお問い合わせください。

住所　茨城県石岡市柿岡1297-1
Tel / Fax　0299–43–6769
e-mail　kurashilabo@gmail.com
Web　http://kurashilabo.net
Facebook　https://www.facebook.com/yasato.farm

編者

茨木泰貴（いばらきやすたか）

1981年、兵庫県生まれ。在学中にたまごの会で1年の研修。卒業後、農場に戻り、たまごの会から暮らしの実験室への改組に関わる。2005年から農場スタッフ。未来へつなぐ生き方を感じるローカルフェス「八豊祭――やっほーまつり――」代表。石岡市協働のまちづくり推進委員。

井野博満（いのひろみつ）

町田市玉在住。1938年生まれ。元大学教員。2007年から「柏崎刈羽原発の閉鎖を訴える科学者・技術者の会」代表。原子力市民委員会委員。著書『福島原発事故はなぜ起きたか』（編著、藤原書店）、『徹底検証　21世紀の全技術』（共編著、藤原書店）ほか。

湯浅欽史（ゆあさよしちか）

多摩市在住。1935年生まれ。元大学教員。70年代たまごの会と併走して、バオバブ保育園、三里塚空港パイプライン埋設反対運動、伊達火力反対運動。定年後は原子力資料情報室の手伝い。87年から現在まで死刑廃止・獄中処遇を軸に。唯一の著書『自分史のなかの反技術』（83年、れんが書房新社）。

場の力、人の力、農の力。

たまごの会から暮らしの実験室へ

二〇一五年一一月五日　初版発行

編　者　茨木泰貴、井野博満、湯浅欽史

発　行　Organic Farm 暮らしの実験室 やさと農場

発売所　コモンズ
東京都新宿区下落合一―五―一〇―一〇〇二
TEL／〇三（五三八六）六九七二
FAX／〇三（五三八六）六九四五
振替／〇〇一一〇―五―四〇〇一二〇
info@commonsonline.co.jp
http://www.commonsonline.co.jp/

デザイン　drop around

印刷・製本　港洋社

乱丁・落丁はお取り替えいたします。
ISBN 978-4-86187-132-0 C1036